U0048484

TRANSFORMER

by NICK LANE

生·命·之·核

THE DEEP CHEMISTRY OF LIFE AND DEATH

主宰萬物生死的克氏循環

尼克·連恩 著

黎湛平 譯

OWL PUBLISHING HOUSE

學界推薦

一向善於說故事的尼克．連恩利用克氏循環為主軸，帶領讀者探索與它正反向反應相關的代謝路徑，還有解釋這些層層相扣的生化反應，如何塑造出生命之流（依照連恩的說法，細胞體內的物質與能量流才是生命最完整的定義）。即便是不想深究反應細節的讀者，依然能從連恩的解說中感受到生物演化的神奇，並為這些精妙設計的美麗所感動。

——呂俊毅／中研院分子生物學研究所特聘研究員

曾經修讀生物化學與醫學的學生都有學習並試圖牢記克氏循環的每個環節，但是真正能喜歡或理解它的人應該不多。在本書中，作者以生動淺顯的詞彙解釋這套化學機制，在枯燥乏味的分子亂舞中穿插一些生化先鋒的故事，增添閱讀的樂趣，讓讀者了解我們所知道的克氏循環雖然仍是克雷布斯發現的那個架構，但意義已遠遠超過克雷布斯當年的理解。作者主張生生不息的能量流與物質流，才是將基因化為生命的推手。並進一步闡述克氏循環的「產生能量」和「合成有機分子」之間的平衡如何與老化和癌症有關。藉由本書，讓我們可以輕鬆地隨著作者的思緒徜徉在克氏循環作為主宰萬物生死的『生命之核』之旅。

——李新城／陽明交大特聘教授

光合作用、呼吸作用，果然是老少咸宜的話題！

大家從國小國中高中，一路可以學到大學研究所，相關的知識還有好多個諾貝爾獎在其中。但是，我們真能理解箇中奧妙？又能體會多少科學家的辛勞呢？不論你是想長知識、增見識，還是只想聽故事，這本書能滿足你茶餘飯後信手翻閱，或是埋首案前燒腦研讀的各種看書理由。

——潘彦宏／北一女中生物老師

導讀　生命之城

黃貞祥／清華大學生命科學系副教授

一座城市是活的嗎？

這個問題的答案見仁見智，可是判斷一顆細胞是否是活的，就看其能否主動地維持能量和物質的流動。所有生物學家都會同意，能量和物質流動是生命維持和發展生命的必要條件。

仔細思考一下，我們會發現，地球上所有細胞幾乎都是用一模一樣的代謝方式，也都遵守分子生物學的中心教條（也就是資訊是從DNA流向RNA再流向蛋白質的），連使用的密碼子大多大同小異，就連能量貨幣也幾乎全都是ATP（三磷酸腺苷），生成的方式也都是電子傳遞鏈，而且這個ATP本身可成為DNA的組成成分，就好像有天我們睡醒後，各國政府都用一模一樣的官方語言、政體和貨幣，這一切難道真是巧合嗎？

英國倫敦大學學院演化生化學教授尼克．連恩，在深入思考了生命的本質和起源的問題後，在這本《生命之核》中，要向我們論證，在生命的能量和物質流動中，重中之重是簡稱為克雷布斯循環（Krebs cycle）的克氏循環！這個循環又稱作三羧酸循環（tricarboxylic acid cycle），可簡稱為ＴＣＡ循環，亦作檸檬酸循環（citric acid cycle）。這個循環是大部分生命科學、醫學、農業相關科系必修的生物化學中必讀和必考的代謝反應，當然極其重要。不過連恩卻要更進一步指出，這個生化反應是理解生命起源、衰老、癌症、意識等關鍵生命科學和生物醫學問題必不可缺的。

連恩除了是位極有創意的學者，他還努力出書向大眾宣揚他思考生命現象的創新想法，出版了暢銷的《能量、性、死亡：粒線體與我們的生命》（*Power, Sex, Suicide: Mitochondria and the Meaning of Life*）、《生命的躍升：40億年演化史上最重要的10大關鍵》（*Life Ascending: The Ten Great Inventions of Evolution*）、《生命之源：能量、演化與複雜生命的起源》（*The Vital Question: Why Is Life The Way It Is?*》，和達爾文（Charles R. Darwin, 1809-1882）當初把關於天擇最新的想法都收錄在《物種源始》（*On the Origin of Species*）有異曲同工之妙。

生命科學是門日新月異的學科，可是克氏循環卻彷彿在幾十年前中生物化學教科書出現後就定格了，已是拍板定案的標準答案了。也可能太多學生被生化考試中必背的琥珀酸、丙酮酸、乙醯輔酶Ａ、細胞色素Ｃ等等的化學式和化學反應給荼毒了，可能沒空也沒心力再仔細思考其中的精妙之處。連恩是少數就克氏循環真正的生命奧祕做深入思考的學者，他要在這本《生命之核》主張，克氏循環就是所有生命之源的關鍵祕密！除了提出新穎大膽的主張，他也同時補充了教科書以外的科學史，述說偉大的生物化學家們是如何破解出這個生化核心的，順帶也詳述了他們之間的恩怨情仇。

克氏循環有多重要呢？我們在生活中最常使用能量的方式就是燃燒，這會產生各種廢物，例如我們只要光卻會產生熱，反之亦然。可是細胞呼吸不僅是碳和氫的緩慢燃燒，而是透過精準的控制從燃料中獲取能量，利用酶把每一滴能量都用到刀口上，幾乎沒有任何東西被浪費，這都拜克氏循環所賜。

我們從食物中獲取能量的機制就是克氏循環，在氧化磷酸化步驟中，產生的電子被轉移到載體分子中，進而產生ＡＴＰ，用於各種細胞轉化為動能、化學能或電能，可以提供生物體內的能量需求。克氏循環是生物體內代謝反應的核心，也是生命活動的基礎。克氏循環可以代謝醣類、脂質，以及大部分胺基酸，因為這三類物質都能轉換為乙醯輔酶Ａ或檸檬酸循環的中間產物。

甚少人知道，這個反應循環在一些最古老的細菌中可以逆向進行，固定二氧化碳和氫氣來產生生物化學的所有關鍵組成部分，把環境中的氣體轉化為新陳代謝的核心。這意味著，細胞可以透過多種方式運行，因此不存在單一的克氏循環。連恩比喻它就像個極其繁忙的圓環，不同的車輛不斷地從不同的路口進出，生命再從這些分子中製造出它所需要的一切——製造蛋白質的胺基酸、製造細胞膜的脂質、製造遺傳分子ＤＮＡ和ＲＮＡ的核苷酸。

即使古老的細菌能夠反向運轉克氏循環，可是我們還是得解答，最原始的生命在細胞膜形成前，如何能夠這麼做的？因為克氏循環釋放的能量，用於為細胞粒線體（曾經是自由生活的古老細菌之一）的內膜上的電荷提供動力，這一過程產生的電場強度可達每公尺三千萬伏特。連恩等人在多年前就論證，並寫入《生命之源》指出，深海熱泉噴口是生命的誕生地，高達六十公尺的碳酸鈣煙囪含有多孔結構，這些孔隙可能是雙層細胞膜的模板，那些噴口內發現的無機膜之間的質子梯度可能是促進生命化學的關鍵。他的實驗室也發現，鹼性流出物和酸性海洋之間存在的能量梯度確實能夠使二氧化碳氫化。

現代生命誕生後，地球上的所有能量，大都來自太陽的能量被植物利用光合作用捕獲並儲存在由碳、氫和氧組成的分子中。動物吃了植物後，克氏循環從食物中提取能量並將其傳遞給細胞呼吸的電子傳遞鏈。可以簡單說，我們賴以維生的能量，就來自剝離碳和氧以產生二氧化碳廢物，然後剝離氫以產生水的過程。連恩主張，克氏循環基本上就是要獲取氫並在氧中燃燒，為我們提供有生之年的所有能量。

回顧生命的歷史，連恩闡述了反向克氏循環和光合作用之間的深層聯繫，這反過來又導致地球空氣開始富含氧氣，為需要氧氣的現代克氏循環鋪平了道路。然而，現代動物除了用克氏循環分解有機物，還能進行合成，那麼動物是如何同時辦到的？連恩指出，克氏循環與其說是一個完整的循環，不如說是一個迂迴的循環，必須控制新陳代謝的流量才能完成特定的工作。動物有多種組織器官，並且可以在一種組織中以不同於另一種組織的方式平衡代謝流量，這是相互依賴的組織之間的共生關係。

水可載舟、亦可覆舟，新陳代謝讓我們保持活力，在一個細胞中，每秒鐘有超過十億次代謝反應。這些反應並不總是正常發揮作用，損傷會不可避免地累積。克氏循環中間產物的相對濃度比，反映出細胞穩態時的健康狀態。當克氏循環失衡時，會導致細胞代謝異常，進而影響身體的健康和壽命。連恩指出，保持克氏循環的平衡和穩定，是維持身體健康和延長壽命的重要因素之一。隨著年齡的增長，粒線體會逐漸磨損，原因通常是發炎，於是工作表現差勁，呼吸開始慢慢減弱，這會影響克氏循環，減慢了速度或逆轉，於是開始衰老。

連恩認為，衰老和癌症，本質上就是新陳代謝出了問題。我們通常認為癌症是一種基因突變的疾病。不過他卻一反主流地主張，癌症的最大危險因子是年齡，這與突變的累積關係不大。相反，新陳代謝的減慢，會打開或關閉數千個基因，把我們的細胞轉變為有利於細胞不受控地生長和突變的衰老表觀遺傳狀態。是細胞新陳代謝的變化，而不是基因突變造成了癌症。

最匪夷所思的是，連恩認為，代謝流是生命持續不斷的能量物質流，時時刻刻根據我們和其他分子的比例調整代謝平衡，同時也受外在世界的變化影響。他指出，意識並非高等動物複雜神經系統的特質，而是某種更基本的，在細胞層次運作的狀態。因此，他主張，代謝流對我們的存在和意識有著重要的影響，是我們生命的基礎，也是我們意識的來源之一。

連恩進一步指出，感覺是一種電磁場，連細菌都可以靠電磁場來「感覺」周圍環境的瞬息萬變。於是，他主張像克氏循環這樣的代謝過程所產生的電磁場，可能是意識的基礎。他提出的證據之一，是惰性氣體氙起到麻醉劑的作用，是促進細胞呼吸中電子向氧氣的轉移，除此之外幾乎再無其他作用。細胞產生能量貨幣時，膜上移動的電荷會產生電磁場，與細胞裡的水分子同步震盪，讓所有代謝分子齊聲高唱交響樂章，讓我們感覺自己還活著！

當然，連恩從生化代謝的角度切入的許多論點，仍需要更多的證據來支持，但是我相信，有一天他對生命起源、衰老、癌症、意識等想法，會禁得起科學的驗證，至少其中一些會被寫進教科書裡，我們拭目以待吧！

生·命·之·核

生命之核：主宰萬物生死的克氏循環　目次

紀念伊恩·亞克蘭斯諾

獻身於生而復死，死而復生的過程，
動作亦將付諸形式，形式油然而生。

——理查·霍華德

前言　生命這玩意兒

從太空俯視，這玩意兒灰撲撲的，宛如晶體，不帶一絲地球生意盎然的藍與綠。不規則圖案與漸漸收攏的輝紋縱橫交錯，惟中心痕紋略淡，覆著沒有固定形狀的緻密物。這種「贅生物」看起來沒有生命，卻似乎沿著某種引線向外延伸，隱約帶著攫取、寄生的況味。這玩意兒在全球各處少說成千上萬，形式細節各異，但全是灰色的，無機且有稜有角，拓展蔓延……然而一到夜晚，它們便輝映發光，襯著玄黑天幕螢螢閃耀，剎時變得美麗動人。也許就某種意義來說，這些遍布大地的瘡口是有生命的——不僅有受控調節的能量流，肯定也有資訊流通及某些形式的代謝活動、物質轉換——所以，它們是活的？

不是，當然不是。這些贅生物是城市。你我相當熟悉它的內在，卻對穿梭其中的能量與物質幾乎一無所知。我們主要從一些可見構造，也就是地圖上的建築物來認識城市；然城市若是空空蕩蕩，沒有電，沒有能量流，沒有車水馬龍的交通和熙來攘往的人群，城市不過是怪異恐怖，令人背脊發涼的後末日之境，除了死寂別無其他。賦予城市生命的是人：人從此處移往彼處，連帶還有一切支持日常生活的物質流動——電、熱、水、瓦斯、下水道等等。「城市的生命來自受控制的能量與物質流動」，如此說法應不為過。只消在繁忙街頭裝上一台縮時攝影機，你就能感受到這股流動；這股流動服膺某種流體定律，很難參透。若從心眼俯瞰整片都會區，我們或能想像這股複合流，描繪街上從他處汩汩溢出且錯綜複雜的人流、光流與電流；有些區塊熱鬧繁華，有些靜謐蟄伏，直到傍晚返家的通勤者點亮燈光，復才甦醒。我們確實能標出這一道道賦予城市生命的流動，以這種方式想像一座城市，但攫獲你我注意的幾乎只有建築物，也就是構造。

細胞某種程度也像城市。細胞裡同樣有建築物，或至少是實質構造；但細胞和人類打造的城市不同，並非由重力主宰，而是實實在在的三維空間。若能把自己縮成分子大小，細胞的「城市景觀」肯定教我們目眩神迷：各種各樣的膜狀構造掠過眼前，一道道彎曲流動的牆面不時掃過頭頂，或從腳下陷落。龐大的纜線系統承載交通，朝四面八方延伸傳送，你從未見過如此繁忙景象：各種模樣古怪的巨大機器，尺寸堪比大廈高樓；還有疾速運轉，快得幾乎看不見的機械活塞；宛如巨形要塞的細胞核穩坐都會中心，遠在數公里外卻霸占你的視野。此處的一切無不熙來攘往，目不暇給。不僅如此，細胞也和所有固定不動的人造城市不同，這些迅速飛掠的巨牆不僅會移動，還能結合分離，一再反覆。把鏡頭拉遠，你會發現整座細胞城市都能變形遊移，重組內部結構；透過顯微鏡，利用猶如萬家燈火、亮著紅藍綠光的螢光染色，我們還能看見貨物如何在細胞城市之間輸送往來。然此際我所描述的一切仍只限於建築，也就是細胞構造。任誰都能想像這樣一座規模不到數千分之一公釐的奇幻城市，也能以前所未見的方式將胞內各處活動形象化、具體化。然而，細胞的生命力卻建構在更小的層次上：即使是功能最強大的顯微鏡，也無法依時逐刻地辨識所有驅動生命的能量流與物質流，區分這連續不斷，僅發生在數百萬分之一秒間，且距離不到百萬分之一公釐，能使小分子徹底改觀的種種變化。在這些變動不居，令人驚奇讚嘆的構造深處，能量物質流虛幻無形，與躁動不息、驅動整座都會及其居民的電流同樣難以想像。或許正因為如此，我們總是忽視能量物質流對生命的重要性。

世間少有如細胞高深莫測、難以捉摸之物。十七世紀，荷蘭顯微鏡學家雷文霍克揭曉藏在水滴裡的神祕宇宙，驚嘆竟有這麼多「微動物」生活其中，各有其複雜構造及目的功能。今日我們雖已深入探索細胞的景觀結構，這群原生動物的行為仍近乎神祕，令人著迷。看著這群生氣勃勃，像顯微泡泡一樣的原生質彼此追逐吞噬，不知牠們是否明白自己在做什麼？肯定不知道吧！然而在你我天真無知的眼中，牠們似乎真的知道自己所為何來，彷彿這些小小生物也有牠們自己的希望、恐懼和痛苦，彷彿當牠們好不容易從小小旋轉捕食者猶如機械轉輪的口中掙脫，也能感受到某種喜悅或寬慰。雷文霍克身後約三百五十年的現在，我們終於大致曉得這些呼呼轉動的小玩意兒都在做些什麼，知曉其組成及運作：我們將其置入離心機，或以光鉗對付，讀取其專屬的構造密碼，拆解那些啟發幻想、構思目的的規則圈套，逐一列出牠們全身上下的組成機件。但是，就算剝開這層層構造，我們依舊無法理解究竟是誰把生命吹進這些忽悠律動的小東西裡：牠們最初是怎麼從貧瘠的無機大地蹦出來的？牠們精緻優雅的行為活動究竟受誰操縱？牠們能否體會任何感受？

數十年來，生物學始終受「資訊」，也就是「基因的力量」主宰。基因的重要性毋庸置疑。但一隻活的原生動物和一隻剛死不久的原生動物身上的遺傳資訊毫無差異——活著與死亡真正的差別在於「能量流」，還有細胞利用簡單「模塊」持續自我再生的能力。[1]

如果現代生物學有所謂的觀點，那麼應該就是「能量流與物質流皆由基因資訊建構而來」；最貼近的白話文大概是「生物學是一門透過訊息網絡和控制系統來理解的科學」。其實，就連支配分子行為及其互動反應的熱力學定律，也能以資訊的概念改寫（即計算訊息量度的「夏儂熵」法則）；*然若談及生命起源，資訊的概念不免自相矛盾：試問，記載生命奧祕的所有訊息最初從何而來？目前我們已經從生物學得到一套比較簡單的解釋：天擇從一代又一代的隨機變異中篩選並留下有利生存的條件，反之則加以淘汰。隨著時間推移，資訊隨著功能的累積而累積。我們或可對細節吹毛求疵，但天擇的概念應不難理解；惟此一觀點依舊無法闡釋生命起源。將資訊置於生命中心，肯定會冒出「功能」，也就是「生物資訊起源為何」的質疑；此外，就算我們持續探索生物體的「遺傳序列空間」，†若想理解燒腦的演化軌跡，或是生命何以隔了一大段時間才突然急遽變化（譬如「寒武紀大爆發」），也還是會遇上瓶頸，更遑論探究生命何以老化、死亡，以及人類即使研究數十載仍逃不過癌症等疾病摧殘，還有最根本的「主觀經驗如何產生意識思維」等等大哉問了。

單從「資訊」角度思索生命，恐有曲解之虞，尋找能解釋資訊起源的新物理法則更是問錯問題，因為這個提問毫無意義，無法給出精確答案。比較貼切的問法大概是生物學剛成形那幾年所提出的：生物細胞的組成為何？生物與無生物、生命與無生命物質有何區別？儘管「生機論」——即生命與無生命物質在根本上完全不同——此一說法早已被推翻，像個棄置一旁，隨時會被燒掉的稻草人（不過和雷文霍克同樣著迷於那些庸庸碌碌微小動物的人，大概頗能接受生機論的概念），但著重於處理細胞能量流與物質流等問題的生物化學——就是我的專業領域——多年來倒也一派悠閒，對這個問題不甚關心（僅少數明顯例外），不曾深入思考這些生生不息的能量物質流從何而來，以及它們印痕般的基本特質如何左右今日細胞的生與死，連帶影響細胞組成的有機體，包括你和我。

---

1 我所謂的「能量流」其實就是物理學家指稱的「自由能」——可憑以作功，而非以「熱」為形式散逸的能量。至於「模塊」指的是胺基酸或核苷酸這類小分子，這些小分子能組合成蛋白質或DNA等巨大分子。兩項概念全書適用。

* 譯注：一九八四年，資訊學之父夏儂（Claude Shannon）將熱力學的熵引入資訊理論，故稱「夏儂熵」。

† 譯注：在演化生物學中，遺傳序列空間是表示基因和基因體等任何可能序列的一種描述方式。

本書將探討能量物質流如何建構生命演化，以至組成遺傳資訊，在我們的生命軌跡留下不可抹滅的印記。我打算翻轉標準觀點，提出「生命最內裡、最深處的細節並非由基因和資訊所主宰」此一立場相對的見解——在不平衡的世界裡往來穿梭，生生不息的能量流與物質流，才是將基因化為生命的推手；即使你我的生命幾乎完全泡在基因資訊醬缸裡，這股推力仍有辦法左右基因活性。形生於流，流動創造形貌。我想藉由攤在你我眼前，寫在生化課本上的道理，揭起一場超越不凡，惟目前仍隱而不見的復興運動，因為它竟同時為生命與癌症起源找到新典範。這兩個相隔數十億年、在地球時空條件上南轅北轍的領域和疑問怎麼可能互有關聯？坐鎮這個新興觀點核心的乃是一輪驚人又矛盾的反應循環，該循環利用能量將無機分子（氣體）轉化成建構生命的模塊，卻也能倒轉運行。只要了解這個涉及物質與能量的循環，就能解開生物世界深層的化學關聯及其一致性，將生命起源與癌症的毀滅破壞、地球上第一隻光合細菌和動物身上的粒線體、動物突進的跳躍式演化與含硫淤泥，以及我們這顆星球的浩瀚歷史，和你我之間微不足道的瑣碎差異逐一串連起來，說不定就連意識流也能涵蓋其中。本書會讓讀者明白，一旦知曉賦予生命，復又隨死亡消逝的化學奧義，或許就能解開某些長期以來和生物學、人類自身存在有關的難解謎題。

生化動力

為了了解這個能量物質流及其蘊含的所有寓意，我們得先回頭看看自遺傳資訊重要性劇增以來，生物學究竟是在哪個時間點開始對能量物質流視而不見的。當科學家發現細胞並非由複雜難解的「活」分子組成的不定形原生質，即開啟了生物化學的黃金年代。生化開國元勳霍普金斯爵士將他漫長研究生涯的大部分時間（二十世紀的前四十年）全都用來推廣他所謂的生物化學「動力面」。爵士主張，生命的基本分子構造極為簡單，也都能用傳統化學方法加以分析辨別；但這些分子會被導向一些特殊路徑，歷經一些小小化學變化，最後變成另一種形式。這種「變形」過程會反覆發生，而且每一次都透過一種帶有特定性質的催化劑形塑完成。對霍普金斯爵士來說，生命乃是訊息的組合體，這些資訊能具體規範引導前述路徑的催化劑（或「酶」）和「流」（flux）——即不同分子依循特殊路徑各自形成新物質，再化為打造或重建細胞城池所需的基礎模塊。

我已多次使用「流」一詞，往後也會在整本書裡反覆使用它。不過在進一步闡述主題之前，讓我們先緩一緩，釐清我賦予這個詞的意義。「流」是流動或移動的一種形式，但「流」有一項決定性的差異：譬如水在河裡流動，車子在街上移動，從一端進入再從另一端出來的東西（水或車）完全相同。但生物化學的「流」不只會流動或移動，還會「變形」。各位不妨想像街上有一輛車，就說是福斯金龜車吧：這輛金龜車跑了十公尺左右經過一棟建築，瞬間變成一輛保時捷，一眨眼又變成富豪，然後砰！富豪變成白色麵包車，啪！麵包車又變成迷你巴士，唰！最後離開這條街的竟然是一輛農用牽引車。不僅如此，這條街最奇妙之處在於，同樣一件事會一再重複發生：只有「福斯金龜車」會進入這條街，最後離開的也只會是「農用牽引車」，而且每一次的變形過程都一模一樣。現在，請想像每分鐘有六十輛福斯金龜車開進這條街，一秒一輛。每輛車經過那一連串建築就發生連續閃變，最後變成六十輛牽引車。這就是「流」：經過這條街的每一輛金龜車最後都會變成一模一樣的牽引車。當然，這只是這條街上發生的故事而已。瞧瞧轉角那條街吧，你會發現只有偉士牌機車會進入那條街，最後變成哈雷跑出來；位於城鎮另一頭的運河甚至能把獨木舟變成快艇呢。

這就是「代謝流」的奇妙世界，即使是構造簡單的細菌，也能在一秒鐘內歷經多達十億次的變形過程——十億！這個數字實在難以想像。各位或許會說，那是因為每個細胞都有一堆重複的街道，每條街上發生的故事都一樣呀；不過那也得**每秒鐘**有數百輛車駛進同一條街，每輛車皆實實在在歷經完全相同的變形過程才可能辦到。這就是構成細胞代謝作用的「流」，也是我們要在這本書裡盡全力解決的難題。代謝讓我們得以活著——**代謝就是活著**。代謝是各種小分子以奈秒為單位，一奈秒接一奈秒持續變形的總和。假如我們能活到八十歲，大概會活過三十萬兆（3×10^{18}）奈秒的代謝過程吧。難怪我們會老。雖然你我無法親眼目睹任何一段代謝過程（即使現代科技如此發達亦然），但讀者可以透過我即將傳授的一些巧妙方法，仿效百年前的霍普金斯爵士（他是第一個明白生命奧祕乃繫於多種簡單分子流動與快速變形的科學家）做個勇敢的奈米探險家，推斷「代謝」到底是怎麼一回事。

代謝研究早於發現雙股螺旋DNA，先於生物學界資訊革命，發生在我們充分掌握並了解細胞如何運作之前。事實上，那是個精采又美麗的假說，奠基於十九世紀的少數發現——譬如化學家無中生有，以無涉魔法幻術的方式合成一些與生命密切相關的分子（尿素），駁斥生機論——說穿了，代謝就只是生物的化學作用，一群普通化學物質依循普通化學規則進行反應而已。於是生物化學遂成為研究這些簡單小分子如何互相轉換的一門學問。各位方才是否為了「簡單」一詞啞然失笑？生物化學毫不簡單，不過它的複雜度卻是有層次的。此刻我提到的分子都很小，僅含一到兩個碳原子——最多二十，但大多都不超過十個碳原子。各位可以把這些碳原子想成一副類似骨架的「碳架」（或稱「碳鏈」），架上的碳彼此相連，然後再添上氫原子和氧原子，以及較不常見的氮、硫或磷原子，這些不同的組合賦予每一種分子鮮明的特質與反應傾向。這些分子都是組成細胞的模塊，類型不超過數百種；而細胞結構（主要是DNA和蛋白質）由多種巨型「大分子」組成，這些巨大分子實際上乃是按遺傳資訊指示，以模塊串接而成的長鏈，惟資訊本身在生物化學發展初期是個神祕到不行的謎中謎。

這個精采、美麗，宣稱「驅動細胞生命的乃是一股由簡單物質和能量所形成，持續且具方向性的流」的假說，結果證實為真，且所有生命一體適用。科學家費盡苦心，透過實驗證明細菌的有氧呼吸，或於無氧環境的增殖行為，竟然和人類心肌細胞在類似條件下的反應驚人地相似。一九二〇年代，另一位偉大的荷蘭籍微生物學先鋒克呂沃爾整合新證據，找出生化的一致性。*他曾稍顯狂妄地表示：「從大象到酪酸菌，大家都一樣！」（我似乎聽見各位歇斯底里的笑聲），後來被改寫成「大腸桿菌有的，大象身上肯定也有」這句名言。儘管故作俏皮，這句驚世駭俗的斷言倒有幾分真實——在所有細胞內，這些製造生命基礎模塊的生化路徑幾乎都是一樣的。數十年後，分子生物學漸露曙光，遺傳密碼「萬物通用」，編載完全相同的二十個胺基酸（蛋白質組件模塊）的概念，多少也得歸功於這一統生化理論的迷人構想。「通用遺傳密碼」如今已是琅琅上口的老詞彙，然而在當時卻是不夠嚴謹的粗略概念，充其量就是「感覺對了」，純粹只因為它和生化一致性產生共鳴罷了。

資訊叢林

分子生物學的黎明曙光！那一刻肯定相當迷人。一個世紀以前，達爾文讓生物學有了秩序。發現基因和遺傳法則使我們了解演化的道理，但遺傳的分子機制仍教人摸不著頭緒，直到華生與克里克腦筋一轉，攫取富蘭克林那些美麗ＤＮＡ照片「Ｘ射線晶體繞射圖」的完整意義，這才揭開謎團。但富蘭克林同樣也是受威金斯的早期研究所啟發，故這一路皆有如站在巨人肩膀上，前後接力完成。可惜克里克「衝進劍橋老鷹酒吧宣布解開生命奧祕」的精采情節竟是杜撰的，不過這項發現仍是揭開生命深層意義的通關戒指。

雙股螺旋DNA大概是科學界最具象徵意義的符號吧。DNA由兩股像蛇一樣無盡交纏的字母（鹼基）長鏈組成，且兩股互為彼此的精確模板。「遺傳」的運作原則不難掌握：若拆開DNA雙股，則兩股皆可作為模板，各自產出一條嶄新且序列完整的字母長鏈——即兩股各自貢獻一條複本，組成新的雙股螺旋DNA。至於「遺傳密碼」則是任一股DNA都只會有四種英文字母，由這四種字母排列而成的序列再以數百萬，甚至數十億的頻率反覆出現銜接，組成長鏈。英文字母總共有二十六個，只取其中四個來用看似組合有限；但摩斯密碼不也只用了「點」和「劃」兩種符號，同樣也能傳遞訊息。我們大概不會喜歡用這些滴滴嘟嘟的密碼音來演繹莎士比亞，但就技術而言，摩斯密碼不僅不會漏失劇本上的任何資訊，即使重演莎士比亞全本亦不成問題。DNA也一樣，早就有人用十四行詩編碼做出合成DNA了。同樣的，組成整套人類基因體的三十億字母用在你我身上亦綽綽有餘——你的四肢、心臟、雙眼、體質和行為傾向也能用演繹莎士比亞的方式來詮釋。演員可以用同情或憎惡的語氣唸出同一組台詞，基因或密碼組的詮釋也

＊譯注：Unity of biochemistry，所有生物在分子層次皆相同，源自共同祖先，使用相同架構。

一樣；環境脈絡能影響基因，產生天差地別的效應，故「遺傳決定論」意義有限。

找到原則是一回事，但光是解開原則細節就花了科學家半世紀的時間，而且解謎工作還在繼續。最先嘗試解開生命密碼的是物理學家——克里克就是物理學家，他試圖在這堆密碼中尋找數學美感（他找到了）——結果他們全都錯得離譜。生命的真貌混亂多了：遺傳密碼可謂「千瘡百孔」，夾雜數不清的冗餘複贅。例如，胺基酸密碼由三個字母組成的「密碼子」編寫而成，但同一種胺基酸可能對應一到六種不同的密碼組合。這種多變性似乎能限制突變的不良後果，因此在生物學上還是有意義的；只不過，這些繁複的密碼子本身仍教人難以參透。雙股螺旋成雙成對美麗象徵，最後在一些看不見盡頭，彷彿被奪去所有意義的密碼片段（垃圾ＤＮＡ）中消失得無影無蹤。人類基因體只有不到百分之二能做出蛋白質。具調控意義的基因在整個基因體內究竟占有多大比例，學界始終為此爭執不下；比較普遍的估計是不超過兩成，[2]剩下百分之八十的資訊量似乎少得可憐。不論答案為何，即使基因密碼數量龐大又雜亂無章，仍舊驚奇無限。基因體猶如壯觀的數位叢林，有意義與無意義的模組穿插夾雜，其繁複程度可比網際網路或電腦程式，不是有害病毒就是冗長的官腔官調。鑑於密碼內容古怪難解，生物學便逐漸成為一門研究資訊的科學了。

我這麼說並無批評之意。資訊革命確實讓生物學徹底改觀，從個體癌症細胞株、胚胎發育再到地球最初萌發的生命並重返演化時間最深處，無一不受影響。基因定序甚至翻轉我們珍視的

「行為」概念。就拿麻雀來說好了，牠們對伴侶的高忠誠度仍敵不過天性支使：近三分之一的雛鳥都是打情罵俏的外遇產物。生物學的一切皆逃不過數位審查。人類對這片數位叢林的全面探索不僅改變你我思考萬物的方式，卻也使我們忘了過去的經驗和教訓。現在，生化動力面幾乎被徹底塵封在教科書裡，乏人問津，看似對生物資訊巨力挹注不大。這是謬論。本書的宗旨是讓讀者看見：穿梭細胞的能量物質流如何建構生物資訊，而非反過來只是生物資訊的產物。生物資訊的重要性不言而喻，但只是我們之所以活著的部分原因而已。

分子機器

生物化學依循的路徑與生物資訊截然不同，但近來似乎也悖離動力的概念了。蛋白質一般由數百個胺基酸串連的長鏈組成，基因則載錄構成蛋白質的胺基酸密碼。不過，基因只負責記載序

2 另有一種完全不涉及蛋白質形成的「調控RNA」也是組合百百種，同樣會彼此作用。RNA是一小段DNA的作業用副本，RNA能如實轉錄DNA的字母序列，成為DNA副本，該副本可被解譯成蛋白質，也能和其他RNA片段結合。RNA序列實際上並未載錄任何密碼，純粹只是一串RNA字母和另一串RNA字母互相作用而已。此處所稱的「密碼」意義相當鬆散，代表能經由某種方式造出生命體的DNA序列。若要講究一點，基因密碼嚴格來說應該稱為「遺傳暗號」，但我想密碼學家大概會很生氣吧。

列，並不包括胺基酸鏈該如何纏結、盤旋再摺疊成片，賦予蛋白質三維立體結構的種種細節。學界尚未解開蛋白質能一再摺疊成特定形狀，間接受DNA序列左右的所有規則，但諷刺的是，人工智慧演算法近期倒是在這方面稍有進展（雖然我們依舊不太清楚電腦是怎麼辦到的），而生化學家似乎也一個個都變成拆解蛋白質巨型分子的解構高手。

生化學家故技重施，援用富蘭克林在一九五〇年代早期研究DNA的玄妙技術「晶體繞射法」（該技術的射線強度及解析度與時俱進，大幅提升），結果大有斬獲；其中，馬克里希南發現的核醣體結構或許是晶體繞射法最出色的成果。核醣體實際上是一座「一條龍工廠」，這個驚人的分子機器能按照基因密碼做出蛋白質。蛋白質的結構不若DNA重複單調，它可是由二十五萬顆原子組裝而成的巨型集合體，每一顆原子皆有好幾處明確且固定的位置。我之所以說「好幾處」，原因是蛋白質基本上就是台機器，擁有許多具特定功能的活動零件：每一種蛋白質一般都有幾種構形，還會以驚人的速度頻繁切換，每秒可達數百或數千次。好些頂尖生化學家一心想弄清楚這些分子機器究竟如何運作，一晃眼就是數十載。至於我們這些並不以解構蛋白質維生的人，只能以嫉妒又欽羨的心情翻過一頁又一頁科學期刊（比方說《自然》），因為每個題目少說都有兩篇以上的相關論文，鉅細靡遺交代新發現的分子機器及其原子結構；即使是風靡一時的馴化動物全基因體定序亦相形遜色。

近數十年來，「資訊」與「結構」兩相結合，成為醫學研究的主流典範。我們可以定序基因體，然後在容易罹患某種疾病和對此疾病有抵抗力的人身上尋找細微差異：在一段對應特定疾病的DNA上，其字母變異就算不到數百萬，少說也有好幾千，但僅少數幾處經常和這種疾病扯上關係，故成為醫學研究的目標。如果這些基因都指向同一種蛋白質，那麼科學家就會解析這種蛋白質的正常構形與缺陷構形，後者理所當然成為藥物作用標靶，或透過基因編輯加以修補改正。這個點子乍聽之下十分合理，就像換修故障的汽車零件一樣；但誠如我在前面提到的，比起汽車，細胞更像一座城市，如果把目標鎖定在特定基因上，就實際狀況而言根本複雜得要命。

別忘了：有不少蛋白質是催化劑（酶），能把分子改造成另一種稍微不一樣的形式。稍早提到的「汽車過街同時變形」或能栩栩如生地描繪代謝流，卻無法彰顯這個過程並非自然發生的特色（至少就目前所知的生化知識來看是如此）：蛋白質的每一次變形都是酶催化完成的。若把汽車比喻的範圍再擴大一點，各位得想像街道兩旁是一座座「看不見」的巨型機械，正是這些機械把汽車從這一種改裝成另一種。這排巨型機械各有其角色功用，沿街（代謝路徑）依序改裝車輛。在細胞內部，改裝輸出的產品對細胞有某種作用，可能是一種組成蛋白質的胺基酸。問題是，做同一件事的方法通常不只一種，就像要從城市A點到B點，走法肯定不只一種，即使選擇不同道路也能抵達相同的終點。細胞也一樣，殊途同歸。城裡能變出牽引車的街道不只一條，轉個彎，下條街可以把吉普車變成牽引車；若有哪條街產線卡住了，車流會改道，自動調整。但細胞遠比城市複雜精細得多，路不通，「車流」本身即吹響號角，送出沮喪求援的信號。細胞代償方式跟城市造車差不多，但細胞會把求援訊號直接送去給基因，基因會立刻啟動應急方案：替代道路太窄，容不下額外車流？沒問題，拓寬道路。基因和疲於奔命的地方政府不同——後者可能延宕數月才有辦法解決問題，但載錄替代道路密碼的基因不到數小時即可完成正向調控，拓寬替代道路以容納更多車流。

也就是說，細胞內的能量物質流切換自如。替代道路或許不如主要幹道順暢好走，卻幾乎感覺不到差異。現在請各位把藥物作用當成替代道路：藥物鎖定某特定基因或蛋白質（標靶）之後，細胞會配合並安排代謝流改道，降低阻礙，維持正常生理運作。至於這個機制能運作到什麼程度，概由基因差異而定，然飲食、吸菸、過重或老化等不同形式的壓力也有影響，這些多半極細微的個體差異正是難以精準預測藥物反應的原因。癌症就是最好的例子。癌症藥物通常能在某些人身上發揮效用，但非人人有用，或是藥效會在使用一段時間後逐漸減退。這個問題跟標靶關係不大，而是出在細胞本身的條件：癌細胞會生長、進化，為了達到這個目的，癌細胞必須把所有基礎模塊都拿來讓自己持續增大——這需要源源不絕的代謝流。阻斷某一處代謝流相當於封住一條街，但這些質能通量總會設法疏通（也許透過基因突變提高替代路徑的流量），讓癌細胞再度不受控制地增長，這一切只是時間早晚的問題罷了。正常細胞的能量物質流在組織內通常肩負特定任務，譬如製造荷爾蒙，輸送神經傳導物質或協助解毒，故有其限制，但一如我們接下來會看到的，癌細胞根本不用操心這些。癌細胞只管切換至另一種代謝流模式，持續生長就對了。癌症不單只是生物資訊出問題，更深的潛在問題是「流」——於是又回到生化動力面了。

衛星地圖與新陳代謝

關於前面提到的代謝流，有個新詞能反映目前以「體」*為顯學的生物學年代：代謝體學。†學界歷經數十年努力，至今已摸清主要代謝路徑的所有步驟——自一九三〇年代起，科學家一步步費勁探索，並於二戰後利用放射性標記追蹤特定碳原子的命運，結果大有斬獲（這部分會在第二章闡述）。代謝體學差不多也是這麼回事，只不過現在多了質譜儀這類強大技術挹助。代謝體學探究的並非共通性（譬如同一種代謝路徑在不同細胞內的表現），而是差異：我的心肌細胞能量物質流跟你的心肌細胞能量物質流有何不同？代謝體有點像衛星導航地圖，雖能呈現壅塞路段，但依然只是即時快照。我們可以採集細胞檢體，瞧瞧細胞在某一刻，每隔幾分鐘或幾小時的代謝流分布，[3]而此刻得到的結果跟下週、下個月或甚至明年是否相同？如此一再反覆。要想擺脫細胞局限，描繪胞內能量物質流一輩子的即時影像，以現今科技來說還差得遠呢。即使我們知

*譯注：原文為 -omics，譬如基因體（genome）或接下來提到的代謝體學（metabolomics）。

†譯注：透過鑑定代謝物來闡釋新陳代謝，藉以了解生物的代謝表現型（metabolic phenotyping）。

道細胞活著是因為有代謝支持，但代謝本身依舊存於無形，難以捉摸。

不過，這些代謝流的細微差異也彰顯了細胞與城市的不同。每座城市的相似之處是它們都有道路，然而每座城市的道路地圖實際看來卻明顯不同；就細胞而言，這個比喻僅部分正確，最特別的一點或許是所有細胞的基本道路設計都相同——至少「市中心」是如此。細胞與細胞的不同之處在於壅塞點和道路寬窄，而非布局排列。所謂「生化一致性」是指你我共用相同的市中心地圖，但這份地圖由誰定義？各位或許會說「基因」，但完全不是這麼回事。我們將會讀到，代謝不是基因「創造」出來的，正好相反。再者，基因會改變，會進化，可是照理說由基因載錄的代謝路徑卻幾乎一成不變；正如詩人米萊所寫：「生命並非該死地生生不息。生命只是該死地一再重複同樣的事情而已。」即使地殼深處的某隻細菌老早和人類分道揚鑣，長相天差地別，它卻是利用和你身上完全相同的連續步驟做出DNA字母鏈。基因的可塑性比代謝強多了。同樣的，如果癌細胞發生基因突變，加快不受控的生長速度，那麼突變的癌細胞實際上並未開啟新的代謝路徑，而是將代謝流導向其他現有路徑，甚至直接反轉某路徑的流向亦不無可能。細胞內的質能通量或許有所改變，但地圖地貌幾無變化。

城市的道路規劃會改變，為何細胞的核心代謝地圖卻不會變？理由很簡單：細胞源自共同祖先，城市則否；城市功能相似，但血緣不同。說到遺傳，我們常會聯想到基因；然而細胞若想留下後代，它必須要能生長、修復及繁殖。為此，細胞需要一套功能齊全的代謝網絡。「活著」意謂能量物質流必須持續通過這套網絡，每分每奈秒，一代接一代。我們不僅以基因形式原封不動地繼承生物資訊，也透過卵子遺傳到這套充滿生命力的代謝網絡——猶如火炬代代相傳，生生不息。細胞的核心代謝系統之所以改變極小，理由是四十億年來它沒有一刻停轉歇息。基因只負責看守火炬。沒有火炬，生命與死亡無異。

話說回來，代謝流雖一刻不停歇，卻經常改頭換面。最好的例子莫過於演化不可思議的偶然性，或生命為了應付地球環境急遽變化，倉促拼湊解決方案的能力（譬如從最初二十億年的窒息無氧狀態過渡到活力充沛的動物時代）；少了這份能力，你我不可能存在。細胞中心有一座由能量與物質組建而成的旋轉木馬「克氏循環」——以克雷布斯這位倍受尊崇的生化學家命名，他在一九三〇年代首度提出這個構想。克氏循環有時也稱為「檸檬酸循環」或「三羧酸循環」，但這本書就統一使用「克氏循環」這個較有人味的名稱吧。克氏循環跟其他以直線進行的多數代謝路徑不同：這個帶有柏拉圖美學的完美循環雖然位居代謝地圖中心，鶴立雞群，然而自發現後的八

3 其實就連這部分也不易判讀。即使某中間產物在細胞內的濃度很高，並不代表代謝流也高：高濃度可能反映高流速，即該中間產物快速持續補充；但也可能完全相反，即代謝流下游幾乎停滯不動，導致該中間產物逐漸累積，就像只進不出的停車場。因此科學家需要大量背景資料並輔以巧妙解讀，才可能理解真貌。有時候，我會覺得代謝體學直接叫深奧體學（gnomics，原意為如格言般難懂的）就好了。

十多年來，其意義仍撲朔迷離。這份撲朔迷離一部分肇因於生物化學起步的時間很早，光是各種分子機器不可思議的作用機制便已夠教人心醉著迷；但克氏循環最複雜難解的一點在於，這個表面上看來相當完美的能量物質循環，實際上卻暗藏一股兩方牽制的緊張關係，似若陰陽；生命的所有面向無不納含其中，環環相扣。

克雷布斯循環

修讀生物化學與醫學的學生都必須學習並牢記克氏循環的每個環節。雖然克氏循環擁有偶像地位，喜歡或真正理解它的人卻少之又少——部分原因在於生物化學難以具象化：生化反應不僅看不見，還深奧難懂。每個步驟皆涉及碳、氫、氧原子重新排列（參見附錄），表面上看來差異不大，真正的功能卻教人費解。按教科書的說法是：克氏循環會「摘下碳架上的氫原子，餵給氧原子這頭飢腸轆轆的野獸」，將食物轉化成能量（當然，教科書使用的詞彙不見得都是這樣）。這個過程被稱為「細胞呼吸」：細胞會巧妙捕捉每個階段釋出的能量，並加以利用，再將吃剩的水和二氧化碳等廚餘扔出細胞。但這個過程何以必須是「循環」？為什麼不能簡單幾個步驟走完就好？克雷布斯本人曾提出一個看似有理的答案：燃燒極小的碳架結構其實非常沒有效率，所以必須以循環方式存在。後來科學家發現，細菌能完美燃燒迷你碳架，推翻了這個想法。

由於克氏循環能供應建構細胞所需的多種基礎模塊，這項事實更進一步模糊了該循環之所以存在**最重要的意涵**。絕大多數的胺基酸都直接或間接來自克氏循環內的分子，構成生物膜所需的長鏈脂質分子也一樣；克氏循環能合成醣，就連DNA的字母群（正式名稱叫「核苷酸」）也是醣和胺基酸做成的——同樣來自克氏循環。我還可以繼續往下說，但這些例子足以說明克氏循環根本就是生合成引擎，能推動細胞生長與更新。不過，細胞為什麼要用同一套代謝路徑進行創造和破壞，一邊燃燒一邊翻新？就算是浴火重生的鳳凰也沒辦法同時完成相反的兩件事。大部分的代謝過程會把合成與分解兩條路徑分開，理由很簡單，因為「流」無法雙向同時進行；然而，克氏循環內的同一種分子卻能變成胺基酸再合成蛋白質，或反過來撕裂拆解，送進呼吸熔爐燃燒，供應細胞能量。這座旋轉木馬何以自相矛盾，道理何在？

對十年前的多數研究者來說，這個問題的答案似乎過於隱晦，無須掛念；生化學家向來以為追問「為什麼」根本就是在玩猜猜看，故從不考慮提問。但結果竟是堆積在克氏循環內的分子能向基因發出訊號，告知細胞當下的狀態，因而打開或關閉數百或甚至上千個基因。克氏循環才不是什麼枯燥無味的生化教科書知識——現在我們已經知道，不同形式的代謝流通過克氏循環，會釋出強烈但意義模糊的訊號：譬如，幫助海龜等潛水動物在水中（無氧狀態）存活數小時的胞內訊號，也會促進發炎與癌細胞生長；具侵略性的腫瘤會突然並一再顯現與克氏循環有關的基因突變；就連我們能否逃離心臟病發這道鬼門關，也和進出克氏循環的質能通量有關（比如是否罹患糖尿病）。或許這一切根本不足為奇：任何擾亂氧氣可用率的因子不只會干擾細胞呼吸，也會影響通過克氏循環的能量物質流。呼吸無非是生死立判，建構生物體的分子轉換也同樣是一眨眼的事；然而這些雜七雜八、彼此迥異的例子都面臨一個共同問題：如何平衡克氏循環的陰與陽，「產生能量」和「合成有機分子」又該如何拿捏或抵消？這個問題雖然讓克氏循環成為現代生化學最熱切關注的焦點之一，卻仍無法解釋它何以帶有相悖相輔的陰陽二元性。

我的看法是，若不先搞清楚克氏循環何以執居細胞能量物質流的中心地位，要想明白癌症或阿茲海默症是怎麼一回事，簡直奢望。能量物質流究竟受哪些法則主宰？基因只是整幅拼圖的一部分而已。讓我們把前面的「車流」比喻放一邊，想想河裡的水流：如果基因疏導代謝流猶如河岸引導水流，那麼就如同河岸無法決定河水如何從山間流洩至海洋，基因亦無法決定代謝的流向。河流軌跡取決於河水的本質，還有太陽及大地風土等力量：水分子從海洋蒸發，結成雨滴落在高山上；河道岩體的質地，重力的持續拉扯，還有水分子與水分子之間若有似無，一下結合一下鬆脫的電子鍵結，凡此種種，終而使河水成為連貫奔流的液體。我們或許可以架高城市堤岸，疏導河流；然而當洪水來襲，再聰明巧妙的工程也鮮少能抵擋水的力量。代謝流也一樣。基因載錄催化劑的蛋白質密碼，但催化劑並非幻術魔法，它只會加快自然反應的速度，如此而已。代謝反應亦遵循相同的化學規則：即使催化劑稍微加快反應速度，最後依然不會在產物中留下痕跡。驅動代謝的力量源自熱力學——這三個字聽來或許嚇人，然而在生物化學的脈絡裡，熱力學不過就是一種「化學反應需求」（耗散能量），跟「水往低處流」的目的差不多。

如果克氏循環受熱力學宰制，那麼就算少了基因干預，它在某些合適且有利的環境下應該也會自然發生才是。這個想法一度遭人譏貶為異想天開，然而化學革命的部分成果顯示，少數循環確實可能在岩石或礦物的催化之下即可發生，不需要蛋白質密碼的基因插手。這些新發現重燃世人對克氏循環的興趣，意欲探究其真實的化學面貌，深入了解這個克雷布斯於數十年前初次呈現，卻因為架構過於簡單而令他卻步的生化機制。於此，我們著手建構代謝作用的內部邏輯：代謝大多受制於熱力學，催化劑助長或推動部分反應，有些則透過基因微調改善。部分代謝作用源自生命本身的盛衰迭替，迫使演化走上罕見道路，同時也將這顆質地變動不居的星球從貧瘠無氧的寂寞行星，變成欣欣向榮，活力四射的今日世界。

這是一則從細胞視角闡述地球的故事：生物何以呈現種種樣貌，最後又為何衰老死亡，世間萬物各有其迥異又引人入勝的生命歷程。我知道生物化學對許多人來說是個晦澀難解的科目，充斥各種神祕符號，彷彿有什麼至高無上的力量刻意隱藏通往意義之門的道路；但事實並非如此——賦予生命活力的是化學，伴送生命邁向死亡的也是化學，化學甚至還能鍛造生命的意識自我，因此有什麼比化學更具意義？更教人驚嘆的是，這幾個例子竟全部出自同一套化學反應！我會盡可能以生動淺顯的詞彙解釋這套化學機制，但也不會放過重要細節，希望藉由本書帶領各位來一趟知識之旅，直奔人類智識疆界。我得承認，這一路不會持續風平浪靜，但我希望各位能有所收獲，不虛此行。這趟旅程是我身為生化學家的企盼與嘗試：我想找到克氏循環的奧義——克氏循環何以至今仍居於生與死的中心地位？請各位與我同行。

揚帆啟航

讓我們先來了解何謂「克氏循環」。隨手翻開任何一本生物化學教科書，應該都能找到這個基本化學架構。我會在枯燥乏味的分子亂舞中穿插一些生化先鋒的故事，除了向他們致敬，也增添些許閱讀趣味；這群男士女士想出各種別出心裁、極富創意的方式辨讀生命最高深莫測的本質，在任何一個科學與藝術人文平起平坐的文明社會裡，他們理應成為家喻戶曉的名字。即便是今天，我在實驗室使用的操作方法充其量不過是他們當年所用的時髦版本罷了。但我之所以要講述他們的故事，還有另一個原因：這些學者都是生物化學界最崇高的先鋒典範，即使他們鮮少為一般大眾所知，他們對後世，對其專業領域的影響卻極為深遠。當年他們提出的想法不一定都是正確的，畢竟科學家也是人；而我們直到現在才能超越他們的見解，因為我們同樣也只是人。這群化學先鋒的見解大多已成為今日生化學界的中心法則。克氏循環仍是克雷布斯發現的那個簡單架構，但意義已遠遠超過克雷布斯當年的理解。

第二章，我們要解構教科書觀點。各位會看見這些中心法則如何讓整個研究領域倒退數十載，且後人無一不受其影響。不過，各位也會讀到克氏循環與食物氧化的關係——尤其是葡萄糖：你會知道光合作用能合成葡萄糖，呼吸作用則透過克氏循環燃燒葡萄糖。這兒也醣，那兒也醣，處處都是醣，結果導致世人嚴重誤解，以為「醣」就是代謝的核心，生命的中心，以為光合作用與呼吸作用無非就是醣化學。恰恰相反：克氏循環才是核心。譬如當年古菌就反向操作（從細菌的觀點是順勢而為），簡單利用氫氣與二氧化碳造出生命共祖。

第三章，我們將返回初始，瞧瞧胞內的這套化學反應如何在大自然裡自然發生——特別是深海熱泉：狀似細胞構造的無機薄膜兩側有著劇烈的跨膜質子梯度，能促進氫氣與二氧化碳反應。我們會看見，細胞的所有核心代謝反應，繼而打造基因模塊（即DNA的核苷酸），大體都是由這套化學反應驅動的；近年的實驗成果亦實際重現了這一點。此外，我也主張最早出現在原始細胞內的基因物質其實已經具備粗淺的遺傳形式，賦予「遺傳資訊最初打哪兒來」些許定義。本章也將談及我研究團隊近年的工作成果：在前述的定義架構下，團隊夥伴針對「基因遺傳起源」這個大哉問已然有了教人振奮的初步進展。

第四章則要探究這個在生命源起時自然發生的化學反應，何以成為今日所知的封閉循環？但「封閉循環」一詞可能造成誤導，因為即使在人類身上，克氏循環也比較近似「圓環」的概念：代謝流有進有出，四通八達，甚至取道循環內的不同環節朝反方向移動。地球早期因為能量供應嚴重受限，迫使細菌必須互助合作並採取有效率的代謝方式，直到演化出光合作用，徹底改變生命為止。不過，地球大氣含氧量上升（氧氣是光合作用「活力十足的廢物」）與二十億年後「寒武紀大爆發」的動物大量出現，這兩者之間的關聯卻被地球史上好些惡名昭彰的全球問題搞得錯位脫節了。各位會讀到，「提高代謝效率」這項需求不僅促進細菌彼此合作，就連地球早期那些在含硫淤泥中爬行，在垂死邊緣掙扎的原始動物，牠們的器官組織之所以能互依互存，說不定也是受了高效代謝需求的影響。

目前，學界對於不同組織之間如何平衡代謝流所知有限；至於癌細胞出了什麼差錯，為何走上自私自利的回頭路，我們倒是略知一二。各位能透過第五章明白，癌症被定義為「基因體病」，肇因於基因突變的標準觀點仍不夠全面，甚至面臨「過時教條」的廢棄邊緣。正常組織癌變通常跟基因突變有關，然若將癌細胞置於正常組織內，癌細胞大多會停止分裂生長。事實上，老化才是癌變最大的致險因子。我們會讀到，隨著年華老去，癌也會從克氏循環的陰陽交疊中悄悄現身——癌細胞也需要這套循環進行生合成，同時產生能量。當通過克氏循環的代謝流因老化而變得緩慢停滯，很容易堆積琥珀酸這類中間產物，繼而觸發專門應付低氧環境的古老代謝路徑，造成發炎和細胞生長增殖，助長癌變。

第六章將檢視克氏循環代謝流何以隨著老化而逐漸遲滯，揭開關乎年齡，也和你我切身相關的疾病面具。「細胞呼吸機能逐漸降低」可說是比較普遍的答案，但代謝流還是會依個人生活方式（譬如飲食或運動），以及粒線體和細胞核內兩套基因體的合作效率而產生差異。我會以自己的研究為基礎，針對自由基理論提出新觀點；這套新觀點或許能解釋，若將鳥類壽命換算成哺乳動物的年紀，前者為何比後者更長壽？以及抗氧化劑為什麼沒用？我們將會明白，為何完整的大腦功能需要完整的克氏循環——以及相反的，為何細胞呼吸不力會跟阿茲海默症等毛病扯上關係。

最後，我會在結語觸及生命最艱澀的一道命題：意識流。若說時時刻刻接續不斷以維繫生命的代謝流，其實時時刻刻都和咱們內心深處的自我感受緊密交織，而且說不定從生命乍現的那一刻起便糾纏不清，現在看來應該不會太訝異吧。但這一切究竟是怎麼回事？且讓我們從頭說起。

第一章　發現奈米宇宙

一九三二年，皮卡迪利街伯林頓府。穩重的維多利亞建築立面燈光熠熠，在這個陰鬱的十一月底格外閃耀。一位滿頭銀髮，蓄八字鬍，衣著光鮮且行止矯健的紳士正在進行他一年一度，身為倫敦皇家學會院長的例行演講。演講已接近尾聲。三年前，霍普金斯爵士因為發現多種維生素而獲頒諾貝爾獎；如今七十一歲的他仍神采奕奕，點子多多，腦筋動得飛快。他正講到讚頌核子物理學發展的部分：那年稍早，先有查兌克證明中子存在，之後考克饒夫和沃爾頓分解原子核，釋出原子能——這兩項榮譽皆出自劍橋大學卡文迪希實驗室。一九三二果真是奇蹟的一年，霍普金斯開心表示。核蛻變似乎即將在現實中重現，畢竟科學家都已經能透過核分裂把鋰核變成氦核了，誰知道接下來數十年還會發生什麼事呢？

霍普金斯爵士小心措辭，藉此消除內心的微惶不安。他繼續談到細胞會釋出輻射線，甚至可能因此加速細胞分裂。聽眾席是否有人竊竊低語？不管了。科學必須開疆拓界。他渴望擁抱生物化學，他的專業領域最卓越輝煌的工作成果。科學無國界。爵士特別提到出身德國佛萊堡的年輕科學家克雷布斯，他那令人眼睛一亮的研究成果無非是生化現象的可預期意外（他允許自己對選用這個詞感到一絲驕傲），揭示「實驗生物化學」這門學科何以必須繼續保持獨立科學地位的原因。聽眾無人不知爵士極力提倡他這個稍具雛形的新興領域，他亦矢志不辜負這門科學。漢斯．克雷布斯已向世人展示，生物化學有能力擺脫「化學方法不能用於研究生命」的陳舊信條（理由是化學方法一下子就把活的給弄死了）；但克雷布斯將精準定量的胺基酸加入切成薄片的活組織，小心翼翼測量組織切片排出的氣體，呈現細胞如何經由循環反應產生尿素，排入尿液。這不是沒有生命的「死化學」，而是動態，生氣勃勃的連續過程。霍普金斯爵士的好幾位朋友也坐在聽眾席裡，這些朋友都笑了——他們曉得爵士有多執迷於生物化學動力面，他們也知道他是對的。

放眼當時科學界，大概沒有哪個人比霍普金斯爵士更受人喜愛了。他雖是諾貝爾獎得主，大英國協騎士——再過不久將晉升受封功績勳章，受勳者無不是功勳卓著的棟梁之材，但爵士始終自覺是個局外人：年少時，他因連續曠課遭倫敦城市中學退學（嚴格來說是「校方建議移除學籍」）——有天早上，他發現自己沒辦法出門上學，理由是什麼連他自己也說不明白；為了逃避必然的羞辱和懲罰，他一連好幾個星期都不去上課，成天在造船廠、博物館和圖書館閒晃。後來他換了一所學校（幾乎不用考試就進去了），然後在一間分析化學實驗室做個沒名分亦不支薪的學徒，結果他竟是個極具天賦，做事一絲不苟的化學家。他報名一些短期課程，成績出色，最後終於有所突破——先是在倫敦蓋伊醫院法醫部謀得他夢寐以求的工作，繼而在世界邁入二十世紀前進了劍橋大學，沒幾年即獲選為該校首位生物化學教授。這段迂迴、非正統的學習歷程有別於生物化學奠基地德國那種一步一腳印的正統訓練，也讓爵士更覺格格不入；不過，這段歷程必定也強化了他的創造力。爵士對科學研究毫無獨裁、專制的脾性，使他更得同事愛戴。

在爵士的用心經營之下，他的實驗室氣氛歡快自由，產能高，不分地位階級。實驗室獲得甫成立的「英國醫學研究委員會」大力支持，不過委員會倒是倍感挫折，因為爵士固執地不肯挪出時間和精力繼續醫學研究，不僅拒絕重拾早期的維生素研究，甚至也不指望其他人接手處理這些實務問題。相反地，他找來一群跟他一樣的頑固分子，這些人似乎愛研究什麼就研究什麼：包括博學多聞的霍爾丹——他因「嚴重不道德行為」（與已婚婦女同居）暫時被劍橋停職，還有幾位聰明絕頂但同樣不受控的女科學家，譬如知名學者斯蒂芬森和尼漢姆（李大斐）。同事們多暱稱爵士為「麻藥霍比」（筆者相信研究委員會肯定念念不忘），*而爵士也不時引導同仁的研究方向：譬如，他說服年輕的斯蒂芬森繼續研究細菌代謝，而她頗具開創性的研究成果（最有名的是研究死水裡的細菌，這題目讓研究委員會更加頭痛）迫使皇家學會不得不為她敞開大門——一九四五年，斯蒂芬森獲選為學會首批女性院士，另一位則是晶體學家朗斯代爾。

---

*譯注：hobby，姓氏 Hopkins 諧音，有麻藥之意。

不過，促進生物化學發展並使其成為獨立的實驗科學，才是霍普金斯真正的使命與抱負。生物化學觀看世界的方式與研究方法皆獨樹一格，充滿活力且極為有趣。該實驗室發行的刊物《生化展望》不僅彙編詩文（霍爾丹就曾以押韻對句寫過一篇年報），還有模擬考題、各種漫畫和「珍妮完全不懂細菌操作技術，下場淒慘」或「布蘭妲一天到晚打破東西，只好黯然打包離開」等警示寓言暨送別短文。各位可別誤會，雖然這群人出言不遜，語多傲慢，但這也只是一群嚴肅心靈的胡扯瞎搞罷了。霍比的實驗室不僅培育出好些當代最具想像力、最富原創力的科學家，其中幾位後來還拿了諾貝爾獎呢。

克雷布斯來報到

一九三三年，克雷布斯抵達英國倫敦。他原本無意離開佛萊堡，然而在希特勒一月就任總理後，他和其他猶太同仁全都被解職了。他很快意識到自己必須盡可能遠離德國，就連蘇黎世的職缺看起來也有些冒險。有道是聲名來得好不如來得巧——霍普金斯爵士才在前一年的皇家學會年度演說上提到他，再加上爵士剛好也是一九三三年五月成立的「學者援助委員會」成員：該委員會由教育家費雪、獄政改革家弗萊、生理學家老霍爾丹（父子倆同樣傑出）、詩人豪斯曼、經濟學家凱因斯、物理學家拉塞福、物理學家湯姆森爵士等四十一名德高望重的頂尖知識分子組成。

委員會的成立宗旨是協助並支持不得不放棄德國職位的流亡學者，以「解除學者苦難，捍衛學術與科學發展」為目標。克雷布斯是首位接受該委員會援助的學者。他於一九三三年六月來到劍橋，同行的還有一整櫃（共三十座）測量微量氣壓變化的測壓儀。

各位可以想像，霍普金斯的實驗室和克雷布斯在德國所熟悉的一切截然不同。多年後，克雷布斯執筆回憶他的「英式生活」：「劍橋的實驗室包容許許多多不同性格、信念和能力的人。我看著他們爭執卻不會因此不合，即使個性不合也不會互相猜忌，有所懷疑亦不會出言侮辱。大家直言批評，不帶諷刺，不醜化貶低，大方讚賞且沒有一絲阿諛諂媚。」我希望今日的英國人別忘了這些珍貴價值。[1]克雷布斯馬上適應這個新環境，也努力精進他的英語表達能力；很多科學家

1 其實學界的態度也不是一面倒地歡迎流亡學者。當時，實驗室外有不少人抗議外國人在大蕭條期間奪走英國人為數不多的工作機會。說來難受，但英國目前的情況跟當時頗為相似。我來說個比較有啟發意義的巧合。克雷布斯之子，同樣成就不凡的克雷布斯勳爵分享一則他以父親為榜樣的美麗故事：勳爵在報上讀到一篇報導，得知諾貝爾獎牌在拍賣市場的價格相當不錯，於是他陷入天人交戰——到底該把父親的獎牌捐給博物館或鎖進保險箱，還是把它賣了，然後把所得用在更好的用途上？最後他選擇賣掉獎牌，成立「漢斯．克雷布斯爵士信託基金」，挹注被迫逃離家鄉的難民科學家。二〇一五年起，該信託基金與難民學者協助理事會合作（前身為學者援助委員會），援助多名來自敘利亞及其他國家的流亡科學家。請上官網了解更多資訊 https://www.cara.ngo/sir-hans-krebs-trust-cara-fellowships/。若您願意慷慨解囊，可致信 Wordsworth@cara.ngo 聯絡 Stephen Wordsworth，註明「漢斯．克雷布斯信託基金捐款」。

$$C_6H_{12}O_6 + 6\,O_2 \longrightarrow 6\,CO_2 + 6\,H_2O + \text{能量}$$

葡萄糖　氧氣　　二氧化碳　水　熱

圖 1

也確實歡迎他到家裡坐坐。克雷布斯鬧過一件糗事：某天下午，這名嚴肅認真的年輕人衝進實驗室，像孩子一樣興高采烈地宣布他剛剛「拽了斯蒂芬森的腳！」＊

但是對克雷布斯來說，英國生活與實驗室都只是其次——最重要、最至高無上的還是研究。他著手投入當時生物界最急欲解開的疑惑：細胞如何呼吸？（時至今日，學界仍為此爭論不休）。細胞呼吸的主要概念其實非常簡單：在有氧環境下燃燒食物，產生維生所需的能量。這個我們在法國大革命以前就知道了：拉瓦節透過實驗證明，細胞呼吸和物質燃燒的過程完全相同（他幾近偏執地精準測量每一個反應項，得到**完全相同**的結論）。呼吸和燃燒都是有機物被氧分子完全氧化，釋出能量（最後變成熱）的過程；但是就活體生物而言，並非所有能量都會即刻以熱的形式釋出：部分能量（學術上叫「自由能」）會先被細胞捕捉，用於作功，最後才變成熱，散逸消失——這也是動物會加速宇宙死亡，使之邁向「熱寂」的原因。以葡萄糖為例，醣用於燃燒或呼吸的整套反應皆可以上方的反應式呈現。（圖1）

然而科學家不明白的是，細胞要怎麼捕捉並利用上述反應釋出的能量，驅動從移動到思考等象徵「生命」的所有活動？顯然這些能量必須小量小量地釋放，否則你我會直接變成一團火球。但細胞釋能的過程與方式同樣教人摸不著頭緒，甚至在克雷布斯開始思索這個問題的當下，連細胞呼吸在哪兒發生都還是個謎。現在我們已經知道，細胞呼吸發生在素有「細胞發電站」之稱的粒線體，不過這可是科學家一點一滴累積知識，辛苦得來的成果。獲取知識的過程必定伴隨故事——有人就有故事；發現的過程愈是艱辛，故事就愈精采，卻也更容易影響我們的觀念和想法。細胞呼吸如何進行？克雷布斯起初毫無頭緒，最後卻得出這套步驟詳細並且以他為名（實至名歸）的著名循環；他的研究也影響後人對細胞呼吸的看法，以致克氏循環最後幾乎和細胞呼吸畫上等號。誠如我們在引言提到的，克氏循環的意義不僅於此：它不只緊扣細胞呼吸，同時還是塑造生命模塊的推手。接下來各位會看到，過去對克氏循環的狹隘理解如何阻礙我們探究生命起源、癌症或甚至意識的真相。

切片與氣體

克雷布斯的實驗方法乃承襲自其導師：偉大的德國生化學家瓦爾堡（我們會在第五章討論癌症時正式認識他）。瓦爾堡天賦極高，心思細膩，卻也盛氣凌人，專制獨裁。他的研究團隊合作

＊譯注：「pull someone's leg」直譯拉某人的腳，其實是開玩笑、捉弄人的意思。

緊密，但他不太給學生空間發展自己的想法，並且嚴格要求一週得工作六天（禮拜天則用來寫報告和準備下禮拜的實驗）。在瓦爾堡底下，以相當於學徒的身分工作四年後，克雷布斯累積一身扎實工夫。後來他一輩子都維持類似的工作習慣，但更重要的是，他將瓦爾堡原本已相當別出心裁的實驗方法又向前推進一大步。

瓦爾堡首創的獨門技術是測量從組織切片逸散的氣體。組織切片是以剃刀切下的組織薄片，若技巧純熟，這張薄片能讓氧分子直接以擴散方式穿透，不會傷及細胞組織，使其功能大致維持正常。他們把組織切片泡進成分近似血漿的液體中，再將裝有液體和切片的玻璃瓶接上測壓儀（類似氣壓計，可量測氣體壓力）並予以密封。在這種情況下，氣體會形成氣泡並從切片表面冒出來，提高測壓儀內壓並改變U型管液面高度。不用說，要想得到精確的測量值，條件校準也得做得夠仔細才行：舉例來說，由於壓力會隨溫度改變，實驗人員必須把整套裝置泡在恆溫控制的水浴槽裡。測量生化反應所需的裝置經常占去半個房間，得到的卻只是單單一個反應步驟的間接觀測結果。科學家必須具備無比的耐心和技巧，才能參透一條生化路徑中多個步驟的實際狀態。

前面描述的方法應該能讓各位體會到，生化測量的過程有多迂迴繁複又曲折了吧。即使今天我們已經擁有更高超複雜，卻也更難說明闡釋的測量技術，我們還是「看不見」反應式裡的任何一個小分子。不過生物化學就是這樣摸索出來的，只要方法管用就行。瓦爾堡精準監測新鮮組織切片冒出的各種氣泡及其速率，史無前例地探知活體細胞正在進行哪些反應。各位不妨回想一下細胞如何呼吸：從前面的反應式可以看出來，細胞會消耗氧氣，釋出二氧化碳，所以我們可以測量固定時間內的氣壓變化，得出細胞呼吸效率。[2]

瓦爾堡憑以獲頒一九三一年諾貝爾獎的實驗有夠精采，不提不行。瓦爾堡知道他可以用一氧化碳阻斷細胞呼吸：一氧化碳會跟催化「把氧變成水」的細胞酶金屬原子結合，讓呼吸作用停在最後一步。一氧化碳與酶結合不會改變測壓儀讀數，因為細胞並未消耗氧氣。接下來就是亮點了：如何讓一氧化碳脫離細胞酶？照光即可。細胞呼吸重新啟動，氧氣再度有所消耗。不過並非所有波長的光線效果都一樣好：有些波長能順利被酶吸收，令其釋放與之結合的一氧化碳，有些波長會直接被反彈回去，絲毫不影響兩者的結合態。瓦爾堡選擇能發射特定光波的物質作為光源（如汞蒸氣燈、鈉蒸氣燈或燃燒鎂鹽），測量細胞在不同波長下的呼吸效率，以此重建細胞酶（瓦爾堡以「發酵質」稱之）的吸收光譜。結果顯示這種「發酵質」是「血基質」色素的一種，與紅血球

2 心思細膩的讀者或許會發現，氧氣消耗率和二氧化碳釋出率正好互相平衡，因此整體來說，這個例子照理不會產生氣壓變化。但高明之處就在這裡：二氧化碳可以被氫氧化鉀溶液吸收，所以不會增加氣壓。現代工業也採行類似方法，利用「二氧化碳洗滌器」捕捉二氧化碳並將其轉成碳酸鹽類（碳酸鈣，也就是石灰）沉澱析出。至於前述實驗所用的測壓儀測不出二氧化碳與氧氣的氣壓消長，只會測得氧氣消耗而減少的壓力。

內負責輸送氧的「血紅素」關係很近，和參與光合作用的「葉綠素」也沒有太大不同。[3]事實上，瓦爾堡還發現，只要用化學方法動點手腳，就能讓發酵質產生近似血紅素和葉綠素的吸收光譜。這項結果使他做出驚人結論：呼吸作用出現的時間早於光合作用。「血液和葉片裡的色素都來自『發酵質』——血液色素屬於『還原』部分，葉片色素則是『氧化』。顯然『發酵質』存在的時間早於血紅素和葉綠素。」瓦爾堡的結論其實離真相不遠。答案將在第四章揭曉。

瓦爾堡在諾貝爾得獎感言中描述這整段過程。我永遠忘不了我自己讀到這段文字的那個早晨：當時我坐在威爾斯卡德伊里德斯山附近的帳篷外，卻已無心欣賞眼前的遼闊山景，整個腦子都跟灌木叢裡的鳥兒一道唱起歌來。太妙了。瓦爾堡的實驗根本是藝術：極富創意的想法結合熟練精湛的技藝，巧妙洞察大自然的運作方式。這正是某些科學家何以如同偉大藝術家，極具天賦但缺點也不少，卻仍受世人崇拜的原因。瓦爾堡就是個再貼切不過的例子。

然而，這項媲美藝術作品的實驗仍遠不足以闡明細胞呼吸的實際過程。該實驗僅指出參與細胞呼吸的其中一種催化劑含有近似血基質的紫質色素（瓦爾堡本人倒是一如往常地武斷宣稱『只有一種』發酵質涉及反應）。那麼，從葡萄糖到氧氣等其他所有步驟呢？整個過程到底有多少環節，多少中間產物？各位可以從前面那道反應式看出來，一個葡萄糖分子（它有六個碳原子）能轉換成六個二氧化碳分子和六個水分子。但二氧化碳分子是一個一個逐一形成並釋出的嗎？譬如從葡萄糖六碳鏈上逐一拽下，導致碳鏈愈來愈短？水分子呢？葡萄糖的十二個氫原子應該也是一個個卸下來，再全部轉移到氧原子上，組成水分子吧？氫在氧中燃燒——呼吸作用產生的能量幾乎全是這麼來的。火箭升空的動力也是。顯然我們會因此得到一大堆能量，至於氫原子如何脫離葡萄糖（或分解後的產物），涉及哪些步驟，產生哪些中間產物，以及細胞如何捕捉反應產生的能量並轉換成有用的形式，仍舊全無交代。總之，在克雷布斯著手研究呼吸作用的當時，這些問題基本上沒一個有答案，但這些步驟恰恰是燃燒爆炸與生物呼吸之間的差別所在，也是克雷布斯想了解的環節。

克雷布斯最令我折服的是，他能調整瓦爾堡的做法（測量組織切片逸散的氣體），從而拼湊出多數遺漏的步驟。克雷布斯所做的並非什麼嘆為觀止的精采實驗，倒不如說他吃了秤砣鐵了心，就是要看看光靠一種方法能做到什麼程度（更別提那可能令普通人做到懷疑人生的龐大工作量）。有時候，克雷布斯會在一次實驗中同時操作多達十台測壓儀，定量加入好幾種能被細胞利

3　一氧化碳會取代氧，跟血紅素結合，所以一氧化碳中毒可能致命。即使僥倖逃過一劫，一氧化碳也會基於前述理由而造成細胞「窒息」。瓦爾堡發現的「血基質蛋白」現在稱為「細胞色素氧化酶」。若是沒有細胞色素，細胞幾近透明無色（其實是淡黃色，因為細胞帶有核黃素；這也是瓦爾堡發現的）。極低濃度的一氧化碳是很重要的細胞訊號，它跟另一種氣體訊號「一氧化氮」共同參與呼吸調節：這些氣體能夠極精準地控制呼吸效率，進而改變局部組織的氧氣濃度。螢火蟲在這方面可是一等一的高手——牠們一閃一閃的亮光就是利用有氧才能作用的「螢光素酶」產生的。

用的物質，測量在有、無呼吸抑制劑時的細胞呼吸效率。結果魔鬼當真藏在細節裡。今日我們可能很難體會：當年，生化學家知道的少之又少，對於細胞如何運作更一無所知。有些實驗可能一試就成，有些卻得到跟預期完全相反的結果，這類情況在科學研究屢見不鮮。有時就只是因為組織切片的洗浸方式錯誤，或試驗溶液不夠新鮮，或其他各種各樣的問題——但偶爾是因為實驗本身的假設錯誤所致。於是，一條嶄新的道路乍現眼前，說不定能引領研究者真正理解他所要探討的題目。克雷布斯的實驗筆記處處是驚嘆號，有時一連兩三個，彷彿這些預期之外的發現令他心跳加速，就連這麼一板一眼如他也壓抑不住內心的興奮。說到底，就算科學家再怎麼竭盡所能力求客觀，不涉情緒，科學無非就是情緒雲霄飛車，徹頭徹尾是人類自己的追求想望。克雷布斯就這麼日復一日，週復一週，年復一年地慢慢拼湊出「食物如何透過細胞呼吸逐步燃燒」的詳細步驟與全貌。

深呼吸

克雷布斯最初以「尿素合成實驗」揚名學界。尿素是一種最終排入尿液的含氮化合物，源自分解的胺基酸，而胺基酸則是合成蛋白質的模塊。諷刺的是，起初克雷布斯只是想逃離瓦爾堡對細胞呼吸的強烈興趣，為此他必須建立自己的研究綱領與時程規劃，可是他提出的問題卻一再繞回原點：克雷布斯想知道，胺基酸在拋出氮原子，形成尿素之後，接下來會發生什麼事。就定義來說，胺基酸所含的氮會以「胺基」（$-NH_2$）形式存在。[4]克雷布斯推斷，胺基會在腎臟內變成「氨」（NH_3）釋出，再以尿素形式排出體外，至於剩下的胺基酸碳架則成為僅含碳氫氧，現稱「羧酸」（R-COOH）的分子結構。他想知道組織切片會產出多少氨，但測壓儀只能測出整體氣壓變化；為了取得真正有意義的測量值，他不得不將細胞呼吸效率納入考量（各位已經知道，細胞呼吸也會消耗並釋出氣體），於是，情況開始變得有意思了。

克雷布斯發現，加入胺基酸會提高組織切片的細胞呼吸效率，加入羧酸也會，但兩個一起加卻不會出現加成效應；不僅如此，加入羧酸反而會**抑制**胺基酸分解（以及釋出氨）。各位想想，克雷布斯辛辛苦苦做了好幾個月的實驗，最後只得到這個「不痛不癢」的結論。但這到底是什麼意思？說不定只是羧酸過量，阻礙了胺基酸分解。其實這個解釋不無道理，因為就先前所知，胺

4 胺基是一種「官能基」，官能基是由數個原子鍵結組成的分子次群；即使轉移至其他分子，也會保持原本的排列方式，繼續固結在一起。就化學特性來說，官能基屬於「半穩定」結構，許多分子都有這種結構——譬如所有胺基酸都有的「胺基」。原子是分子的基礎模塊，但原子會先彼此組建成群，再結合成體積較大的分子，然後再繼續堆疊。像胺基酸這種分子就會互相串聯，組成蛋白質一類的巨大分子，但蛋白質的實際化學特性（比如酶活性區）還是依涉及反應的官能基所帶有的特定化學性質而定。有些官能基反應性強，有些較弱。稍後我們會提到，一個簡單分子帶有的不同官能基，其化學性質可能天差地別。

基酸失去氮原子後也會變成羧酸；兩種分子皆取道同一路徑，這條路卻被羧酸塞爆了。顯然，羧酸對細胞呼吸有著重要影響，而羧酸不僅是胺基酸的下游產物（兩者只差一個步驟），也比胺基酸更接近管控嚴格的呼吸熔爐（還有爐子裡的氧氣）。

這項觀察引起克雷布斯的注意，因為葡萄糖分解也會產生羧酸。葡萄糖分解的前幾道步驟早在一九三〇年代初期便已建構完成。前面提過，一個葡萄糖分子有六個碳原子（分子式為$C_6H_{12}O_6$），簡稱「六碳醣」，即骨架由六個碳組成；這個六碳醣經由一連串名為「醣解作用」的巴洛克式繁複過程（暫且擱置不談）可拆解成兩個名為丙酮酸的三碳分子——又是一個三碳「羧酸」。鑑於某些胺基酸分解後也會產生羧酸，大夥兒應該算是殊途同歸，都被帶上形成羧酸的道路。克雷布斯心情激動，實驗筆記驚嘆連連，盛況空前：細胞呼吸的祕密肯定就藏在羧酸有氧燃燒的細節裡。但有哪些步驟？細胞如何捕捉並利用羧酸燃燒釋出的能量？

現在差不多該認識一下本書的幾位主角了。首先，羧酸到底是什麼東西？我來畫給各位瞧瞧。底下這位是帶有三個碳原子的丙酮酸分子。（圖2）

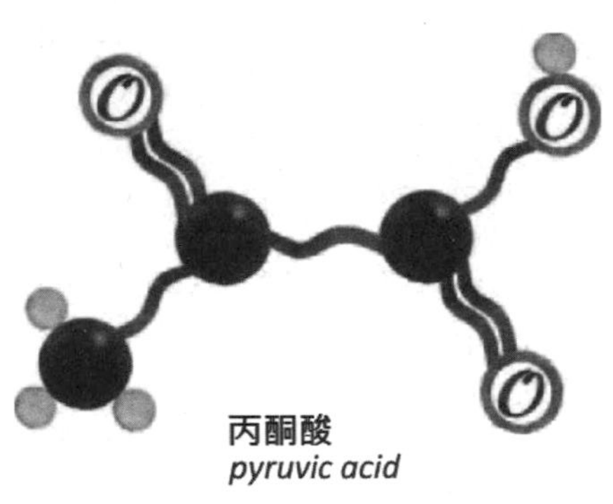

圖2

黑球代表碳原子，小灰球是氫原子，氧原子則是標記「O」的白球。我畫的幾種原子大致符合比例：比方說氧原子就比碳原子小一點，因為氧原子核有八個質子（碳有六個），多出的正電荷能把周圍的電子雲抓得近一點，整個原子也因此小一號。本書主角都將以這種方式登場，希望稍有化學恐懼症的人會覺得圖像比標準分子式討喜一些。話說回來，我個人也比較喜歡想像這群分子是有血有肉的存在，或者就是生命本身；所以我們先稍稍岔題，彼此熟悉一下。大家總說地球生物是「碳基」生物，那麼羧酸的地位差不多就等於咱們手上的底牌。

雖然要想看見分子長什麼模樣並不簡單，卻也不是辦不到——肖像能捕捉一個人的性格神韻和比較突出的外貌特徵，以我來說的話就是大鼻子、瞇瞇眼、笑紋和漸灰的落腮鬍；若套用在「丙酮酸」身上，那我們可以說丙酮酸的每一個碳原子性格都不一樣，也就是行為明顯不同，各有各的反應傾向。先說最左邊，身上黏了三顆氫原子的這個碳吧。這組碳氫組合向來穩定安靜，不喜活潑，不過這幾顆氫原子說穿了只是悶騷，藏了不少能量；至於這些能量容不容易取得，端看分子環境而定。是說，各位覺得這個挺著大肚腩的丙酮酸分子比較像翩翩紳士、傷殘老兵還是蠻橫海盜？應該比較像海盜，原因出在**中間**那顆碳原子：它藉雙鍵與氧結合，而氧最是逞勇好鬥，多出來的那條鍵結使它更加有恃無恐，整個丙酮酸分子也因此「碰不得」，一碰就起反應（現在我開始覺得中間那顆氧原子像「瘋眼穆迪」一樣瞪著我）。這個無法無天的氧崽子有個正式名稱叫「α－酮基」，不過各位毋須在意學術名詞，只要記得第一個出來鬧事的經常是它就行了。比方說，胺基酸就是中間這部分發生化學反應的產物：這顆氧原子會跟氨作用並切換成胺基，反之亦然，而這正是生物學最重要的轉型反應之一，也是克雷布斯「胺基酸分解實驗」的研究重點。

那麼第三個，也就是最右邊那顆碳原子又有何特性？它也有一顆以雙鍵連結的氧原子，另外還有個黏了一顆氫的氧原子——這一組的個性又跟前面兩組截然不同。事實上，丙酮酸之所以為羧酸一員，正是因為這組結構：化學定義的「酸」是一群逮到機會就想甩掉質子（也就是帶電氫原子核）的傢伙。若你把丙酮酸倒進水裡，就會發生底下這種變化。（圖3）

我在上圖的羧酸基外圍畫了一抹弧形虛線，這個「羧酸基」包含一個二氧化碳分子和附在其中一顆氧原子上的氫原子；根據定義，所有的羧酸分子至少都有一組（或兩到三組）這樣的官能基構造。若失去一顆帶正電的質子，原本的羧酸就會變成一團帶負電的分子（我

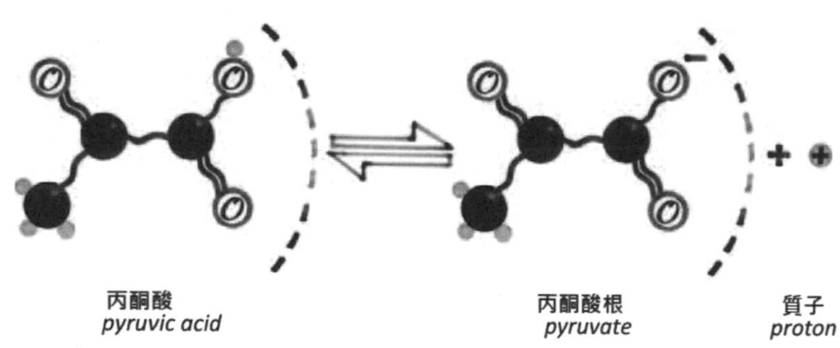

圖3　請注意：質子的相對大小要比上圖小非常非常多。但我如果照比例畫，質子大概會比相片上的微粒還要小。為了讓大家看得比較清楚，我把它畫得跟氫原子一樣大。

把負號標記在氧原子上方）；但它的負電性其實是以「抹散」狀態分布於右邊兩顆氧原子之間，形成賦予整個分子對稱性和穩定性的「離域電子雲」。失去質子的丙酮酸根大概長得像下圖這樣，帶著一抹若有似無的「柴郡貓」詭笑。（圖4）

細胞內的羧酸大多以這種負電形式存在，表示方式也會從「酸」（acid）變成「酸根」（-ate）。譬如丙酮酸（pyruvic acid）失去一個質子就變成丙酮酸根（pyruvate），整個羧酸家族都適用這套法則。*另外要注意的是，由於羧酸基含有二氧化碳結構，確實比較容易繼續分解和反應、釋出二氧化碳，最後留下雙碳羧酸分子乙酸（或稱醋酸）。不過上頭那抹詭異笑容其實已經把最重要的事實說出來了：羧酸基就像肥貓一樣懶惰，能不反應就不反應，能不動就不動。總之，丙酮酸的整體性格相當複雜，就像一隻肚子大大、眼神狂野還帶著一抹詭譎笑容的海盜，實至名歸。

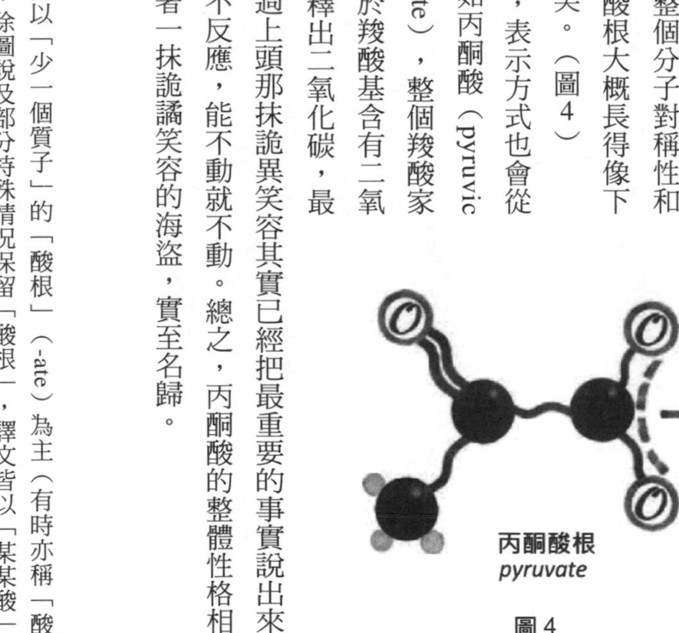

丙酮酸根
pyruvate

圖4

*譯注：作者在本書描述的中間產物分子型態大多以「少一個質子」的「酸根」（-ate）為主（有時亦稱「酸鹽」）。在不妨礙理解並考量中文習慣的情況下，除圖說及部分特殊情況保留「酸根」，譯文皆以「某某酸」稱之。

丙酮酸的命運

各位既已大致熟悉羧酸本性，那麼就讓我們再回到克雷布斯的實驗室，看看他如何卯足全力解開羧酸家族的命運之謎。克雷布斯雖已明白丙酮酸是細胞呼吸的中心要角，不過他還掌握到有其他羧酸涉入其中；最奇怪的是，這些羧酸的碳架長度介於四到六個不等，**幾乎都比三碳的丙酮酸還要長**。各位或許會說「有問題嗎？」那麼請回想一下，細胞呼吸是怎麼把有機分子轉換成二氧化碳和水的：葡萄糖本是六碳，最後變成六個二氧化碳分子；假如碳原子是一個一個擷取轉換的，那麼剩餘的分子碳鏈應該會愈來愈短。但克雷布斯也知道，六碳葡萄糖會先拆解成兩個三碳中間產物（丙酮酸），因此他合理假設丙酮酸會再逐步拆解成雙碳，然後才是單碳分子。換言之，三碳的丙酮酸應該會先變成雙碳乙酸，最後才成為單碳的二氧化碳。結果實驗做出來竟不是這麼回事：三碳的丙酮酸不僅沒變短，反而變成四碳或甚至六碳羧酸分子。碳鏈為什麼會變長而非縮短？沒道理呀。

第一道解謎線索來自一位狂妄的匈牙利科學家。一九二七年，聖哲爾吉拜入霍普金斯爵士門下，完成博士學位。聖哲爾吉出身下級貴族家庭，從小熱愛科學，鬼點子一堆，是個不折不扣的怪咖（他母親是歌劇聲樂家。時任布達佩斯交響樂團指揮的馬勒在聽完她的選角試唱後，覺得她聲音不夠好，建議她嫁人）。年輕的聖哲爾吉曾投身第一次世界大戰，兩年後他厭惡得受不了，開槍打傷自己的手臂並謊稱遭敵軍擊中（他在簡短的自傳《迷失的二十世紀》自述這段往事），然後利用養傷期間取得醫學學位。他先是在歐洲幾處研究單位輾轉逗留，最後才落腳劍橋，開始研究後來被稱為「維生素C」的玩意兒。維生素C也是六碳分子，分子式（$C_6H_8O_6$）與葡萄糖相似，聖哲爾吉卻遲遲無法搞定它的結構。起初，幽默感異於常人的他將這個分子命名為「無知醣」（他自己的無知，再搭配該分子的親醣性質）卻遭駁回，於是又改成「神知醣」；後來是因為這個分子具有抗壞血病的特性（預防因缺乏維生素C所導致的壞血病），才將化學名稱定為「抗壞血酸」。[5]

5 聖哲爾吉對文字很有一套，生化界有好些如雷貫耳的至理名言都出自這位老兄。我很喜歡的一句是「人生無非就是電子尋找棲身之所的過程罷了。」聖哲爾吉寫過好幾本書，題材廣泛，從科學到生命兼而有之，其中包括一九六〇年代對核武威脅深感擔憂的短文集《瘋狂類人猿》，該文集同時也是電影《奇愛博士》的聯想之作。我在寫這本書時碰巧翻到他一九七二年出版的《活態》。我不知道這書是他寫的。近半個世紀以來，我們對生命的認識突飛猛進，然而他在《活態》裡提出的想法竟驚人地與我不謀而合，開頭那句「每一位生物學家都問過『生命是什麼』，卻沒有人得過滿意的答案」至今依然適用。他又說：「生命本身並不存在。我們看得到、測量得到的只是擁有『活著』這個美好特質的物質系統。『是什麼東西讓物質有了生命？』這個問法或許比較容易回答。」這部分我在引言應該稍微帶到了。接下來就是相當有名的一段話，而這一段也和我的想法共鳴：「我自己的科學職涯是一段從高維度往低維度發展的過程，引領我的則是想『理解生命』的渴望。我從動物研究到細胞，從細胞研究到細菌，從細菌研究到分子，再從分子研究到電子。這段歷程其實相當諷刺，因為分子和電子根本沒有生命。這一路上，我不斷讓生命從指尖溜走，而這本書則是我努力尋回自己、找到出路，又一次爬上我曾費力下行的同一條繩梯的結果。當初我從醫學入行，所以我也應該回到醫學，用『癌症』這個奪走我許多親人摯愛的問題，為我這一生的研究歷程畫下句點。如此再適合不過了。」

克雷布斯還在德國的時候，曾與聖哲爾吉有過數面之緣。儘管兩人在科學見解上偶有分歧，雙方皆頗為推崇且尊敬彼此。事實上，聖哲爾吉還曾寫信給恩師霍普金斯爵士，告訴他克雷布斯的研究似乎遇到困難了。返回匈牙利後，聖哲爾吉沒多久便發表他利用「剁碎的鴿子胸肌」獲得的驚人發現（這招是他在劍橋跟尼漢姆學來的）。胸肌是飛行肌，而飛行又是高耗能動作，故這條不尋常的肌肉理當能承受極高的代謝率。這項特性在當時看來非常重要，因為呼吸效率較高的細胞比較容易測出變化；現在回頭來看，這項特性也可能造成誤導，原因稍後再談。總之，聖哲爾吉發現，加入少量四碳羧酸（琥珀酸）再經過長時間作用，細胞呼吸效率竟戲劇化地提高百分之六百！實驗結束後，他分析肌肉內還剩下多少羧酸，結果發現羧酸量**分毫未減**。這個簡單分子能加速細胞呼吸，卻不折損自己的一兵一將——就定義來說，這就是「酶」，**催化劑**。聖哲爾吉特別提到，把這種現象歸因於琥珀酸這種簡單物質、歸因於催化劑，似乎有點奇怪，但除此之外還能是什麼原因？

催化劑！這項推論對化學家來說可能不是問題，但肯定出乎多數生化學家的意料。若是跟生物學家玩字詞聯想遊戲，你說「催化劑」，他們大概會異口同聲回答「酶」。酶是一種蛋白質，密碼同樣載錄在基因上，原則上是由一串長達數百個胺基酸（約一千五百個碳原子）組成的長鏈。酶的形狀複雜，能加速特定生化反應，其選擇性和加速效應皆十分驚人。通常一種酶只會催化一種反應，完全依特定分子（即「受質」）的形狀與電荷量身打造；但琥珀酸卻不是這麼回

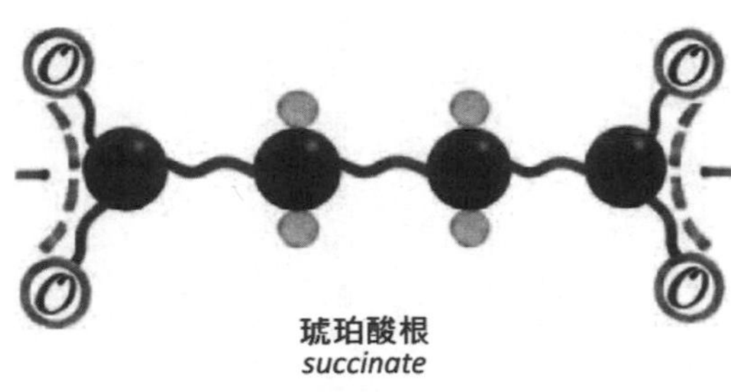

圖 5

事。琥珀酸是個僅有四碳的簡單分子，碳架上除了常見的氧和氫之外啥都沒有。如同我畫的樣子（圖5），這分子結構對稱，形制完美：它有**兩個**羧酸基，一邊一個（也就是有兩副柴郡貓慵懶詭譎的笑臉），並且沒有瘋眼氧原子；迅速瞄一眼或可推測這傢伙比較像自命不凡的銀行家，而非海盜。總之，不知為何，琥珀酸不只加快一種反應的速度，而是讓整個細胞的呼吸效率變快，卻也讓呼吸作用的所有步驟都變得更加複雜。重要的是，琥珀酸雖擁有非專一型催化能力，反應性倒是不怎麼強，不像當時生物界已知的其他許多分子……但凡事總有例外。

捉放氫離子

聖哲爾吉做了一項假設，但這也是個「絕妙假設何以能把科學送進死胡同」的最佳範例。幸好聖哲爾吉沒多久就回頭了。他的想法是：琥珀酸是一種四碳羧酸，其他還有反丁烯二酸、蘋果酸和草醯乙酸，這些四碳羧酸都跟聖哲爾吉做實驗的琥珀酸一樣，不僅能相當程度加快細胞呼吸效率，而且全部可以互相替換，在細胞呼吸過程中亦不會有所耗損。這群四碳羧酸只有一個顯著差異：碳鏈上的氫原子數。從草醯乙酸、蘋果酸、反丁二烯酸到琥珀酸，每一個分子都跟隔壁差兩個氫原子（二氫），[6]其分子結構如下。（圖6）

聖哲爾吉見過這種模式。維生素C也會抓兩個氫原子再傳給其他分子，譬如維生素E；另外，同樣由聖哲爾吉發現，並令他深深著迷的淡黃色素——他直接以拉丁文「黃色」命名的「黃素腺嘌呤二核苷酸」（亦參與細胞呼吸）也會因為失去兩個氫原子而轉為無色，不過只要再抓回兩個氫就能變回原本的淡黃色。這種透過轉移氫原子而發生的詭異顏色變化一度令聖哲爾吉無法自拔，現在他又發現更多氫原子轉移造成的有趣例子，而且似乎都和細胞呼吸有關。

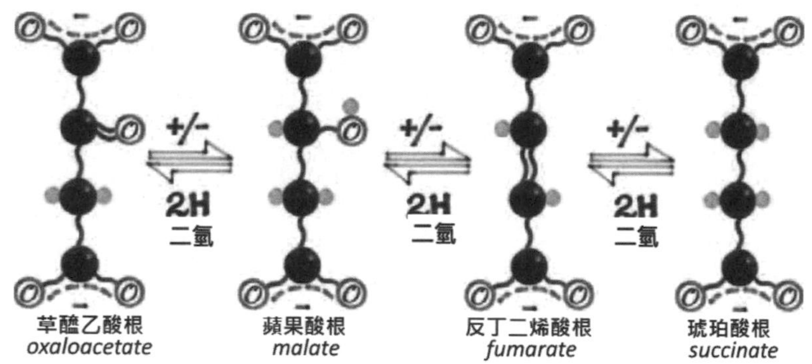

圖6　誠如聖哲爾吉觀察到的，這四個四碳羧酸的相異點都是兩個氫原子。請注意：反丁二烯酸和蘋果酸的差別還多了一個氧原子，所以兩者實際上是差了一個水分子（H_2O）。

請各位回想一下：細胞呼吸會消耗氧——氧跟氫原子作用（精確來說是兩個氫原子）產生水。瓦爾堡已經證明，最後一個步驟的催化劑是血基質蛋白「細胞色素轉化酶」，但這兩顆氫原子勢必得從什麼地方捉來才行。聖哲爾吉猜想細胞裡有一套載運系統，能從醣分子摸來兩個氫，再把它們從甲傳給乙，從乙傳給丙，最後交到氧手上並形成水。這個想法著實完美，結果竟然有**一部分**是錯的。一部分，並非全盤皆錯：運送兩個氫對細胞呼吸來說很重要，這部分他沒想錯，但他搞錯載運系統了。聖哲爾吉對氫原子載體的著迷蒙蔽了他的雙眼，但克雷布斯[7]可沒有，他瞧出端倪了。

時值一九三五年，克雷布斯已轉移陣地來到雪菲爾大學，因為霍普金斯籌不到錢，難以繼續支付他在劍橋的薪水。雖然霍普金斯看出克雷布斯十之八九應該就是他的傳人沒錯，短期內他實

6　容我簡單釐清「二氫」2H和「氫分子」H_2有何不同。兩者的差別其實很重要，但可能會讓各位覺得科學家真愛小題大作，賣弄學問。二氫是兩個氫原子，氫原子會附在其他分子上，譬如圖中的羧酸分子。氫原子（H）只有一個質子（核內）和一個電子（繞核運行），因此兩個氫原子相當於兩個質子和兩個電子，任誰都能拉走或帶走這兩顆電子。反觀氫分子（H_2）是一種氣體（標準狀況下以「氫氣」形式存在），由兩個氫原子以共價鍵結合組成；因為共價鍵是兩個氫原子共用各自唯一的電子所組成的化學鍵，故兩個氫原子都擁有完整的內殼層電子（兩個），賦予量子力學上的穩定性。雖然H_2同樣由兩個質子和兩個電子組成，卻是以較穩定的氣態形式存在。

在愛莫能助。諷刺的是，克雷布斯才離開不久，劍橋立刻空出一個講師缺；霍普金斯想把這個位子留給克雷布斯，再賦予他「研究主任」頭銜。可想而知，克雷布斯天人交戰，但他也非常重視並感激雪菲爾新同事的支持，而且他在這裡也有更大的發展空間；再者就是他深深愛上峰區近郊的蒼茫曠野。後來克雷布斯在雪菲爾待了十九年，娶了當地女孩共組家庭，直至一九五四年才遷居牛津。

聖哲爾吉的發現讓克雷布斯萌生興趣，但他也看出一些問題：癥結點在於四碳羧酸——它是否真如聖哲爾吉所宣稱的「只是氫原子載體」，又或者如克雷布斯自己認為的，四碳羧酸其實是醣分解後的**中間產物**。（這裡又是一個例子，告訴我們不論科學論證再怎麼精巧絕妙，多思考一下總是好的。）事實是，這兩個表面上看來頗為相似，實則深奧難解，導出完全相反預測結果的想法，可以透過實測驗證。實驗為克雷布斯指出一條明路，讓他直接想到「循環」這個可能不太牢靠，卻從此成為生化中心要角的美妙概念。還有一點值得注意的是，雖然聖哲爾吉的想法從細節來看是錯的，卻無損其重要性，因為他把焦點集中在這個循環最主要的特徵上——移除羧酸的兩個氫原子。我得再次強調，為了理解生物化學的種種細節，我們在論證時必須盡可能做到鉅細靡遺，吹毛求疵，萬萬不能只看表象。讓我們再從頭仔細爬梳一遍。

如果四碳羧酸純粹只是氫原子載體，那麼就代表從醣分子摘下的每一對氫原子都會送給羧酸分子，剩餘的醣分子也會隨之釋出一個二氧化碳分子。各位應該還記得葡萄糖的分子式

「$C_6H_{12}O_6$」吧：在聖哲爾吉的想像中，葡萄糖的十二個氫原子（六組二氫）會一口氣全摘下來，一併送給羧酸轉交給氧，做成水分子。羧酸的角色就是接駁車，至於葡萄糖的碳骨架則必須以二氧化碳的形式釋出。

於是我們可以清楚預測：加入過量羧酸（接駁車）應會導致葡萄糖完全分解，即使在無氧狀態亦然。若想理解這層意義，各位不妨回想一下：氧通常是二氫最終的懷抱——氧接受兩個氫變成水，水被當成廢物排出。但如果四碳羧酸只是負責運送二氫給氧的載體，那麼即使加入大量羧酸，頂多也只是把從葡萄糖摘下的二氫全部裝上車，卻不一定都要送去給氧。這一長串二氫載體就好比傳水救火的人龍，加入更多水桶代表細胞能從食物取得更多二氫，但也只是裝在桶子裡，不論桶子是否清空（被氧領走）都硬塞不誤，充其量就是一堆裝滿二氫的桶子罷了。若當真如

---

7 一九三八年，克雷布斯與瑪格麗特·費爾豪斯共結連理。她在大學附近的天主教教會學校教書，師承蒙特梭利並導入蒙特梭利教育法。在結婚典禮上，瑪格麗特的父親費爾豪斯先生把女兒交給克雷布斯時，他對女兒說：「我不知道你在他身上看見什麼。這小子似乎沒有缺點。」據說瑪格麗特開心回道：「我倒希望我能很快發現一些。」克雷布斯夫婦育有兩子一女，小兒子約翰後來成為著名動物學家與科學政策顧問（他曾擔任英國食品標準局、英國科學會與氣候變遷委員會等多個組織主席）。二〇〇七年他受封為克雷布斯勳爵（稍早提及），並於二〇一五年成立漢斯·克雷布斯爵士信託基金，援助流亡科學家。

此，那麼二氧化碳的形成與釋放應該也差不多，不論有氧無氧都一樣。但實驗顯示，如果缺少氧氣，加入大量羧酸的組織切片只會放出極少量的二氧化碳。

兩位科學家都接受這樣的實驗結果。聖哲爾吉將結果與預測不一致歸因於實驗系統複雜，測量不易，克雷布斯則如實解析：他認為四碳羧酸是葡萄糖分解的**中間產物**，還未釋出二氧化碳——這最後一步必須要有氧的參與才行。回到前面提過的另一個例子：如果三碳丙酮酸一如克雷布斯所想，也是中間產物，那麼它勢必得經過某種程度的變形，才能轉換成下一個已知的中間產物「四碳琥珀酸」——但三碳變四碳顯然不是分解，因為碳鏈並非縮短而是延長。這實在教人困惑。

克雷布斯並非毫無頭緒，但其他人可能忽略底下這條線索，認為兩者毫不相干：不久前，有人發現六碳羧酸「檸檬酸」（柑橘類的強烈氣味即源自檸檬酸）歷經一連串步驟之後會分解成四碳琥珀酸。這些步驟顯然相當冗長且環環相扣，讓六碳的檸檬酸得以經由五碳中間產物（α酮戊二酸）變成接下來的四個四碳羧酸；碳鏈從六減為四，另外放出兩分子二氧化碳——這一步可沒逃過克雷布斯的法眼——顯示這一長串反應必須要有氧才走得下去。此外，克雷布斯還發現，如果在鴿子胸肌切片滴幾滴檸檬酸（他改良聖哲爾吉的做法），作用也跟琥珀酸差不多，一樣會加快呼吸效率：檸檬酸毫無疑問也參與了細胞呼吸。克雷布斯甚至揮出最後一擊：若同時加入檸檬酸和呼吸抑制劑，組織切片會出現琥珀酸堆積的現象。這個現象只有一種解釋：從檸檬酸到琥珀酸以及接下來的行進路徑，其實都是細胞呼吸的正常環節，所以阻斷呼吸才會導致中間產物堆積。簡單來說，克雷布斯抓出丙酮酸（三碳）、檸檬酸（六碳）、α酮戊二酸（五碳）及琥珀酸（四碳）等一系列中間產物，添加上述任何一種中間產物都能產生催化效果，加速細胞整體呼吸效率。要想把這些線索全部湊起來，差不多等於一則科學填字遊戲吧。

循環論證

從正確角度切入這則神祕填字遊戲的只有克雷布斯一人，就連與他關係最近的工作夥伴都不太清楚他到底在想什麼。其實克雷布斯以前就想過「小分子催化效應」這類問題，他做的尿素循環研究也和這個有關。克雷布斯跟同領域的其他人不一樣，他們知道的、想到的都差不多，但克雷布斯已進展到「循環」這一步了。

尿素循環始於名為「精胺酸」的六碳胺基酸，再藉由某種酶拆解成不均等的兩個分子——單碳廢物尿素，和比精胺酸短一點的五碳胺基酸「鳥胺酸」。當時還沒有人知道鳥胺酸接下來的命運，不過克雷布斯發現，在組織切片裡多加一點鳥胺酸會提高尿素合成率，鳥胺酸本身卻無耗損。剛開始，這點頗令他困惑，因為化學反應的產物若開始蓄積，一般來說應該會抑制合成，尿素合成反應卻完全相反。最後克雷布斯終於明白，鳥胺酸的角色是催化劑：催化劑加速反應進行，卻不會自我消耗。為了做到這一點，鳥胺酸必須生成更多精胺酸（因而產出更多尿素），然後重新合成克雷布斯一開始加入的鳥胺酸。換言之，整個過程必須是「循環」才說得通！鳥胺酸加入一分子二氧化碳和兩分子的氨，再經過幾道中間步驟就能重新組合成精胺酸。這個見解實在妙不可言，恰恰是霍普金斯在一九三二年皇家學會演講時所提到的：生物系統「可預期的意外」。

克雷布斯意識到，生化循環必然是一連串催化反應，本質是「只要增加任一成分的添加量，就能提高下一個產物的產量，循序推演，直到跑完整個循環，重新生成最初加入的那個成分為止」。這解釋為什麼沒有任何一種參與循環的成分會被消耗掉：因為它們每一個都會持續不斷從前驅物重新產出。各位或許會懷疑，難不成這是某種功率百分百的永動機？當然，就實際而言，這個循環必須持續添入原料才能維持運轉：若以檸檬酸為循環起點，在最初幾個步驟釋出兩分子的二氧化碳和好幾組二氫之後，必須重新補足相同的成分，否則就不是循環了。不過，循環過程中重新填補的碳、氫、氧倒不必以完全相同的分子形式再現，只要是能結合這三種原子的有機分子就行了。套用引言的「車流」比喻，各位可以把克氏循環想成一台載滿車輛，來到神奇圓環的超大連結車：每來到一個出口就會出現一道閃光，掛車上也會有一輛汽車消失不見（這輛車將繼續它自己的改裝之路，或變成一堆回收廢鐵），最後只有拖車頭會繞完整個圓環，然後磅一聲再次神奇地接上滿載的掛車。這個循環唯有在「拖車頭連上滿載掛車」時才會再次啟動，所以每繞一次圓環就會重新吐出一個拖車頭。如果用化學術語描述這個比喻，那就是克雷布斯終於明白：只要把有機分子（滿載的掛車）持續送入循環，那麼循環本身就會逐步分解成二氧化碳和多組二氫（細胞呼吸的燃料），殘存的簡單碳架分子（拖車頭）會重新裝載下一輪要用的有機分子，繼續分解成循環中的各種組成要件。

若事實當真如此，又有哪些有機分子能送進循環作原料？克雷布斯先鎖定丙酮酸。各位應該還記得，丙酮酸是葡萄糖和幾種胺基酸分解的中間產物；那麼丙酮酸是否會進入循環，歷經催化反應分解成二氧化碳和二氫？

問題癥結點出在最後產出的四碳羧酸，即草醯乙酸——它會是拖車頭嗎？當時已知草醯乙酸是檸檬酸分解的最後一個明確步驟，接下來的命運則曖昧不明；說得更明確一點，它其實是混進其他幾條可能的代謝路徑（這部分會在第五章繼續討論），不過在這些曖昧不明的出路中，克雷布斯真正在意的只有一條：不久前，有人證明草醯乙酸和丙酮酸可以在沒有酵素輔助的嚴苛化學條件下，合成檸檬酸。假如正常代謝路徑也有類似的化學反應（而且有酶催化），那麼克雷布斯大抵上就算完成這套循環草稿了：先將丙酮酸和草醯乙酸串在一起——就像把載滿汽車的掛車接上拖車頭——然後放進循環。這個實驗又快又簡單，也跟他熱切期待的一樣運作順暢：在正常生理條件下，組織切片加入丙酮酸和草醯乙酸確實能迅速產出檸檬酸。接下來就是計算問題了：前述循環會不會消耗氧，釋出二氧化碳，用掉丙酮酸並產生檸檬酸？可以！可以！真的可以！前面提到的每一項推測都確實發生了！底下就是克雷布斯首次提出的簡單概念，他在一九三七年發表的那篇著名論文中大致描述了這個循環。（圖7）

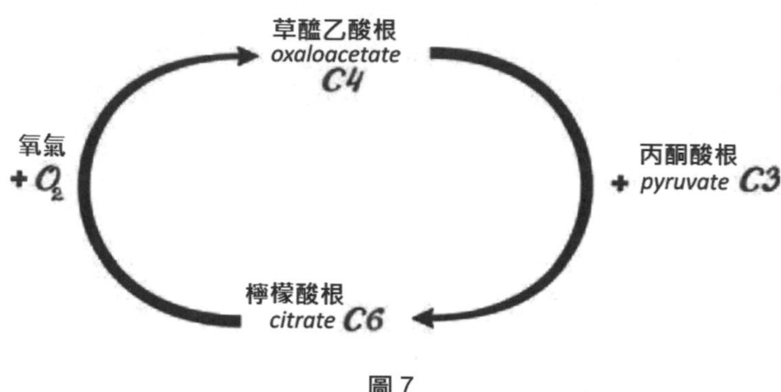

圖 7

這個循環的淨效應是燃燒一分子丙酮酸，或至少一分子的其他相近分子；不過究竟是哪種分子會跟草醯乙酸結合，進而形成檸檬酸，眼下依舊成謎。照理說應該不是丙酮酸。如前所述，丙酮酸與草醯乙酸結合會多出一個碳原子——四碳加三碳等於七碳，不會是六碳的檸檬酸，那麼多出的一個碳勢必得在循環過程中以二氧化碳的形式去除。也許就是因為這個不確定因素，致使這篇論文成為《自然》相當著名的退稿事件——該期刊退了克雷布斯這篇講述循環的稿子，委婉建議他或許可以找其他刊物發表，因為他們還有一長串論文稿件排隊等著刊出呢。

一九四七年，也就是整整十年之後，利普曼發現丙酮酸的確會先剝除一分子二氧化碳（以及二氫）轉成二碳羧酸，再附著在另一個功能類似「搬運工」的較大分子上。利普曼把這套分子組合命名為「乙醯輔酶A」，結果這組分子竟然是從遠古菌到你我等所有生命的細胞代謝最最重要的一個分子（接下來我們還會反覆提到它）。乙醯輔酶A形成後馬上就和草醯乙酸作用，合成檸檬酸，所以前面那輛「滿載車輛的掛車」其實就是乙醯輔酶A。

利普曼曾在一九二〇年代末於柏林接受科學訓練，他的實驗室就在克雷布斯隔壁。後來他也為了逃離納粹迫害，輾轉從丹麥前往紐約，最後落腳波士頓。利普曼的思考速度出名地慢：他會打斷別人說話，請對方把剛才講過的內容再重複一遍；不過他似乎總能聽出弦外之音，質問他人未說出口的假設，看見別人沒注意到的細節。他一輩子熱中研究生物學「能量貨幣」，以及這些貨幣的兌換方式。利普曼在生化方面有過許多非常了不起的貢獻，這些智慧遺產包括他暱稱為「生命通用貨幣」的三磷酸腺苷（ATP），另外還有乙醯磷酸和乙醯輔酶A，這三種分子是能量代謝最重要的支柱。我們會在第三章探討生命起源時再次依循利普曼的足跡，回頭討論這細胞能量三巨柱。

「乙醯」指的是二碳乙酸（即醋酸），反應性不怎麼強。瞧瞧我為它畫的肖像（圖8），各位會發現它也有丙酮酸的大肚腩和貓詭笑，幸好沒有瘋眼氧來攪局惹事。為了和草醯乙酸

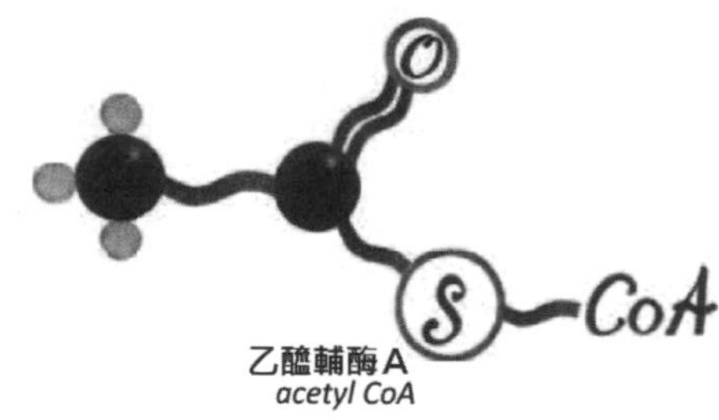

圖8

起反應，乙酸必須先貼上輔酶A，讓自己活化。利普曼加上這個「A」並非為了和其他什麼輔酶「B」作區別：「A」代表「活化態」。*且讓我們暫時擱置這個構造繁複的輔酶A，簡單研究一下圖裡的乙醯基。請注意，乙酸的一個氧原子被輔酶A的硫取代（標記為S），乙醯輔酶A這個複合分子之所以比原本的乙酸更容易起反應，這顆狡猾的硫原子無疑是頭號戰犯（然後剩下來的那顆氧就開始瞪人了）。

二碳乙酸一旦以這種方式活化，就會黏上四碳的草醯乙酸再合成六碳的檸檬酸。整個循環終於兜起來了。葡萄糖氧化過程大致如下：首先，六碳葡萄糖拆成兩個三碳的丙酮酸分子，每一個丙酮酸分子繼續分解並形成乙醯輔酶A，然後進入克氏循環。以丙酮酸為起點，完整跑完一次循環會產生三分子二氧化碳和五組二氫（差不多等於五個氫分子）。[8]這些氫原子會再餵給氧，藉由呼吸作用產生三磷酸腺苷，作為細胞能量。

利普曼與克雷布斯互無交集的人生最終以科學形式合而為一，過程還帶著淡淡的詩意，是以兩人共同獲頒一九五三年諾貝爾獎的結果實在再適合不過了。不過羧酸循環的故事並未就此畫下句點。循環中還有一處克雷布斯未能於一九三七年提出解釋，利普曼在一九四七年也未明確交代的細節。有人說這是克氏循環的重中之重——那個問題又來了：二氫歷經多個步驟燃燒並釋出的能量，究竟如何被細胞捕捉，驅動代謝？雖然利普曼已經指出，二氫燃燒釋出的能量會以三磷酸腺苷的形式保存起來，卻還是沒人知道要怎麼把二氫燃燒與三磷酸腺苷合成串起來。這是接下來二十年生物化學界最炙手可熱的問題，最後由一位出身霍普金斯劍橋實驗室，人設與前面幾位截然不同的天才出手解開這道難題。

細胞的維生構造

一九三九年，二戰剛爆發不久，同時也是克雷布斯離開劍橋七年後，因運動傷害而未能投身戰場的米契爾進入劍橋大學。他的高中成績好壞差異極大，但米契爾的例子再度提醒我們，智力分級制度確實有其風險：米契爾的數學和物理極好，對於這類科目，他能靠自修從基礎一路鑽研、釐清規則道理；但他的英文和歷史可謂慘不忍睹，理由是他看不見這些科目有任何基本脈絡。米契爾之所以能僥倖進入劍橋，原因是米契爾的高中校長（一位數學家）看出他的天賦，決

＊譯注：原文 activation。

8 腦筋靈光的讀者想必已經知道，有些被燒掉的氫原子實際上來自水分子。這部分以兩套獨立步驟銜接克氏循環的兩種中間產物（三一一頁示意圖是其中一種）。還記得嗎，拆掉一個葡萄糖分子能得到六組二氫，但克氏循環用掉的二氫實際上有十組；也就是說，細胞呼吸燒掉的二氫近一半是從水分子拆下來的（光合作用基本上就是這麼回事）。你知道你的身體也有這個能耐嗎？說不出話來了吧！

定幫他一把。

米契爾差點無法回報校長的信任：他大學成績很差，博士學位一開始也沒過關。他以自創並發想自古希臘「流態」、「靜態」理論的想法為基礎，寫了一篇意義含糊，探討「細菌如何傳送分子進出細胞」的博士論文。論文審查委員給的評語是「根本算不上是論文」。他的指導教授，聲名卓著的波蘭生化學家凱林則表示：「對博論審查委員來說，彼得的想法太新、太古怪了。」一九五一年米契爾終於取得博士學位（這回提交的論文比較傳統：探討盤尼西林作用機制），他就像當年的克里克——克里克花了七年才完成博士論文，期間還自學X射線晶體繞射的數學理論。如果把這兩個人放在今天的研究環境，他們可能很難嶄露頭角。

撇開失敗連連不談，米契爾想必也讓身邊的人印象深刻。兩度榮獲諾貝爾桂冠的桑格就曾寫道：「彼得對每一個題目都有自己獨特的想法。早在那個時候我們就知道，他極有可能改變整個科學界。」一九四七年，大戰結束不久，斯蒂芬森在弗萊明和霍爾丹的強力支持下，獲選為英國微生物學協會主席，當時她便以主席的身分邀請米契爾在協會年度會議上發表主題演講——這對還未取得博士學位的米契爾來說可是莫大殊榮。不幸的是，兩人還沒碰面，斯蒂芬森就因為乳癌過世了。斯蒂芬森離世之前，曾經建議她的實驗助理莫伊爾應該去找米契爾合作，認為這兩個人能彼此互補，合作無間：莫伊爾是天資聰穎的實驗高手，米契爾雖滿腦子古靈精怪的科學奇想，卻不太專注於做實驗。米契爾的一位同窗就曾表示：「彼得只想辯論，卻不太願意透過精確實驗探討問題的來龍去脈。」

倘若生在不同時代，莫伊爾的成就想必無可限量。她一九三九年進入劍橋大學格頓學院主修自然科學，專攻生物化學。在修習基礎科目時，莫伊爾聽了好幾場比較生化學家鮑德溫的演講（此人也是霍普金斯門生），深受啟發。一九四二年，莫伊爾取得「藝術學士」學位——說來可悲，雖然格頓學院早已擁有正式大學地位，劍橋卻直到一九四八年才頒給女性正式的學位。拿到這個「藝術」學士頭銜後，莫伊爾旋即加入英國陸軍婦女支隊的本土輔助部隊，成為軍情八處情報官（主司訊號情報）；到了戰事末期，她已成為某專責破解德國密碼的情報單位副手。戰爭結束後，她又花了一年時間協助服役官兵調整狀態，重返日常生活。一九四六年，她以研究助理一職進入斯蒂芬森在劍橋的實驗室，並於一九四七年的系所茶會上初識米契爾。他的聰穎敏捷和廣泛興趣令她大感震撼——當然還有那一頭優雅飄逸的「貝多芬式」捲髮（米契爾後來也跟貝多芬一樣失聰）。莫伊爾自己也熱愛音樂，畢生都是教會唱詩班的固定成員。

斯蒂芬森實在太有遠見。她建議莫伊爾找米契爾合作，而他們倆也確實做了一輩子科學搭檔。兩人攜手促成二十世紀生物學的典範轉移：霍普金斯成立的劍橋生化系首先吹起這股自由之風，並於一九五〇年代中期吹進愛丁堡，最後在格林研究所達到高峰。格林研究所位於康瓦爾郡博德明的格林莊園，米契爾十分鍾愛這座宅院，遂將其重新整修，作為自宅與實驗室。米契爾對科學的獨到眼光使得全球生物能量學家紛紛來此朝聖，格林研究所也因此熱鬧非凡；這群科學家經常停留數週或數月，大家一起做實驗、討論生物學的物理性，深深浸淫在這處科學泉源中。[9]

而這裡的確是科學泉源：米契爾以一種相當前衛，甚至是當今生物學界才正要開始吸收並運用的思維模式，再次發想並重塑能量流的概念（我會在後面的章節討論這個主題）。克雷布斯跳脫線性思考，總共發現了四種循環，米契爾更是徹底超越化學概念，透過當時幾乎沒幾個人能理解的全新語言——質子驅動力、膜電位、向量化學和質子力——闡述能量流。儘管米契爾的理論裹著一堆神祕數學符號，並拒絕以「一袋水溶分子」這種粗陋見解描述細胞，他的想法其實相當簡單，是從他早期潛心思索的「細菌何以能維持內外不一的狀態」這個問題延伸來的。米契爾發現，細菌必須像酶一樣，要能巧妙辨別某些特定分子，再主動將它們納入或送出細胞；為了穿過邊界（膜），細菌得使勁把這些分子打出去才行。這些嵌在膜上，具有選擇能力的泵送幫浦顯然需要動力，而提供動力就得耗能——反過來也行得通。米契爾認為，若幫浦反向運轉，讓那些被打出去的分子順著濃度梯度回流，那麼釋出的能量應該也能回收利用。幫浦升級成渦輪，作用原理卻不比氣球充氣複雜多少：憋在塑膠球內的氣體一放出來就能作功，以噴射推進的方式讓氣球在屋裡到處亂竄。

瓦爾堡和克雷布斯都探討過「細胞的維生構造」，主張有些作用和過程與細胞生存續命息息相關。生化學家大多不喜歡這個觀點，因為這使他們想起「生機論」這段黑歷史——生機論者認為，生命體肯定有某種不能簡化為單純化學作用的特質。坦白說，這種觀念至今仍相當普遍。生物化學的目的就是碾碎組織，提取酵素，然後在人為製備所能達到的純粹、無汙染條件下，測定其明確功能。發酵就是最經典的例子：發酵確實能在均質組織內重現。其他生化反應或許一開始無法循此道完成，不過，只要持續改良製備方法，最後幾乎都能在無細胞構造，僅有細胞萃取物的條件下順利實證。因為如此，儘管瓦爾堡和克雷布斯堅決認為呼吸作用只會在完整細胞內發生，但生化學家大多認為，非細胞實證只是時間早晚和操作縝密與否的問題；屆時，所有生化過程應該都能在潔淨的人工環境下重現並驗證。

但米契爾根本容不下這種觀點。他認為完整細胞膜是活細胞不可或缺的要件：細胞膜是一層包裹細胞的油質薄膜，厚度不超過六奈米（百萬分之六公釐），裡頭是凝膠樣的細胞質。有些細胞——譬如植物、真菌和細菌——膜外會多一層質地堅固，呈篩網狀的細胞壁，能防止細胞過度

9 米契爾的叔叔戈佛雷．米契爾爵士偶爾會給予米契爾金錢援助。戈佛雷爵士是建築工程師，於一九一九年買下遭法院拍賣的建築公司「喬治溫佩」。在米契爾爵士的經營領導之下，該公司於爵士一九八二年過世前總共在英國境內蓋了約三十萬戶住宅。二戰期間，溫佩建築公司協助興建數百座機場、氣球測風站、碼頭和軍營，爵士本人也因此於一九四八年封爵。不久之後，倫敦希斯洛機場興建完成。由於溫佩建築公司在戰時經營有成，使米契爾得以開著勞斯萊斯，頂著一頭飄逸中長髮，衣著光鮮地出沒劍橋。後來，米契爾利用定期獲得的公司分紅買下並重新裝修格林莊園，甚至得以支持研究所度過好些經濟拮据的日子。

膨脹或保護細胞對抗機械傷害，同時仍容許小分子進出細胞；不過最重要的還是那層薄薄的細胞膜。細胞膜由油性的脂質組成，會阻擋帶電粒子進出，故即使是微小的質子也無法通行；假使負責把關的細胞膜對質子網開一面，細胞會立刻死亡。米契爾的真知灼見在於，他看見這套法則不僅適用於細菌細胞的物質進出，細胞呼吸也吃這一套。細胞的維生構造就是膜——為了燃燒來自克氏循環的二氫，細胞需要這層膜。光憑這一項定見就足以讓米契爾完成他的整個假設架構。各位將會看見，一如米契爾所料，克氏循環跟這層薄膜的電子特性關係極為密切，不過兩者建立關係的方式，倒是完全超出米契爾和克雷布斯的想像。

電荷分離

我在前面提過，二氫會從某些分子上摘下來餵給氧繼續作用。這些二氫並非游離狀態，也不如聖哲爾吉所想的去搭羧酸便車：原來，二氫看上的是「菸鹼醯胺腺嘌呤二核苷酸」氧化態，也就是簡稱「NAD^+」的這個大型分子。NAD^+會接上氫原子（正確來說是「兩個電子和一個質子」，餘下的一個質子則伺機跳到水身上），變成還原態的菸鹼醯胺腺嘌呤二核苷酸「NADH」。[10] NADH在本書角色吃重，但目前各位只要把重點放在NADH的氫（H）就行了。我希望各位能做到巴弗洛夫條件反射：往後你在本書其他章節看見NADH時，腦中要立刻蹦出「哈！又是這頭負責運送氫（或是擁有兩個電子兩個質子的二氫）的野獸」這層領悟。

細胞呼吸時，它會讓NADH把身上的二氫傳遞給氧，合成水，同時捕捉這個過程所釋出的部分能量。不過NADH**不會**直接把二氫送給氧，而是透過「電子跳躍」的方式（其實是「量子穿隧」）順著一連串與膜有關的載體「呼吸鏈」完成的。「呼吸鏈」概念乃是米契爾的師父凱林提出的構想。[11]請注意，跳躍的是**電子**，而非整個氫原子；沒人曉得質子下場如何，推測應該也是投入氧的懷抱，化成水了。唯獨米契爾看出來，質子的移動路徑才是「二氫傳遞給氧如何與ATP合成銜接」這道懸宕二十年謎題的關鍵所在。

10 發現NADH的也是瓦爾堡，但當時他沒能理解這個分子的完整意義。後來是偉大的美國生化學家暨知名教科書作者萊寧格證實NADH氧化與ATP合成有關，並且在一九四〇年代後期的兩篇論文中發表這項重要發現。萊寧格是生物能量學的開路先鋒，他的貢獻還包括證明粒線體是細胞呼吸作用所在，即細胞「發電站」。儘管萊寧格聰明絕頂，他仍無法明確解答NADH氧化究竟是**怎麼**跟ATP合成搭上線的。這個研究領域停滯近二十載，最後靠米契爾空前新穎的跳躍式思考才終於解開謎底。

11 凱林長得有點像貓頭鷹，個性十分受人喜愛。他領導的「莫提諾研究所」和霍普金斯的劍橋生物化學系隔著草坪相望。長期以來，儘管凱林和瓦爾堡針對細胞呼吸本質不時激烈交鋒，但凱林早在十年前就曾邀請克雷布斯到他門下做研究。凱林和瓦爾堡的爭執點是三種功能各異的細胞色素，每一種都和瓦爾堡所認知的「發酵質」截然不同；凱林透過實驗證實這些細胞色素的角色類似「呼吸鏈載體」，負責把電子傳遞給氧。

米契爾認為，源自克氏循環，並以NADH形式傳遞的二氫會被拆成質子和電子，電子再透過嵌在膜上的呼吸鏈載體傳遞給氧；電子傳遞會產生電流（周圍的脂質能隔絕電流），電流則把質子擠過膜。米契爾知道質子不太可能直接穿膜而過：若這層薄膜稍有破損，給質子開了方便門，呼吸作用就會立刻停擺。既然胞外積了不少質子，細胞內外的質子濃度（也就是pH值）即有所不同。嚴格來說，質子因為帶正電，胞外堆積質子也會引發類似電池的效應，形成跨膜電流。最後，質子流經由膜內嵌的蛋白質渦輪回到胞內，同時促使ATP合成——也就是說，米契爾所稱的質子

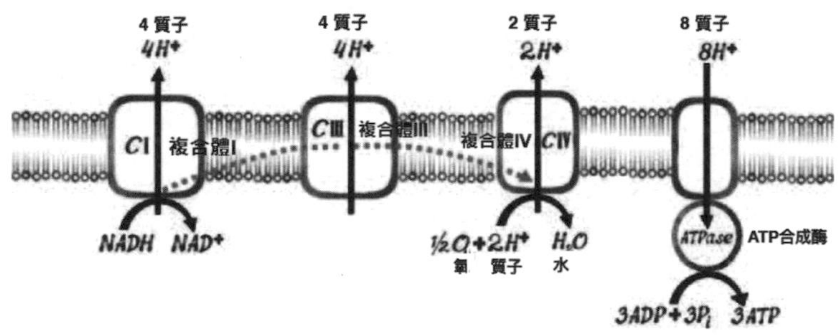

圖 9 上圖為相當粗糙的呼吸鏈示意圖。虛線代表電子從 NADH 到氧的傳遞路徑：這些電子必須穿過三種嵌在膜上的大型複合蛋白（複合體 I、III、IV，我們會在第四章認識複合體 II）。這道電子流能將十個質子擠出粒線體膜，產生聯合電荷與濃度差（即質子驅動力），促使 ADP（二磷酸腺苷）與無機磷酸（Pi）結合，形成 ATP。人類的 ATP 合成酶一次能讓八顆質子通過，產生三個 ATP 分子。不過另外兩顆質子可沒浪費掉，粒線體會把它們存起來，留待下次使用。也就是說，一個 NADH 能產出的 ATP 並非整數，而是分數（人類是 3.3），還會隨著不同因子而有所變化。這些「因子」讓生物能量學家為此忙碌數十載，直到今天。

驅動力正是合成利普曼口中「通用能量貨幣」ATP的原動力。最後，質子和電子會在氧的懷抱裡重逢，進而合成水。[12]整體反應大致如右圖所示。（圖9）

儘管世人目前已普遍接受這套觀念，但一切實在得來不易。二十年來，這些主張歷經無數次苦澀激烈的爭辯討論，最後學界終於接受米契爾的想法，他也因此獨得一九七八年諾貝爾化學獎。不過，米契爾得獎的最大幕後功臣其實是莫伊爾的實驗，幸好今日學界也未漠視她的重要貢獻。一九六〇年代中期，米契爾和莫伊爾在《自然》共同發表一系列極具開創性的研究論文，詳實列出他們使用的基礎實驗方法——這些方法到今天依然受用。我舉個例子給各位聞香（細節就不必深究了）：米、莫兩人證實，若提供氧和另外幾種物質（包括琥珀酸），粒線體膜確實能打出質子，短暫酸化培養基。實驗顯示，「魚藤酮」這類殺蟲劑會抑制電子傳遞，部分阻斷培養基酸化；而「解偶劑」（譬如抗生素「短桿菌素」）則會斷開合成ATP的電子傳遞鏈，讓質

12 諷刺的是，克雷布斯和戴維斯都在一九五一年提出類似概念，比米契爾早了十年。兩人認為「離子濃度差可能是細胞呼吸產生的自由能與ATP合成的連結點」，並進一步主張「若要藉濃度差推動作用機制，有一個先決條件：細胞必須要有能防止代謝廢物與離子混雜的特殊構造」——也就是「膜」。只可惜，克雷布斯和戴維斯並未繼續鑽研並建立可檢驗的細節，鮮少進行這方面的試驗，更從未討論過膜電位。米契爾不曉得克雷布斯有過這些想法，多年後也為自己的疏忽而向他致歉，但克雷布斯告訴米契爾：「畢竟那只是個想法，幾乎稱不上假設，而且也沒延伸出任何有意義的實驗。」果然是泱泱大度之人。

子回流通過膜並阻止ＡＴＰ合成。莫伊爾和米契爾以精巧高超的手法控制實驗參數，甚至還能粗略建立該反應的化學計量數（也就是打出粒線體膜的質子數和氧分子消耗量，或合成ＡＴＰ的比例）。這些論文的思路與詞彙就已經夠前衛了，但它們闡述的新穎概念更教人屏息讚嘆。

這類實驗建立了粒線體膜在細胞呼吸不可或缺的重要地位，亦描繪質子幫浦與ＡＴＰ合成的基本組態，卻仍無法說明質子究竟如何被打出粒線體膜。關於這個問題，米契爾同樣提出革命性的見解；儘管部分細節有誤——特別是他始終不接受幫浦效應能透過「膜蛋白構形迅速改變」完成，傾向認定是由「呼吸鏈載體改變排列順序及性質」——卻依舊瑕不掩瑜。簡單說就是，米契爾提出的美妙構想基本上完全正確，意即「電子從二氫傳遞給氧」的動作確實與「促成ＡＴＰ合成的質子流」綁在一起，米契爾和莫伊爾透過實驗證明了這一點；只是他在幫浦機制方面弄錯了一些小細節而已。

說不定「ＡＴＰ合成酶」這個最具象徵意義的分子才是米契爾研究生涯犯過的最大錯誤。這個暱稱為「生命基本粒子」，地位卓越的蛋白質，猶如嵌在膜上的旋轉馬達，於一九六〇年代早期首度經由電子顯微鏡識得真貌：每個粒線體至少有成千上萬個ＡＴＰ合成酶分子。現在我們已經知道，質子通過這種奈米渦輪向內流動能促使ＡＴＰ合成，運作原理徹頭徹尾是機械式的，跟莫伊爾及米契爾想像的完全不同；即便如此，ＡＴＰ合成酶仍是這整套假設的精髓所在：它會旋轉，轉速高達每秒五百轉；它的動力來自質子（質子驅動力），跟米契爾最初推想的一模一樣。[13]

暫不論米契爾的細節錯誤，他提出的概念實在高明至極：源自克氏循環中間產物的二氫與氧作用，釋出的能量再被轉成粒線體的膜電荷。這個電荷可非等閒之輩——它或許只有一百五十至兩百微伏特，不過因為粒線體內膜極薄（前面提過，厚度約六奈米），故電場強度可達到每公尺三千萬伏特；若以「分子置身內膜」的感受來描述，差不多相當於閃電劈過一平方奈米的威力。人體的帶電膜總表面積有多大？說出來各位可能不信：如果把我們身上所有的粒線體內膜都扯開熨平，總面積大概有四座足球場這麼大，而且全都帶有強如閃電的電力。

這就是複雜的細胞生物在粒線體這座「發電站」進行呼吸作用的方式。米契爾於一九六〇年

13米契爾早期研究細菌時，雖然也曾提出蛋白質構形變化的概念，晚年卻頑固地不肯接受這個想法，並為此跟博耶吵了許多年（後來博耶與沃克爵士以「ATP合成酶的結構與機制」共同獲頒諾貝爾獎）。米契爾熱情擁抱波普爾的「科學假設的可證偽性」哲學，他的論證方式亦相當奇特：他認為，論證是檢驗假設，而非考量假設本身是否為真。一開始，米契爾把重點擺在解釋電子與二氫載體，以及找出通過幫浦的質子數和傳遞的電子數之間的正確比例（可檢驗的假設）。對於蛋白質構形改變此一想法，米契爾提出反駁，表示會變形的蛋白質本身結構就不嚴謹，因為任何數目的質子或電子都可能改變構形，導致假設很難被推翻，更遑論假設本身是真是假了。撇開這些瑕疵不談，米契爾對名列最難理解的幫浦機制之一「Q循環」的見解仍是正確的：循環中的醌會把質子送出粒線體內膜，作用方式正是米契爾提出的空間偶合。

代中期開始建構「化學滲透假說」時，馬古利斯亦著手整理並條列證據，證明粒線體前身是自由生活的細菌，約莫於二十億年前移入其他細胞（這種狀態稱為「內共生」）。我曾在另外幾本書討論過粒線體對生命複雜性最顯著的重要意義，這兒就略過不提了。不過我要說的重點是，細菌的運作方式跟粒線體一樣，差別只在細菌的電荷在邊界膜上（即米契爾熟悉的「細胞力場」）：細菌電場供應的動力遠超過合成ATP所需，某種程度說明了這套機組與機制何以普遍被生命體保留下來；最關鍵的是，某些最遠古的細菌竟擁有能固定二氧化碳的質子驅動系統，讓細胞力場與生命起源產生莫大的關聯。稍後我會進一步論證，也許就是細胞力場將細胞凝聚在一起，形成獨立且可定義為「自我」的完整個體（我認為細菌應該也符合這個定義）。我總喜歡想像，米契爾的內心或許跟這套生命觀極有共鳴，因為它根深柢固地和他自己的生物學哲思結合在一起。

細胞呼吸精妙複雜，惟其他人對這套機制的看法和米契爾不太一樣。學界拒絕米契爾理論架構的哲學基礎，傾向探討生化機制跟質子幫浦、奈米馬達這類神奇機件的關係。我們一出生即擁有這套柏拉圖式的完美細胞機件，以致很難想像這套機制和工具是怎麼一路演化來的。從表面上看，克氏循環在你我身上近百萬兆個粒線體內嗡嗡運轉，產生膜電位，持續推動ATP合成酶這具奈米馬達；循環驅動循環，大齒輪中有小齒輪，難怪生化學家寧可避開生命起源不談，或不願思索生命如何演化，臻至完美，但此舉無異於刻意忽略事實，雖然事實總是冷硬枯燥，並不完美。

詭譎形變

想像你正在挨餓，身體開始分解肌肉裡的蛋白質，供應你維生所需的能量。蛋白質本身不怎麼好用，你得燃燒組成蛋白質的胺基酸才行——這就是克雷布斯在一九三〇年代初期的起點。還記得胺基酸能拆解成氨和羧酸吧？有了羧酸就能進入克氏循環。目前最常見的胺基酸是全身到處跑的肌肉廢物「麩醯胺酸」，而麩醯胺酸能再轉成「α酮戊二酸」這種五碳羧酸。α酮戊二酸進入克氏循環然後一圈圈地轉，形成……形成更多α酮戊二酸。請各位別把克氏循環想成燃燒有機酸的熔爐。克氏循環是一種催化反應，但它催化的對象不是多碳羧酸，而是分解二碳乙酸的反應，所以唯有在取得更多乙酸時，克氏循環才會轉得比較快。一般來說，乙酸大多由葡萄糖或脂質分解而來；但如果我們已經處於飢餓狀態，就代表體內這兩種原料大概也燒得差不多了，只得轉而求助蛋白質。

我們當然可以燃燒胺基酸，但這個過程卻驚人地複雜。就拿燃燒α酮戊二酸來說好了：首先它得進入克氏循環，分解成蘋果酸這種四碳羧酸分子。接下來，蘋果酸會被送出粒線體（越過兩層膜）進入細胞質並氧化成為草醯乙酸，然後再轉成活化態的丙酮酸「磷酸烯醇丙酮酸」，最後才變成丙酮酸。丙酮酸被送回粒線體，摘掉一堆氫和二氧化碳之後即以乙醯輔酶A之姿重回克氏循環——終於可以燒掉它了。你說這過程是否太曲折了點？很難想像有哪位理智的工程師會設計這種迴路。是說，燃燒胺基酸為何非得如此迂迴不可？

部分原因乃事出偶然。克氏循環與細胞呼吸都發生在粒線體內，我們已經知道，粒線體曾是自由自在的細菌。二十億年前，這隻細菌把它們的代謝習慣帶進複雜的細胞生物（真核生物）老祖宗體內，然後相當程度地繼續活在自己的世界裡：外面裹著兩層膜，緻密的內層就連質子亦無法滲透，唯有仰賴具選擇功能的幫浦才能順利進出；也正因為如此，蘋果酸才得被送出去處理，然後變成丙酮酸歸來。不過這只是答案的一部分。具活性的磷酸烯醇丙酮酸分子才是各代謝分支的中心點。就拿醣合成來說好了：生物體有各種各樣的理由需要合成醣，最著名的就是DNA和RNA的磷酸醣骨幹，不過這些合成反應發生的位置幾乎都不在粒線體內。是以胺基酸可以合成醣，只要進入克氏循環轉一轉就成了；在你我的細胞深處，這類重要反應路徑經常進進出出粒線體。於是乎，這帶我們回到我稍早提過的一件事——聖哲爾吉和克雷布斯建立的幸運實驗樣板：鴿子胸肌。

若將琥珀酸加入鴿子胸肌組織，細胞呼吸效率會暴增六倍，因為胸肌細胞會竭盡所能快速氧化葡萄糖，提供鴿子飛行能量（實驗時也會加入大量葡萄糖，形成乙醯輔酶A）；只不過，當年這兩人若是拿肝組織重複這項實驗，大概就不會得到同樣的結果了。理由是肝細胞負責的工作——譬如用胺基酸合成葡萄糖——必須讓能量物質流不時離開克氏循環再回來。與其說是循環，這種情況比較像一邊繞圈，一邊進出岔路的圓環。整體來說，這些岔路和圓環仍須保持某種平衡，但通常看不出什麼催化效果；儘管這個奇特洞見為克雷布斯及後世科學家大大敞開機會之門，但催化反應其實是一種特例。

理由很簡單，但這個簡單理由卻對生命造成深遠的影響（我們會在本書討論這些影響）。克氏循環提供合成胺基酸、脂質、醣等等分子所需的前驅物，如果抽走循環的中間產物，送去合成前述幾種分子，那就沒剩多少中間產物能供應細胞呼吸所需的氫原子了。因為每一種中間產物走完一輪就能重新生成，各位可以把這些中間產物視為獨立的迷你循環，而每顆粒線體內的數百萬中間產物皆依循自己的循環呼呼轉動。若抽走幾種中間產物去製醣，整個大循環就會少掉幾個迷你循環，相當於直接帶走細胞能量，偏偏合成醣（或其他分子）最需要的就是能量；若是多加一些中間產物，粒線體就會多出幾個迷你循環，每個迷你循環都能吐出一些氫原子，供呼吸熔爐燃燒（這就是克雷布斯實驗觀察到的催化效應）。為了達到整體平衡，循環內若有任何中間產物被抽走用於生合成，就必須從其他地方補回來（即「回補反應」）；因此大多時候，克氏循環的每一處銜接點都有能量物質流進出，那些做過路生意的傢伙都把克氏循環當圓環，而非完整循環使用。但這些小圓環累加起來可不是普通圓環，而是有如巴黎凱旋門或史文登著名的「魔術圓環」那般瘋狂繁忙的交通系統。圓中有圓，環中有環。

比起闡述「完美循環」，說明「瘋狂圓環」如何演化似乎更簡單。只不過，這樣的比喻卻蹦出一個完全相反的問題：生命歷經數十億年演化，為什麼端出這麼一套複雜瘋狂的系統？又或者何以無法修正改良？克雷布斯窮盡一生與這個問題苦苦纏鬥，最後終於在過世那年（一九八一）交出一篇討論「代謝路徑演化」的論文。依我之見，雖然克雷布斯非常了解克氏循環的「合成」面，但他似乎認為，克氏循環在動物體內最主要的功能還是分解有機物——目前絕大多數的教科書都是這麼寫的。我在這一章也同樣從這個角度切入：分解是克氏循環的第一要務，其次才是合成。幾個重要的代謝分支點（例如磷酸烯醇丙酮酸）恰巧落在粒線體外，脫離克氏循環的這個事實，更強化了這層印象，甚至使得動物體內的克氏循環似乎稍稍落下神壇，不再是代謝重力中心。克雷布斯很清楚，許多生活在無氧環境的微生物主要都是靠這個循環進行生合成；然而就我所知，克雷布斯卻從來不曾引用任何一篇可回溯至一九六六年的一系列革命性論文。這些論文指出，某些遠古菌體內的克氏循環會「倒轉」——不再擷取食物中的二氫和二氧化碳，產生能量，而是利用能量促使二氫與二氧化碳產生反應，生成有機分子。各位會在下一章看到，這個反向的克氏循環讓演化感覺合理多了。

第二章　碳路徑

想像一棵鮮新綠樹，樹葉翠綠發亮。或是聳立霧中的參天紅杉，針葉簇簇，色深蓊鬱。腳下青草沾著露珠，春日青苔這兒一塊、那兒一塊。池塘邊蘆葦茂密，池中浮萍片片抑或充斥藻類。或想像一片熱帶草原，在炎夏霧霾中蒸烤發黃，間或點綴的低矮灌木猶如騰騰熱氣中的幾抹暗影。熱帶雨林，藤蔓從令人暈眩的樹冠高處晃吊垂下；紅礫沙漠，巨型仙人掌抵著礪岩凸出地表；極地苔原，白樺林節節敗退，石蕊石楠步步進逼，運氣好的話還能看見春日花海。地衣在石頭上恣意潑灑澄橘與鮮綠，到了顯微鏡下卻另成一片迷你花園風景。隨意撬開一塊南極大陸岩石，細瞧底下由藍綠菌形成的藍綠薄膜；或想想海面下茂密的海帶林，眩目耀眼的光線穿透未知的隱晦幽冥。再來看看珊瑚礁：各形各色的礁體在海中處處綻放，屈伸尋索的珊瑚蟲完全仰賴單細胞藻類賜予生命，賦予輝煌。至於失去光合夥伴，已然白化，猶如枯指根根矗立的偌大珊瑚礁墳場，就請各位暫時別想了。

讀者或許已對這些景象熟到不能再熟，但這一幕幕無不傳達這顆星球令人驚奇且幾乎無所不在的光合作用。這些景象使我們想起照片影片中熟悉的大地風景，幸運的話，還能讓我們探索自我與生命的形貌。不管怎麼說，植物總能喚起某種強烈情感，喚起我們對這個世界平和、寧靜的愛；植物鮮少挑起詩人筆下大自然紅牙血爪，掠食血腥的驚悚，想必也與單調無關。然若挖開表面，探進每一片綠葉深處，你會發現它們其實全都一個樣：這些植株葉片裡的蛋白質近半數相同或差不多。這是地球最豐富，可能也是最重要的蛋白質，這種蛋白質擷取空氣中的二氧化碳，將其轉為有機分子——一開始是活生生的植物，最終成為你我。它有個謎樣的英文名字叫「rubisco」*。植物學家懷爾德曼退休前心血來潮，試探地率先投入光合作用研究，而這個神祕代號從那時候起就一直沿用到現在（至少比他後來取的「一級蛋白」順耳多了）。若您覺得「rubisco」聽起來像早餐穀片品牌，那還當真就是這麼回事：懷爾德曼曾經花了好些年，想利用手邊方便取得的蛋白質（其實就是早餐穀片）製作營養補充品，[1]橫豎早餐穀片是質優均衡的必須胺基酸來源。有些人比較吹毛求疵，會把代號寫成大小寫夾雜的「RuBisCO」，但不論是rubisco 或 RuBisCO，充其量不過是「核酮糖雙磷酸羧化加氧酶」的英文字首組合罷了（**ribu**lose **bis**phosphate **c**arboxylase **o**xygenase）。這幾組詞各有各的故事，我們晚點再說。†

RuBisCO 之所以數量浩繁，理由是以「酶」的功能來說，它的表現實在差強人意。酶通常以常人無法理解的速度作用，每秒鐘可催化同一種反應至少成千上萬回；但 RuBisCO 不一樣，它的催化轉換率每秒不到十次，也就是每秒鐘僅能把不到十分子的二氧化碳轉成有機分子（這個過程稱為「固碳」）。為了加速光合作用，植物不得不製造更多 RuBisCO，然而最糟糕的就在這裡：RuBisCO 也比其他的酶更不具專一性，光是分辨二氧化碳和氧就夠教它傷腦筋了（說的也是，畢竟二氧化碳跟氧「只」差了一個碳原子）。或許是因為 RuBisCO 在數十億年前剛演化出來的時候，大氣中的二氧化碳濃度比現在高出許多；目前氧大概占百分之二十一，當年更是少得可憐。所以「RuBisCO 鑑別力很差」這一點在當年完全不是問題，因為它接觸到二氧化碳的機率比接觸氧氣高出太多了。可今日情勢大不相同：今天大氣的氧濃度比二氧化碳高出數百倍，尤其在光合作用旺盛的綠葉裡，RuBisCO 會貪婪吞下二氧化碳，至於氧氣則像對待廢物般毫不在乎地吐出去。當氣候變得炎熱乾燥，葉面負責看管氣體進出的氣孔就會關閉，限制水分流失，然而這卻給 RuBisCO 惹來大麻煩：因為氧會困在葉子裡，二氧化碳濃度驟降。這種情況可能導致穀物歉收（損失可能高達年穫的四分之一），因為植物「固定」過多的氧，故不得不施展一套精

＊編按：本書中作者皆用 rubisco 稱呼。

1 懷爾德曼後來挑戰失敗。他在北卡羅萊納州蓋好第一座實驗廠，嘗試從菸草葉大量萃取 RuBisCO 時，美國正好吹起一股「吸菸有害健康」風潮；可想而知，即使所有植物葉片都含有這種蛋白質，大夥兒對「食品添加菸草蛋白」的生意仍興趣缺缺。我不知道懷爾德曼為何堅持用菸草蛋白，我猜可能是因為他早年研究過菸草鑲嵌病毒，後來總繞著菸草做研究所致。只能說老科學家一樣也學不了新把戲呀。

†編按：本書中作者皆用 rubisco 這個拼法，但為求清晰本版後續將維持 RuBisCO。

心設計的生化詭計「光呼吸」來校正這種情形。

可以想見，曾經有人從更合理的生化設計角度考量，改以其他成分取代 RuBisCO，並掛上「提高產量」這根誘人的胡蘿蔔，獲取不少商業利益。然而，RuBisCO 雖以「唯一可用於固碳的酵素」之名迅速走紅，卻也帶出另一個意義更深，也更有意思的問題：生化一致性的鐵律。我們曾在引言稍微觸及這種整體一貫的重要性，然而在這一章，各位會看見這條法則也可能造成嚴重誤導。風水輪流轉，昨日顯學不必然是今日主流，但我要說的這條迷因十分特殊，時至今日仍籠罩絕大多數教科書——那就是「光合作用透過 RuBisCO 將二氧化碳轉換成醣，呼吸作用則是燃燒這些醣」。換個說法便是「醣是生物化學中樞骨幹」被奉為代謝的中心法則，使得醣的代謝路徑始終占據生化圖表中心位置。如果魔術師的手法說穿了是轉移觀眾注意力，讓大家不再關注真正發生變化的位置，那麼講授光合作用與呼吸作用差不多就是這麼回事，授課者甚至不曉得自己施展了堪比魔術的障眼法。問題出在我們對植物和動物過度著迷，這點從學界對植物學和動物學的無比崇敬可略知一二；知識限制了我們的思考方式，影響長達數十年。生物化學當前的問題就是太過專注於醣，轉移了焦點，致使我們看不見生命起源、演化暗流與你我身上的生化反應最根本、最重要的連結。

若要以簡單二分法區別植物與動物，或可如此描述：植物行光合作用，產生醣，動物則透過克氏循環呼吸，消耗醣。當然，這樣說不完全錯誤，卻會造成嚴重誤導，好似代謝架構沒什麼意義，即使代謝出錯也和疾病沒有關係。學校老師說植物是「自營生物」，意即植物能「無中生有」，把二氧化碳、水等無機分子變成醣這種有機物；至於動物則以植物為食（草食），或吃其他以植物為食的動物（肉食）完成生命循環。老師說，自營生物依賴陽光，藉由日復一日，宛若奇蹟的光合作用獲取能量，將光能和空中的某些氣體轉變為組成它們自身（還有我們）的物質。這就是「生合成」，意即將二氧化碳等簡單分子轉化為生命的基本模塊，再進一步組合成DNA、蛋白質這類重要大型分子。孩子確實應該知道這些生命奇蹟，但為師者也應該告訴他們：植物並非最先插旗地球的生物，在最初幾十億年間，只有細菌在刻劃、形塑地球。今日所知的光合作用乃是藍綠菌的發明（它以前有個比較光彩的名字叫「藍綠藻」），然而就連藍綠菌也是很晚才加入地球生命派對的。早在藍綠菌這類複雜細菌出現以前，有些氣體及岩石內已存在其他更古老的自營生物，或甚至棲息在地表最深的盆地底部，大多不需要陽光就能活命。若想了解與生命和死亡息息相關的化學奧義，就必須把焦點從演化金字塔頂端轉向晦暗隱蔽，創造生命的深谷。

各位將在這一章讀到，某些最最古老的細菌將你我熟悉的克氏循環倒轉使用，使其成為一具能把二氧化碳、氫氣等氣體變成有機分子，推動生長的生合成引擎。接下來我會經常使用「反向」一詞，因為這些細菌確實反轉了克雷布斯發現的羧酸循環；但是把生合成視為順向循環，將我們已知的版本視為反向循環，如此觀點其實更為合理。撇開字面問題不談，這些古老細菌基本上就是利用生合成版（反向）的克氏循環固定二氧化碳，時間比 RuBisCO，比演化出光合能力的藍綠菌（也就是植物葉綠體的祖先）早了至少十億年。反向克氏循環剛出現的時候跟產生能量沒什麼關係，主要是用來供應生合成所需的碳架。這項觀點明確闡述細胞代謝的深層意涵，然而在更傾向醫學觀點的教科書裡依舊只是草草帶過，實在是嚴重的疏漏與失職。

為了明白前述道理，各位得先循著碳在光合作用中的軌跡前進，才能把 RuBisCO 擺在正確位置上；原本曲折的路徑將逐漸脫離「循環」邏輯，進入直線區，從而釐清克氏循環何以成為今天這副自相矛盾的生合成引擎。我們會從「放射性同位素」——尤其是「碳－14」（^{14}C）的發現展開這趟波瀾壯闊的旅程。這項嶄新技術比克雷布斯和瓦爾堡的方法更強大有力，證明光合作用並非神話，卻也證明放射性同位素在解讀時可能有多不可靠。這趟步步探索「二氧化碳和水如何轉為實質生命」的歷程充滿戲劇情節，雖然時時刻刻都在發生奇蹟，卻也恰如其分地難以捉摸。不過，待我們好不容易確立每一道步驟，終究還是犯下唯有人類會犯的錯誤——竟然以為這一切永遠不會改變。

放射性同位素

RuBisCO 的故事得從一九三〇年代，迴旋加速器的發展說起。迴旋加速器是加州大學柏克萊分校「放射實驗室」勞倫斯和李文斯頓的發明。這種儀器能使帶電粒子（通常是質子）加速成為高能粒子束，用以分析科學家感興趣的物質（靶材）。操作者先將質子射入真空圓筒，再以高頻交流電（頻率達每秒數萬或數百萬次）促其加速，輔以外磁場使路徑彎折，導致質子以環狀軌跡前進。質子繞行速度愈來愈快，迴圈愈來愈大，也益發遠離發射源。全球首座「質子旋轉木馬」直徑僅五英寸。筒徑愈大，質子的可迴旋次數就愈多，是以加速幅度更大，能量更高。故而來到一九三〇年代尾聲時，勞倫斯建造的迴旋加速器筒徑已達六十英寸，射出的質子束在被導向靶材之前，最高迴旋速度已接近光速的五分之一。[2]

高能質子束直轟靶材原子核，破壞原子結構，同位素於焉誕生——同位素是中子數不同的原子，故原子量稍有不同。原子的化學性質依質子與電子數而定，但仍有部分性質（如放射性）取決於中子數。一般來說，同一種原子的核內質子與中子數大致相等，而中子數較多（或較少）的原子通常具有放射性：由於質子和中子數不等會導致原子核不穩定，故原子傾向重新調整，藉由

2 但這個速度仍遠遠不及光速，故無須考慮相對論效應。從能量守恆公式 $E = mc^2$ 來看，當粒子速度愈接近光速，它們在電磁場內的質量和運動方式也隨之改變，這一點必須和帶電粒子在反轉電場內飛行的行為同時考慮；於是乎，技術更新，功率更高的迴旋加速器就被稱為「同步加速器」。歐洲核子研究組織設於日內瓦的「大型強子對撞機」是目前世界上最大的環形粒子加速器，直徑達二十七公里。

釋出能量或放出次原子粒子以趨於穩定。高能質子束撞擊原子核之後，會使核內的質子或中子移位，或給原子核多添一顆質子，進而改變原子核組態（大多會發出放射線，原子本身也變得較不穩定）。勞倫斯的興趣主要在核子物理學，因此他在放射性同位素領域的早期研究大多以開發新的醫學應用素材為主，譬如當時已開始使用「鐳」治療高血壓、關節炎與癌症。

但一九三〇年代末，隨著碳同位素（最初是碳－11「^{11}C」）的到來，放射性同位素應用終於在生物學基礎研究上大放異彩。碳的原子量一般是十二，核內有六顆質子與六顆中子。若以「氘」（即「重氫」），由一顆中子和一顆質子組成）撞擊硼結晶，就能讓部分硼原子多抓住一顆中子，轉變成碳－11。把一種元素變成另一種元素無疑是鍊金術士的目標，故他們試了又試，希望找到把鉛鍊成金的方法。一九〇一年，當索迪領悟放射釷能自我轉變成鐳，他立刻衝著拉塞福大喊：「拉塞福，這不就是嬗變*嗎！」拉塞福回他：「老天，別用這個詞好嗎，我們會被當成鍊金術士砍頭的呀。」到了一九三〇年代，嬗變觀念已相當普及，故這方面的實驗也可以大方進行。不過當時的放射性元素理論仍不太牢靠，需要大量實驗驗證，惟實驗結果多半無法預測，還是得依粒子束的能量與組成（譬如質子或氘核）、靶材及碰撞時間長短而定。碳－11的半衰期僅二十分鐘，也就是說，每二十分鐘就有一半的碳－11射出「正電子」並分解生成硼；兩小時後，將近百分之九十九的碳－11都會衰變成硼原子，放射性也因此減低至起始點的百分之一，然後再過一段時間，殘餘的放射性就會低到測不出來了。雖然碳－11衰變太快，沒給科學家太多時間做研究，但它至少是個開始，肯定也讓整齣戲更有看頭。

率先研究碳同位素的是一群既鑽研物理學，亦涉獵生物學的化學家。雖然一般大眾對這群人所知不多，但他們的故事堪稱科學神話，值得傳頌，理由不光是這些故事解釋了醣今日何以位居代謝中心，也因為這段歷史讓我們隱約看見，政治的結構性問題可能導致科學的結構性問題，並且超出科學法則所能控制的範圍。

大哉問

首先登場的是凱曼和魯賓。一九三〇年代中期，這兩位鑽研同位素的化學家加入勞倫斯在加大放射實驗室的研究行列。凱曼在一篇相當有意思的自述文中描述當時的情景：勞倫斯本人和暱稱「歐痞」的曼哈頓計畫主持人歐本海默，為碰巧來訪的量子力學研究先驅，丹麥物理學家波耳特別辦了一場研討會，並在會中提及「以高能氘核束撞擊鉑會導致鉑原子衰變」這項令人振奮的最新成果。勞倫斯先簡要報告實驗數據，歐痞則進一步闡述思路縝密高超卻沉悶枯燥的理論結果，令台下一片靜默又深感佩服。好不容易熬到歐本海默暫停歇口氣的時刻，波耳旋即怯生生地

＊編按：原文 transmutation 是鍊金術中的物質轉變。

舉手，以一口不甚流利的英語表示：他認為這些數據難以信服，因此這套理論可能沒有半點實際基礎——問題不在物理，而是化學。波耳的發言引起一陣騷動，勞倫斯立刻要求凱曼和魯賓重做實驗，結果證明波耳是對的：實驗室落塵被烙在鉑箔上，導致化學汙染。幸好這段令人尷尬的小插曲並未阻礙勞倫斯：他在迴旋加速器方面的先驅研究使他獲頒一九三九年諾貝爾獎。[3]

這次共患難經歷鞏固了凱曼和魯賓的友誼，亦清楚呈現正確進行化學分析，以及在物理實驗室準備實驗的重要性。這是化學，甚至生物學首次受到科學界的肯定及認可，此次機緣也讓這對搭檔繼續思考將純化製備的放射性同位素（如碳－11）應用於生物學的可能性。兩人的初步計畫是研究大鼠的醣代謝（這是比較含蓄的說法，實驗本身相當複雜），方法則是將碳－11嵌入醣分子——先讓植株暴露在富含碳－11的二氧化碳環境中，植物肯定會透過光合作用將含有碳－11的二氧化碳變成葡萄糖；接著再分離出葉片內的葡萄糖並加以純化，餵給大鼠吃。然而這一連串步驟著實嚴苛得離譜，因為碳－11的半衰期只有二十分鐘，結果想當然耳失敗了：不論葡萄糖或其他相關碳水化合物都找不到碳－11的蹤跡。雖然結果教人難以接受，卻打開另一扇機會之窗……萬一植物根本不會利用光合作用製造葡萄糖或其他醣呢？他們會不會搞錯對象了？

這時魯賓腦筋一轉：「何必拘泥在大鼠身上？見鬼了，有咱們倆聯手，不用多久就能解開光合作用之謎了！」於是兩人一股腦兒投入凱曼所謂的「大哉問」：找出植物固定二氧化碳的第一個產物。如果不是葡萄糖，那會是什麼？那年稍早，克雷布斯才揭開「葡萄糖分解變成二氧化碳和水」這一串步驟的神祕面紗。光合作用照理說應該反過來進行才是，但過程仍是未知數。能把星光化為物質，將稀薄空氣變成實質生命的步驟究竟是什麼？這個大哉問不比奇蹟難解，猶如人類妄想扮演上帝，更別提當時學界正如火如荼熱中原子彈研究了。

兩人想法簡單，實行起來卻很困難：他們得讓植物吸收富含碳－11的二氧化碳，再留點時間給它們固定二氧化碳，製成嵌有碳－11的有機分子，然後再把葉片扔進燒開的酒精終止生化反應。如果光合作用不到幾分鐘就停了，那麼絕大部分的碳－11應該都會嵌在固碳後的第一個產物上；如果反應拖了一點時間才結束，那麼碳－11就會出現在後期產物裡。兩人只需要把含有放射性元素的分子分離出來，再用有機化學的標準方法進行分析就行了。如果能用這種方法成功建構反應時程，凱曼和魯賓就能追蹤碳原子在光合作用裡的移動軌跡，畫出整個反應路徑圖。

優美精妙，簡單不囉唆……結果注定失敗。這項實驗打從一開始就有各種問題如影隨形，緊跟不放。由於他們的題目並非放射實驗室主要研究計畫，所以兩人偶爾才能排到那台直徑三十

---

3 迴旋加速器的構想曾受到愛因斯坦此等大人物的批評，甚至以「在一片漆黑且沒幾隻鳥的空地開槍打鳥」來比喻朝靶材發射次原子粒子的概念。愛因斯坦的意思是，原子幾乎是空的：原子核僅占極小極小的比例（大約是氫原子的 0.0000000000004％），次原子粒子束的目標就是這麼丁點兒大的玩意兒。只不過，愛因斯坦沒料到迴旋加速器產生的粒子束有多少顆高能粒子——數量多到足以把原子核轟個稀爛。

七英寸，威力強大的迴旋加速器；當機器好不容易輪到他們倆使用，實驗室其他夥伴全都忙得抽不開身，所以凱曼只好自己處理靶材，從被氘核束撞擊的氧化硼分離出二氧化碳（這可是大工程）。接下來，凱曼捧著珍貴樣本衝向魯賓與哈席德所在的鼠舍——這兩位早已拿著蓋格計數器和各種分析試劑等在那兒了。他們必須在四小時之內，也就是碳－11的放射性低到測不出來以前，完成所有實驗。凱曼揣想，在外人眼中，他們大概是「三更半夜在瘋人院裡跑來跑去，跳上跳下的瘋子」吧。然而就連分析產物這一步也複雜到令人失去信念：放射性二氧化碳的總劑量實在太低，低到根本無法在新合成的有機分子內找到蛛絲馬跡。凱曼等人測到的放射線幾乎都來自大型蛋白質，而他們心心念念的小型有機物大多依附在蛋白質表面。畢竟他們三人只是在物理實驗室做實驗的物理化學家——甚至還不是生物化學家，幾乎沒受過這方面的訓練。

然而這項研究卻揭開新時代的序幕。儘管挫折頻頻，這個光合作用小組仍看出該研究的驚人潛力。後來哈席德因健康因素不得不離開團隊，幸好凱曼和魯賓仍大有斬獲：在一九三〇年代晚期，學界對光合作用的普遍觀念是二氧化碳會直接與葉綠素結合（葉綠素就是綠色植物行光合作用所使用的色素）。一般認為，葉綠素吸收光然後活化，先把電子傳給二氧化碳形成甲醛，甲醛再聚合成葡萄糖，保留相同的碳氫、碳氧比（CH_2O／$C_6H_{12}O_6$）。但魯賓和凱曼的實驗顯示，甲醛並未蓄積放射性，葡萄糖自然也幾乎測不到放射性，代表「嵌入放射性二氧化碳」這個步驟甚至不需要光——在黑暗中也能進行。[4]

儘管凱曼和魯賓聯手推翻光合作用的早期觀念，他們倆只是朝「找出碳固定的真實路徑」這個目標跨出了一小步。兩人證實光合作用的第一個產物是羧酸，其化學性質也和克氏循環中間產物一模一樣。這項發現足以彰顯羧酸與克氏循環在固碳及其他所有核心代謝作用的中心地位，但它的路徑和過程依舊曲折難解。我在第一章提過，羧酸基本上就是由二氧化碳組成的單元，故能分解生成二氧化碳。反之亦然。如果把二氧化碳掛在另一個有機分子上，就能得到羧酸。底下這道反應式看起來很簡單，但外表會騙人，接下來我們會看到這副表象底下藏了多少曲折故事。

$$\mathbf{RH + CO_2 \rightarrow RCOOH}$$

式中的R在當時仍是一團未知的化學官能基，但魯賓高人一等，認為R實際上可能是磷酸醣（結果也真是如此）；只可惜沒過多久，凱曼與魯賓的故事急轉直下，最後竟然以悲劇收場。

---

4 雖然科學家已利用某些自營細菌證實「二氧化碳能在黑暗中固定」，生物學界仍費了好些工夫才終於接受這項意外發現。其實，克雷布斯當年亦曾以測壓計所得的數值為底，大膽主張動物組織也能固定二氧化碳，並希望藉由碳－11證明這一點。可惜後來大戰爆發，他沒能按計畫造訪哈佛，故也無緣利用哈佛的迴旋加速器驗證他的觀點。

緩慢衰變

一九四〇年，歐洲遍地戰火，但美國還未加入戰局。這一年，凱曼和魯賓在巨大壓力之下仍做出搭擋以來最重要的發現；諷刺的是，這項發現跟戰爭與光合作用皆無直接關聯，卻讓兩人的研究大轉彎，直搗生物代謝基礎（這項發現在考古學和人類史方面的輝煌貢獻就更不用說了）：他們找到能緩慢衰變的碳原子「碳－14」（^{14}C）。碳－14的半衰期長達五千七百年。

從許多方面來看，碳－14其實更傾向「發明」而非發現（後來科學家發現碳－14也能自然存在，惟蘊藏量極低）。世間存在「相對穩定的放射碳」的第一條線索來自氮氣的「雲室」研究。雲室實在是個令人著迷的裝置，說不定還是人類最接近「親眼目睹」次原子粒子的體驗：雲室利用空間快速膨脹冷卻艙內氣體，使之變成雲霧狀（早期會在雲室底座加裝抽氣活塞）。你我所熟悉的雲乃是小水滴圍繞塵埃顆粒（晶核）凝結形成的，而雲室裡的「雲」也是氣體吸附微粒的結果：帶電次原子粒子（它的角色就像大氣中的晶核）以高速飛掠雲室時，會帶走鄰近分子的電子，使其離子化，留下類似我們在天空看到的飛機凝結尾。有趣的來了：雲室的凝結尾型態依射入的粒子種類而定。質子體積小，速度快，迅速穿過艙室後留下纖長、稍縱即逝的凝結尾，宛如虛無飄渺的幽靈；至於體積較大的α粒子（即擁有兩顆質子與兩顆中子的氦核）則會形成短而持久的凝結軌跡。

凱曼發現，當迴旋加速器射出中子[5]撞擊雲室內的氮氣，竟能同時觀察到兩種凝結尾：一種是近似質子形成的纖長薄霧，另一種是軌跡較短，存在時間較長，唯有較重的帶電粒子才可能形成的凝結尾。氮原子量一般是十四（七個質子、七個中子），遭中子撞擊後導致一顆質子移位，留下清楚的凝結軌跡；被撞的氮核變成八顆中子、六顆質子，原子量仍維持十四，不過氮少了一顆質子就會變成碳（質子數六，故原子序跟碳一樣都是六）。凱曼堅持結果就是如此，但他身邊的物理學家——尤其是歐本海默——以當時非常陽春的原子物理學進行計算，判定這種情況根本不可能發生。不過凱曼是化學家，他相信眼前的證據：他知道答案只能是碳－14，否則整套理論都會出錯（而且是又錯了）。凱曼無所不用其極，設法大量製造碳－14，勞倫斯甚至允許他盡情使用最大那台迴旋加速器，最後他終於成功了：中子從迴旋加速器射出，撞擊硝酸銨，實現凱曼最狂野的夢想——他和魯賓合力從「一不小心就可能爆炸」的硝酸銨汙泥中，分離出大量具放射

5 中子？對，你沒看錯。高能質子或氘核束撞擊任何靶材幾乎都能產生中子。迴旋加速器裡的粒子加速到高能高速時也會產出中子：當供應的能量超過一千萬電子伏特，氘核會瓦解並釋出中子及高能光子「γ射線」。一九三〇年代期間，為了讓氘核加速到這種程度，龐大的電力需求使得實驗室所在的柏克萊地區不時出現電力供應不足的情形。查兌克一九三二年才發現中子，然而到了一九三八年，透過迴旋加速器產生的中子便已用於癌症治療了；但由於當時的技術還不夠純熟，學界普遍認為副作用大於成效。勞倫斯用他自己發明的機器成功治癒母親的癌症（幸好他用的是X射線，而非中子），而且她甚至比勞倫斯本人還要長壽。勞倫斯五十七歲時因潰瘍性結腸炎英年早逝，或許是壓力太大了。

性碳－14的二氧化碳，幾乎癱瘓蓋格計數器（不過這個方法後來還是被勞倫斯給禁了）。

這一切著實得來不易。起初一連好幾個月，凱曼不斷用氘核轟炸硼酸，再換成富含碳－13的石墨結晶，最後好不容易製出少量碳－14。某天深夜，夜以繼日連續工作數週的凱曼把那一點點樣本放在魯賓桌上，頂著暴風雨回家。好巧不巧，那晚鎮上出了命案，於是警方便逮住這個在大雨中蹣跚前進，顯然精神不太正常的瘋子——也就是凱曼；後來還是因為驚魂未定的目擊證人根本認不得凱曼，警方才放他離開。然而這件意外插曲只是開端。一九四一年，日軍偷襲珍珠港，美國國內氣氛迅速從不敢置信轉為恐懼，認為美國本土極可能就是下一個目標。美國政府直接徵收放射實驗室的幾台迴旋加速器，全心投入放射同位素研究（最有名的就是鈾和鈽）；凱曼受命研發新製程，魯賓則著手研究光氣（一種毒氣），防止美國海岸遭敵人入侵。某日，魯賓在忙了一整天之後，急著趕回實驗室繼續鑽研他鍾愛的光合作用，卻累到開車打瞌睡，把車撞爛了；雖然沒人受重傷，不過魯賓手斷了。又過了幾天，他吊著手臂在實驗室製備液態光氣，劇烈沸騰的氣體導致一支有裂痕的玻璃管突然爆炸，管內的致命氣體直接潑在魯賓的實驗衣上。魯賓深知自己可能已經吸入過量毒氣，為了拯救其他人性命，他冷靜地帶著破掉的玻璃管迅速離開實驗室，隔天就死了，肺裡全是積水，當時的他還不到三十歲，家人哀慟欲絕。由於魯賓婚後始終抽不出時間提出戶籍申請，導致他的年輕妻子和年幼稚子拿不到半毛聯邦補償金。

凱曼後來也被迫放棄光合作用研究。凱曼的中提琴造詣頗佳，美籍烏克蘭裔小提琴大師史坦是他的好朋友。有一天，凱曼在不知情的狀況下參加一場由史坦舉辦的派對；賓客中有不少人來自俄國使館，派對結束後他亦禮貌性地保持聯絡。只不過當時美國政府早已盯上他——凱曼依輻射能推斷，橡樹嶺（國家實驗室）那邊應該早就在進行原子堆試驗，但政府認為此舉顯然叛國：他明明拿不到資訊，怎麼可能知道這麼多？於是音樂會事件成為壓垮駱駝的最後一根稻草：凱曼突遭解職，被逐出放射實驗室，就連妻子也離開他。由於他受到軍方情報單位監控，所有科學研究單位皆不得聘用他，最後他好不容易才在舊金山的一家造船廠找到工作。二戰結束後，前面那段插曲甚至回過頭再度陷他於不義：凱曼和歐本海默等其他許多科學家一樣，全被送進「眾議院非美活動調查委員會」接受調查。當時媒體以「遭軍方研究計畫開除的原子科學家勾結共產分子」抹黑他，十多年後才終於還他清白。凱曼歷盡千辛萬苦終於重返科學界，但他再也不曾重拾當年光合作用和碳路徑的先驅研究，也不曾實際應用他親手發現的碳－14。描繪碳路徑的工作由其他人接手完成。倘若魯賓還在世，這對搭檔想必會憑著發現碳－14拿到諾貝爾獎吧！可惜諾貝爾獎規定不於死後追贈，這件事永遠不會發生。無論如何，碳－14的發現和兩人過早結束的合作情誼卻開啟了接下來這段相當特別的歷史，甚至持續影響今日我們對光合作用的理解——其中又以「獨尊碳代謝」為最，認定醣乃是生物化學的骨幹。當時，唯有鑑別力高的碳－14才能清楚標記碳原子被光合作用固定的路徑，而擁有足夠的碳－14來進行研究的單位唯有加大放射實驗室。箭在弦上，不得不發。

唯一路徑

勞倫斯迫切希望光合作用研究能有所進展，所以戰爭一結束他就雇用他在曼哈頓計畫的同事卡爾文。據說，勞倫斯在日本投降那天就打給卡爾文：「現在該是用那些放射碳來好好做點事的時候了。」

不用說，卡爾文聰明絕頂，點子多多且記性超群，但他真正感興趣的是光合作用中「光反應」的光化學幻術，可惜他始終沒能破解。卡爾文找來專攻碳水化合物的化學家本森，把他認為在光合作用中比較不有趣的碳路徑交給本森去研究（諷刺的是，本森的研究成果卻跟卡爾文的名字緊緊綁在一起）。本森和魯賓是舊識，所以他不僅繼承了好友的工作，甚至在魯賓過世前不久即受託接下世界上所有的人造碳－14。相較於卡爾文滿腦子古靈精怪（有些點子實在太偏激，但我猜本森是少數願意明白告訴他的人），本森雖不到狂妄自大的程度，但他確實天賦異稟，總能想出精明絕妙的實驗設計。兩人在接下來幾年的研究進展有不少得歸功於本森的創意。

卡爾文和本森決定研究「綠球藻」。若以強光照射，綠球藻的光合作用速率比陸生植物快上許多——本森著名的「棒棒糖」裝置厥功甚偉：他把綠球藻養在玻璃扁形瓶裡，前後都能照到光；然後在培養瓶底部裝上龍頭，如此就能讓實驗樣本直接落入滾燙酒精，殺死細胞並加以分析。或許本森最具決定性的變革是導入「濾紙色層分析」這項新分析方法，其形式簡單到大概所有低年級學生都玩過這類遊戲。不過本森還做了兩項聰明變革：一是他選用效果更佳，能以二維方式分離羧酸或醣等帶電小分子的層析溶劑（也就是兩種溶劑的移動方向互相垂直）；二是在濾紙上覆蓋一層感光底片，這個小把戲能使放射線現形。如果碳－14嵌入某特定分子，該分子會依其本身的化學性質移動到濾紙上的某個精確位置，而碳－14發出的放射線則會在感光底片上留下汙痕，暴露行蹤。譬如，嵌有碳－14的醣分子總是固定移動到濾紙的某一點，同時在底片留下極具特徵性的黑點，形成一張「自動放射顯影照」；操作者再把對應黑點的那一小塊濾紙剪下來，洗出醣分子，透過標準化學分析法驗明正身。有些人嘲笑這法子是「紙上點點法」（夠直白吧），不過它真的讓化學分析脫胎換骨了。

這套實驗裝置在短短一分鐘內就能得到多達十五個光合作用黑點，但也容易混淆；若改成作用十秒鐘即開啟龍頭，殺死綠球藻，訊號就變得清楚多了：因為十秒鐘只會得到一個點，也就是所有的放射性都集中在這一個產物上——碳－14全被它接收了。化學分析顯示，這個產物是一種名叫「磷酸甘油酸」的三碳羧酸。（圖10）

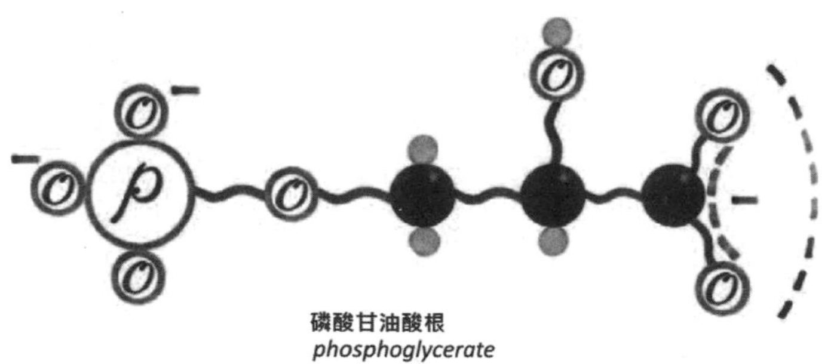

圖 10

新固定的二氧化碳（以虛線強調）似乎接在一個二碳受體分子上，這個分子還掛著一個磷酸基（PO_4^{2-}），正如凱曼和魯賓所料。紙上小黑點竟然就是這個不起眼小分子的傑作，光憑文字實在很難描述他們當下有多激動。想想看：世上還有什麼比「光合作用」這個天天都會發生的奇蹟更神祕難解的現象？透過光合作用，植物竟能把稀薄的空氣變成木頭、葉子、花朵和果實？它們是怎麼辦到的？這個分子意義重大，讓卡爾文和本森抓住了第一條實實在在的線索，也是一道把自然界最奧妙的魔法轉為科學語言，讓人類能用理智思考、領悟、理解的關鍵。全都在這團墨點之中。科學家就是會為了這種看似莫名其妙的小事興奮狂喜——這哪是小黑點，這是一整個世界啊！

不過，這也是整個光合作用唯一稱得上簡單的步驟。不到一分鐘，碳－14的放射性便廣泛分布至其他多種產物中，每一種產物都得靠極謹慎的實驗分析技術，耗時數日、數週，甚至數月才能完成鑑定。卡、本二人所得最常見的「輻射墨點」包括幾種（非全部）來自克氏循環的中間產物，譬如三碳的丙酮酸、四碳的琥珀酸和蘋果酸，以及多種胺基酸和一些醣。如何用這些分子闡釋碳路徑？卡爾文和本森依循克雷布斯的邏輯，找的也是循環：二碳受體接收一個二氧化碳，做出三碳的酸；細胞若不想耗盡二碳受體，就得設法再生出新的二碳受體，否則反應只得叫停——循環也會跟著停下來。他們倆知道接下來的產物至少包含兩種四碳羧酸，那麼顯然從三碳到四碳之間必定還有一個步驟，讓第二組「二氧化碳及氫」接上某個分子，產出四碳的琥珀酸或蘋果酸。四碳的酸再拆成兩半，生成一個二碳受體和一個全新的二碳分子，後者再被送去製成醣或胺基酸，最後變成蛋白質、DNA等等。這一切看起來相當合理，只不過……全都不是真的。從一九四八年起，卡、本團隊持續在《科學》發表一系列題名為〈光合作用的碳路徑〉的論文，每篇論文的題目都一樣，僅以羅馬數字標示順序；到了一九五二年，論文已經累積到二十篇（XX），實際上卻沒有太多進展，正確答案咫尺天涯。[6]

卡、本二人被總是突然蹦出來的中間產物給搞糊塗了。到頭來，這些中間產物**沒有一個**屬於我們已知的光合作用唯一路徑。它們之所以如此頻繁出現，理由是這些中間產物對所有的代謝反應都很重要（我們稍後再回頭討論這個重點）。但此刻他們倆只是被誤導了。

問題關鍵是一個五碳磷酸醣分子「雙磷酸核酮糖」，是本森在卡爾文養病期間獨力發現的

6 這件事頗值得後人反思：發表在頂級期刊的論文依然有可能是錯的。但請各位不要把這些論文想成是不好的論文。才不是這樣。科學很難，科學家也經常出錯；探討的題目愈難，錯誤就愈多。撇開絕對的是非對錯不談，大多數論文其實僅有一部分是錯的——這解釋了科學家為何總是公開爭論，互相駁斥。但這些爭吵都是科學自我校正的一環。鉅細靡遺呈現的論文能明白呈現科學家可能在哪個環節出了差錯，也讓他們知道該如何提出更好的問題。就我個人所知，科學方法跟人類熱中的其他事物不同，前者比較像單向運轉的棘輪，能隨著時間推演不斷修正答案。犯錯也是科學棘輪的一部分，就像有害突變也是天擇的一環，驅動生命持續演化，驚奇盡現。

（卡爾文在預算會議上心臟病發）。[7]藻類細胞若極度缺乏二氧化碳，就會導致雙磷酸核酮糖大量堆積——這不就是那個「二碳受體」該有的表現嗎！所以接收二氧化碳的受體並非二碳，而是五碳：五碳分子與二氧化碳結合後分成兩半，得到兩個三碳的磷酸甘油酸分子。雖然這盤數字遊戲有點奇怪，但眼前剩下的就真的只是數學問題：三次完整循環能產生六個三碳分子，一個被抓去參與其他任何一種代謝反應，其餘五個歷經重排裝配，變成三個五碳分子——全都是能繼續完成另外三次循環的雙磷酸核酮糖。卡、本兩人在一九五四年的〈光合作用的碳路徑 XXI〉正式發表這套架構。如今，該架構在教科書上的正式名稱為「卡爾文－本森循環」。下圖是取自該論文且稍微簡化的循環架構圖，雖簡單仍足以展現其精髓奧義。（圖11）

各位毋須在意細節。光憑這張圖即足以顯示這

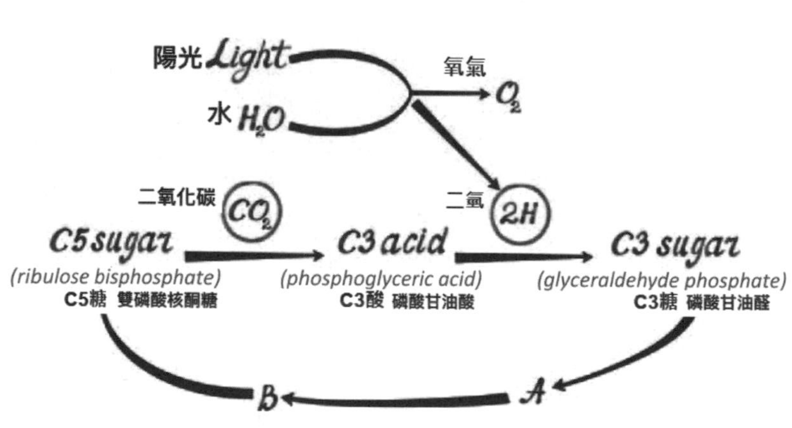

圖 11

是如假包換的醣代謝：磷酸甘油酸接收二氫（這些氫來自陽光加持的水分解反應，留待第四章討論）形成三碳的磷酸甘油醛（或稱「磷酸甘油醛」）。這個三碳分子經過改裝，變成卡、本定義的兩類中間產物（都是醣），[8]最後再重新變回五碳受體分子，也就是雙磷酸核酮糖。

雙磷酸核酮糖。各位是否覺得眼熟？還記得前面提過 RuBisCO——那個地球上含量最多的早餐穀片成分？RuBisCO 本名是「核酮醣雙磷酸羧化加氧酶」，而前段提到的過程正是雙磷酸核酮糖「羧化」（接上二氧化碳）變成兩個磷酸甘油酸分子，或者「加氧」（以氧取代圖中的二氧化碳）合成多種產物，其中有些最後會變成羧酸——也就是初期不斷擾亂卡爾文和本森理解固碳路徑的搗蛋分子。

---

7 在卡爾文夫人吉妮薇親自照料及嚴格的飲食控管下，卡爾文瘦了三十公斤，菸也戒了。把這事怪罪預算會議可能不太公平，只能說他碰巧在那時候心臟病發。

8 各位當真想知道這兩類產物是什麼？一類是六碳的磷酸果糖，另一類則包括幾種不同的醣，有五碳的磷酸木酮糖、四碳的磷酸赤藻糖和七碳的磷酸景天庚酮糖。是呀，這一切實在太複雜了。至於文中提到的數字遊戲大致如下：六碳先拆成二碳和四碳，二碳接上三碳變成五碳，四碳也接上三碳變成七碳，後來七碳拆成五碳和二碳，二碳再接上三碳變成五碳。於是最後得到三個五碳分子，但這三個五碳分子都不是雙磷酸核酮糖——它們得經過一連串詭異的生化轉換才能變成雙磷酸核酮糖，也就是我們要的五碳受體。這些複雜的化學反應有些需要能量（ATP），而ATP同樣來自光合作用（這部分晚點再說）。如果各位已經開始頭暈腦脹，只要記得我說過——所有的醣化學反應都是騙了大家好幾個世代的障眼把戲！別太擔心了。

一九五四年這篇影響深遠的論文堪稱卡－本循環研究之路的高峰，惟兩人的不合也同樣來到最高點。為了某些當事人始終未曾言明的原因，卡爾文突然叫本森走人；本森無處可去，卡爾文顯然也無意為其說項。這到底是怎麼回事？原來是卡爾文極珍視的光化學構想因為這篇論文而土崩瓦解，他在這個領域最了不起的成就最後都被本森拿走了，他當然心有不甘。不過我也懷疑，本森在與卡爾文溝通一些他認為稍微剛愎自用的構想時，措辭可能不夠委婉，批判的語氣肯定苛刻了些。卡爾文夫人吉妮薇甚至對本森表示，如果他繼續留在實驗室，卡爾文可能再度心臟病發。我猜本森對待卡爾文的態度可能有些輕蔑，鐵定也沒有天天向卡爾文報告研究進展。或許因為如此，卡爾文往後的一切行動皆徹底抹除本森的存在：一九六一年，本森離開實驗室七年後，卡爾文憑藉他在「植物吸收二氧化碳」的研究獨得諾貝爾獎。發表得獎感言時，卡爾文只提過本森一次，而且是匆匆帶過。更令人難過的是，卡爾文一九九一年出版的自傳徹底將本森從他的個人歷史中抹去：在這本一百七十五頁，附了五十一張照片的傳記裡，他隻字未提本森，沒有一張本森的照片，甚至不曾引述或引用任何一篇共同作者為本森的論文（儘管參考書目及文獻洋洋灑灑一大堆），就連一九五四年那篇讓他的名字成為「卡爾文循環」同義詞的經典論文，他也沒放進書裡。許多年後，本森回憶這一切，表示「卡爾文沒必要這麼做。本來他自己就能找到答案。」

我剛才用的是「卡爾文循環」。許多年來，教科書都是這麼寫的，任誰肯定都會不經意脫口而出——粗心嘛，不是什麼大錯，此刻我卻十分歉疚，因為我在前面的故事忘了提及另一位同樣重要的人物：巴薩姆。多虧了巴薩姆，後人才能明確知道究竟是哪個碳原子，在哪個時間點（以秒為時間軸）掛上放射標籤。現在有不少人把這個循環稱為「卡爾文－本森－巴薩姆循環」；雖然我得承認它有點拗口，不過這麼做很公平。[9]

但我想提出來的不是公平，而是個人神話。卡爾文是個能言善道又有領袖風範的人物，他甚至跟費曼、麥克林托克、鮑林及哈伯等人共同成為二〇一一年美國偉大科學家紀念郵票的主角。研究光合作用碳路徑讓卡爾文一舉成名——就是教科書上那條解析自營的碳路徑，全部跟醣有關，卡爾文說了算。於是從一九七〇年代開始，人人都說「所有自營生物都有一項非常重要的特

9　科學幾乎都是團隊工作，常常有一大群人參與其中；人人各有其重要貢獻，程度亦不相同，情況就跟大型電影團隊差不多。若要說某部電影或某項科學發現僅是某一個人的成就，該如何判定？觀眾想必會推崇某位導演、剪輯師、劇作家或製片的創意觀點，然而若把一部電影視為「一群密切合作的專家聯手創作的合奏曲」，無疑漏掉了希區考克或李昂尼等人的重要影響。即便如此，光是「這些人能夠不依靠別人，獨立拍片」的想法本身就很奇怪。科學也一樣，我們必須表彰、讚揚每一位科學家這一路上的發想、創意、觀點或最簡單的堅持。雖然我在本書大力頌揚多位科學家，但他們的毛病缺點一樣不少。把巨大、偉大的科學成就歸結於一個人是極嚴重的誤導，即使站在巨人的肩膀上亦然。話說回來，扭轉乾坤的天才亦所在多有，但唯有傲慢的科學家才會主張特權或宣稱自己是天才。《傳道書》有云：「一切事，都是虛空，都是捕風」如此形容再貼切不過了。

徵，就是透過卡爾文循環吸收並固定二氧化碳」。各位可以想像，當時若有誰敢宣稱還有其他路徑能固定二氧化碳，那就等於向「生化一致性」宣戰，背叛王者卡爾文。這正是七〇年代以降的學界實況，也是生物化學幾十年來難有重大進展的原因。時至今日，我們還能不能有所突破？今天，絕大多數的學生仍把「固定二氧化碳能產生醣」奉為圭臬，視為代謝中心法則。這種觀念一日不能撼動，我們就永遠不可能理解生命隱藏的化學暗流。

反向克氏循環

有好長一段時間，光合作用研究幾乎籠罩在加州柏克萊的巨大陰影下。卡爾文發表諾貝爾獲獎感言五年後，該領域的另一位傑出學者（同樣出身柏克萊）發表了一篇堪稱來自平行宇宙的論文。原籍波蘭的亞儂非常崇拜傑克．倫敦，是以這位作家筆下的加州吸引他於一九三〇年左右來抵柏克萊。亞儂的整個研究生涯都在柏克萊度過，卻仍被諷刺地稱作「那位歐洲教授」，這多少跟他講求紀律，稍微專制的性格有關，或許也反映他口才便給，好辯不避戰，科學思路通達富哲理的特質。他熱中於扮演「魔鬼代言人」，愛唱反調，就連在自己實驗室的例會上也總是與人針鋒相對。亞儂跟卡爾文處得不太好，這點不意外。為了化解歧見，雙方團隊特地辦了一場聯合研討會，最後仍以混亂告終：研討會開始不過十分鐘，卡爾文和亞儂就為了碳－14標定的大量中間產物反應速率及其結果槓上了。主講人默默看著兩人你一言我一語，互不相讓；「卡爾文是精確縝密的物理化學家，亞儂則是以論證推理見長的哲學家。」後來，卡爾文言明他永不待見亞儂及其團隊成員，而兩人的水火不容亦迫使來訪學者無法光明正大拜訪雙方陣營，只得私下安排以免走漏風聲，得罪東道主。

無獨有偶，使亞儂聲名大噪的那篇論文也在一九五四年發表——就是卡－本循環發表的那一年，連期刊也是同一家。亞儂證明，光合作用不只會製造新的有機分子，還能透過「光合磷酸化」（由光驅動產生ATP）供應生合成所需的能量，整個反應過程基本上跟呼吸作用一模一樣：光驅動水分解，藉葉綠素從水分子摘下二氫；二氫繼續拆解成電子和質子，流向不同路徑。還記得我在第一章提過米契爾的質子驅動力吧？以光合作用來說，就是源於水分子的電子流能提供動力，將質子擠過膜，產生質子驅動力。這股驅力能推動超級奈米渦輪ATP合成酶，合成ATP。植物使用的機件與方法幾乎跟細胞呼吸一模一樣，差別只在發生位置：呼吸作用在粒線體，光合作用在葉綠體。亞儂證明光合作用的光反應會產生ATP，也會拋出二氫；卡爾文與本森則指出二氫能用於製造三碳的磷酸甘油酸，而且這個反應不管有光沒光都能進行。

在如此時空背景下，試想亞儂一九六六年的另一篇論文會激起多大的回響：他和依凡斯、布坎南聯手證明卡－本循環並非固定二氧化碳的唯一路徑。事實上，這項研究成果使得卡－本循環像個二流選手。他們寫道：「因為卡－本循環走完一輪只會用掉一個二氧化碳分子，也就是一次完整循環平均只會合成三分之一個分子的磷酸三碳醣。」亞儂等人用硫代硫酸綠硫菌做實驗。這種綠硫菌以光合作用營生，生活在含硫臭水中（譬如溫泉）。三人於論文中寫道，綠硫菌能反轉克氏循環，並藉此「吸收四個分子的二氧化碳，淨合成一個四碳雙羧酸『草醯乙酸』。草醯乙酸也是克氏循環中間產物，因此，如果從一分子的草醯乙酸為起點，走完一次循環……不僅能重新產出這一分子的草醯乙酸，還會額外贈送一個新的草醯乙酸分子；這第二個草醯乙酸乃是還原固定四分子的二氧化碳所形成的。」

這可是加速版固碳！而且還能**自催化**，以指數成長的幅度飛快進行。如果一次完整循環能產出兩個分子，兩次循環就能產出四個分子，三次循環產出八個，四次十六個，以此類推……那麼該循環推進生長的速度就會像……呃，像細菌一樣快。左頁圖是亞儂等人的想法，但我稍微簡化他們的原始示意圖，僅強調重點。（圖12）

反向克氏循環不會抽出有機分子的氫和二氧化碳去合成ATP，正好相反：它會耗費些許ATP，利用二氧化碳和氫做出新的有機分子。一次完整的反向克氏循環能產出起始分子再加上一個新分子（以上圖來說是草醯乙酸）。由於草醯乙酸本身是該循環的中間產物，故能繼續推動循環，繼續生成其他中間產物。基本上，所有介於二碳到六碳之間的中間產物都能脫離循環，參與生合成。誠如先前所見，這些碳架就是生化貨幣。你要胺基酸？好，起點就在克氏循環。想幫細胞膜做點脂肪酸或異戊二烯？請從乙醯輔酶A著手。來點醣吧？請跟著丙酮酸走。想給RNA

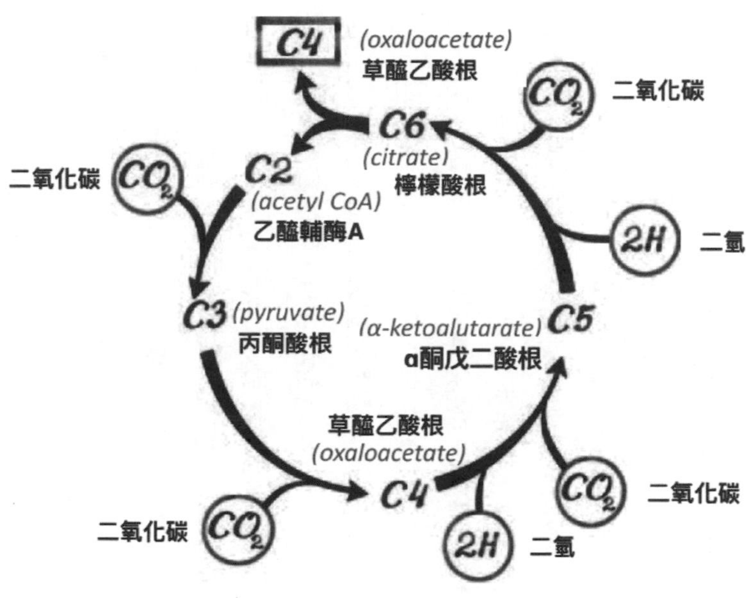

圖 12

或DNA添點核苷酸？務必選擇胺基酸和醣這兩種模塊（二者皆源自克氏循環）。請注意，我在這裡並未秀出整個克氏循環（完整版請見書末附錄），但各位或許已經看出來，這個反向循環比正向（標準）循環直接倒轉還要再長一點：它多了幾個一般不認為是克氏循環中間產物的羧酸分子，也就是乙醯輔酶A和丙酮酸（另外再加上附錄圖中連接羧酸與醣代謝的「磷酸烯醇丙酮酸」）。反向克氏循環把這幾種分子納入生合成引擎，並以非常合理的方式將這具引擎置於代謝的核心位置。克氏循環提供二碳至六碳的碳架——也就是建構生命的基礎模塊——生命的一切幾乎全部由此而生。

反轉克氏循環能固定二氧化碳，推動生長，其實早就有人這麼想了。這個概念首見於一九三〇年代末，必定也影響了魯賓和凱曼的想法；卡爾文和本森拍攝的自動放射顯影照處處可見克氏循環中間產物，雖一再指出其重要性，卻誤導兩人整整五年，因為這些中間產物沒有一樣屬於卡－本循環。所以，當亞儂等人使用本森研發的碳－14自動放射顯影法，卻找出愈來愈多克氏循環中間產物時，他們肯定以為自己正在重蹈覆轍。在此提一段小故事：一九八〇年，在挪威特隆赫姆的一場晚宴上，卡爾文與微生物學家席雷佛毗鄰而坐，他問她最近在研究什麼；她答道：「其實有點難啟齒，我正在研究一種自營光合細菌，它會固定二氧化碳，但走的不是卡爾文循環。」「我不信。」卡爾文咧嘴一笑，結束兩人的短暫對話。

如此看來，亞儂之所以選擇《美國國家科學院院刊》發表一九六六年那篇論文，亦非巧合——因為他是院士。院士殊榮讓他得以跳過例行的同儕審查，逕行發表（同儕審查極可能使亞儂等人的創見胎死腹中），[10]結果學界普遍不接受反向克氏循環的概念；一直要到一九八〇年代以後（經過整整四分之一個世紀），才終於有人以基因定序證實綠硫菌確實沒有卡－本循環，卻擁有反向克氏循環所需的整套基因。這套觀點究竟有多難在生化界扎根，光從克雷布斯的態度即可探知一二：他本人從未討論過反向循環，甚至在他一九八一年發表，以代謝路徑演化為題的那篇精簡卻影響深遠的論文裡亦隻字未提。「光合作用就是為了製造葡萄糖」在八〇年代已是屹立數十年的生化教義。當然，就植物而言，光合作用的確跟產醣有關，但這句話明顯有其諷刺之處：

在植物體內，克氏循環中間產物並不參與固碳，這使得克氏循環在自營代謝系統的重要性變得模糊，似乎失焦了。我個人首次看見本森的自動放射顯影照片時，心裡其實相當訝異：我以為會看見磷酸醣，結果處處是克氏循環中間產物的痕跡——也就是害卡爾文和本森誤入歧途多年的同一群羧酸分子。不過就某種意義來說，這並非誤導，因為這些分子全都指向另一項同樣重要的事實：醣無所不在。不僅卡－本循環需要它（為了製造核苷酸），其他所有必須送進細胞代謝中樞「克氏循環」的物質也都需要它。確實如此。卡－本循環與其他代謝路徑密切配合亦同樣處處可見，這項特色使其更容易成為附加的代謝組件——因為卡－本循環可以在不影響代謝中樞路徑的情況下獨立調控，依環境條件開啟或關閉，但不會和細胞的其他必要工序發生衝突。

10同儕審查經常被捧為「黃金準則」。若善加利用，它確實能發揮極大效用；但誠如布拉本一直以來所主張的，這道程序本身十分封閉保守（我強烈推薦他的著作，尤其是《科學自由》）。我們可以從兩個層面來探討這個問題：首先，「同儕」本質上就是競爭者——爭論文發表數，爭研究補助款（也會合作啦，但情況一樣糟），故經常處於對立狀態，我們這些科學家畢竟也是人。其次，就定義來說，任何革新創見都可能推翻另一套理論，駁斥或甚至抹煞同儕畢生的心血和成就。一等一的科學家肯定也是人上人，他們會把情緒放一邊，站上肥皂箱大聲認錯，承認自己解讀錯誤；但一般人通常無法做到這種程度。正如同我們在本書看到的，科學家也常常沒辦法克服自己的劣根性，因此布拉本主張，學界必須找出一套更好的辦法來評判一些從根本上徹底推翻舊科學觀點的新洞見。這些洞見能讓我們用嶄新的角度看世界，翻轉我們對生命，對宇宙，對二十世紀的種種認知與理解。

不管怎麼說，綠硫菌將克氏循環擺回正確位置，也就是細胞代謝中心。我承認，儘管綠硫菌的代謝也遵循同一套標準模式，大多數人可能還是會覺得這群厭氧硫菌高深莫測，神祕難解，然而這正是問題所在：就人類的情感而言，綠硫菌永遠不可能取代植物，但我們還是應該設法理解這些生物。綠硫菌呈現一套異常連貫的演化觀點，甚至還跟人類健康有所關聯。所以請各位多費點心，未來若再提起光合作用，請不要只想到本章開頭的那些陳腔濫調，多費點心思想想綠硫菌，以及它們頗具啟發意義的代謝方式。

生長動力哪裡來？

亞儂和布坎南要面對的不只「生化一致性」這道枷鎖，挑戰卡爾文的宰制地位，反向循環似乎也違背熱力學定理。聖哲爾吉和克雷布斯都曉得，克氏循環有一部分能倒過來運作，連動物細胞也辦得到，但背後原因模糊不明；克雷布斯甚至在一九三九年提出「丙酮酸能羧化成為草醯乙酸」的假設（一二一頁圖三碳到四碳），翌年即驗證為真。一九四五年，偉大的西班牙生化學家奧喬亞在紐約證明動物細胞也能羧化α酮戊二酸，做出檸檬酸（該圖五碳到六碳）。這項直接挑戰生化基本認知的發現讓人一時很難理解，今日亦然：照理說固定二氧化碳的是植物，不是動物呀，為何動物組織——你我身上的組織喔——會做出跟植物相同的行為？即使鐵證如山，剩下的兩個羧化步驟（二碳到三碳、四碳到五碳）在當時仍舊被生化界斥為不可能的反應，因為太耗能了；這也就是說，整個克氏循環注定是不可逆的。

結果呢，一個小小的硫細菌輕而易舉反轉了克氏循環，它們利用一種小型紅色蛋白質做到了。科學家在一九六〇年代初期發現這種彷彿會變魔術的蛋白質，它正是光合作用一邊產生ATP，**同時**固定二氧化碳所不可或缺的同一種蛋白質。看來，這小玩意兒確實能反轉克氏循環，推動生長。這個神奇又神祕的轉接蛋白大名叫「鐵氧還原蛋白」。

鐵氧還原蛋白的紅色來自鐵，特別之處是會跟一或兩個極小的礦物晶格結合。這些晶格頂多幾顆原子大，一般稱為「鐵硫簇」；鐵硫簇接上鐵氧還原蛋白就能傳遞電子。要把電子掛上鐵氧還原蛋白可非易事——這時就需要太陽發威了。陽光活化葉綠素，讓它從水或其他可供應電子的分子（如硫化氫）偷來電子，驅動光合成膜的電流，透過光合磷酸化合成ATP；而位在產線末端，負責接收電子的正是鐵氧還原蛋白。接下來，鐵氧還原蛋白使勁一擊，間接透過卡－本循環把電子扔給二氧化碳（或另外兩種最倔強的克氏循環中間產物：二碳的乙酸或四碳的琥珀酸），迫使克氏循環倒轉，反過來固定二氧化碳。還記得我在第一章畫的乙酸（七十五頁圖8）和琥珀酸（六十五頁圖5）示意圖吧？就是頂著大肚腩和掛著貓詭笑的那兩位……除非有誰戳它們一下，否則這倆傢伙連動一下都懶。

乙酸和琥珀酸的基本化學反應差不多，都得把二氧化碳連上不甚活潑的羧酸基：羧酸基本身就有「二氧一碳」（-CO_2）結構，因此外接的二氧化碳就跟這個長相相似的傢伙綁在一起。鐵氧還原蛋白把從二氫取走的電子傳給二氧化碳，使其形成「碳－碳」鍵。（圖13）

各位先別在意上述反應實際上是怎麼發生的（整個過程需要好幾道步驟，有興趣的讀者可參考附錄一，那張圖比這兒節錄的美多了）。重點是鐵氧還原蛋白擁有一種在生物學上堪稱無與倫比的能力：它能把電子硬加在最難起反應的分子上。不過這也是要付出代價的。鐵氧還原蛋白會自發性地與氧作用，即使在氧濃度極低的環境下也非常容易氧化；故只要有氧存在，反向克氏循環通常會漸漸停下來。更糟糕的是，氧從鐵氧還原蛋白得到一個電子後，就會變成相當活潑的「自由基」（這種分子帶有一個以上的不成對電子，導致它非常容易起反應）。氧自由基可謂惡名昭彰，它一抓狂就會啟動一長串反應，造成細胞膜脂質氧化、蛋白質不活化、DNA突變等異常嚴重的破壞，簡單來說就是大事不妙。我們會在第六章進一步討論自由基，但是在這裡，各位只要知道它們真的會惹麻煩就行了。

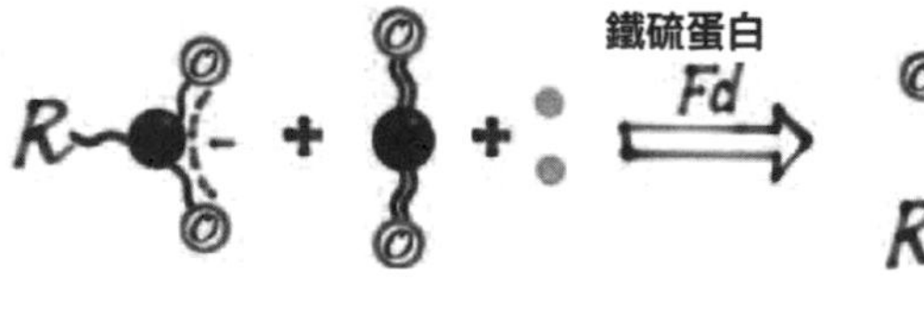

圖 13

這個事實也讓許多問題有了解答。將來我們會細究氧濃度升高如何為反向克氏循環帶來大災難，但此時此刻，請各位務必明白，今日使用反向克氏循環的細菌大多只能活在「氧濃度極低」的環境裡。這類細菌對氧濃度極為敏感，而這或許也說明卡－本循環何以崛起並主宰藍綠菌及植物界，氧則是它們行光合作用所產生的廢物。植物至今仍相當仰賴鐵氧還原蛋白捍注，但會盡可能壓低其含量，直接把電子傳給NADP⁺（氧化態的菸鹼醯胺腺嘌呤二核苷酸磷酸），使其還原成NADPH。這串反應如下。（圖14）

NADPH跟鐵氧還原蛋白一樣，傳遞的是電子對而非單一電子；一來

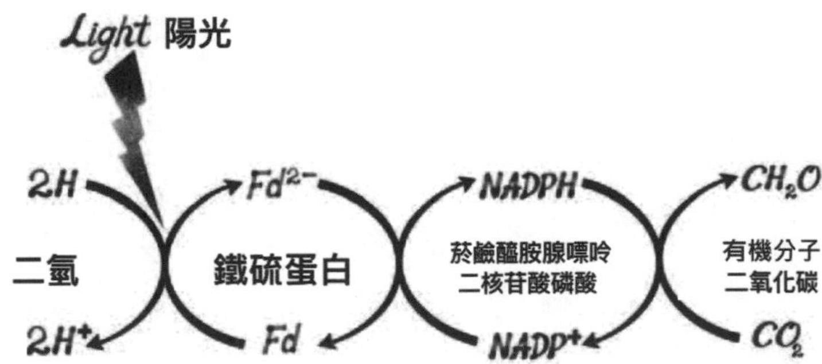

圖 14　圖為陽光供能驅動光合作用，將電子從二氫傳遞給二氧化碳形成有機物 $C(H_2O)$ 的過程。圖中的二氫可以來自硫化氫（H_2S）、氫氣（H_2）或水（H_2O），依光合作用的類型而定，但全都需要陽光幫忙把電子從二氫傳給鐵氧還原蛋白（Fd），形成還原態的 Fd^{2-}。若環境中有氧，Fd^{2-} 就會變得很危險，因為它會生成反應性強的自由基；幸好 Fd^{2-} 迅速將電子傳遞給 $NADP^+$ 形成 NADPH，而不是直接拋給二氧化碳，盡力避免危機發生。

使電子不易與氧作用，二來能保有足夠的動力，將電子對推給其他分子。[11] NADPH的勢能不足以反轉克氏循環，但它仍有辦法推動卡－本循環的醣化學反應。這個稍嫌紊亂的循環似乎是由兩條由克氏循環中間產物生成醣類的路徑即興拼湊而成的（分別是「糖質新生」和「磷酸五碳醣分路」），不過這種情形在演化上頗為常見。眼下神龍見首不見尾的是我們的老朋友 RuBisCO——說到底，這種酵素廣泛存在遠古菌體內，做的竟是截然不同的差事：分解來自其他細胞RNA的醣，「異營」維生（也就是吃其他細胞或細菌過活）。所以卡－本循環基本上是一種猶如科學怪人的「科學怪循環」：恰巧堪用，但運作得不是非常順暢。各位還記得 RuBisCO 的二氧化碳轉換率有多慢多磨人吧？它每次循環固定的二氧化碳分子實在少得可憐。卡－本循環是細胞在環境惡劣時勉強湊合使用的救急工具。因為堪用，所以才被保存下來。

至於細胞必須防止鐵氧還原蛋白跟氧作用這一點，或許也說明 RuBisCO 何以傾向透過「光呼吸」這個顯然沒什麼用處的程序，設法固定氧氣。演化鮮少留下無用之物，故能熬過天擇者，通常有其道理。以 RuBisCO 為例，試想萬一氣孔緊閉，導致葉內二氧化碳濃度驟降、氧氣狂升怎麼辦？因為受質（二氧化碳）短缺，RuBisCO 不得不放慢速度，NADPH亦無法傳遞電子，重新生成$NADP^+$；為避免災難發生，RuBisCO 只能回頭消耗氧：光呼吸能把NADPH變回$NADP^+$，讓鐵氧還原蛋白能繼續卸載電子。所以說光呼吸極可能是一種安全閥，能同時降低鐵氧還原蛋白的反應性和氧濃度，阻止大浩劫發生。這個動作顯然得耗掉植物的部分產能，但至少能讓它們暫時躲過一死；使用其他「改良型」酵素取代 RuBisCO 的代價就是立刻死亡——不用懷疑，我們會在適當時機辨證真偽。

上述推論全都和卡－本循環演化時間較晚，地球氧濃度逐漸升高的情況互相吻合。我們據此推測，在氧濃度上升前的地球早期時代，反向克氏循環其實相當普遍（這一點和生命起源息息相關，第三章將繼續討論）。用這個觀點將反向克氏循環置於代謝中心亦毫不牽強，顯然反向克氏循環先於我們最初提到的「正向版」，也解釋了克氏循環至今何以仍是細胞生合成的樞紐。然時至今日，反向克氏循環在地球生命版圖上的分布似乎仍是東一塊、西一塊，就連那些排斥氧氣的厭氧菌亦然。自反向克氏循環發現以來，科學家又找到好幾條固碳路徑（目前已知有六條），但沒有一條如反向克氏循環細膩優雅。這六條路徑都跟羧酸有關，也因此讓它們比不太牢靠的卡－本循環更接近代謝架構中心。

11 $NADP^+$是磷酸化的NAD^+（菸鹼醯胺腺嘌呤二核苷酸）。我們在前一章提過NAD^+，它是把二氫從克氏循環經呼吸鏈傳遞給氧的主要載體。NADH透過跟呼吸分解有關的反應傳遞電子，而NADPH則用於合成新分子。雖然這兩種電子載體的化學性質幾乎沒什麼不同，卻必須維持極明顯的濃度差異，如此才能各司其職，推動涇渭分明的化學反應：$NADP^+$多以載有電子的NADPH型態存在；NADH則傾向卸載電子，維持NAD^+形式。第五章會再回頭討論NADPH的重要性。

近期有兩項發現指出反向克氏循環可能相當古老。第一項跟推動循環必須供應ＡＴＰ及鐵氧還原蛋白有關：一般來說，這兩種分子都衍生自光合作用，然而學界普遍認為最最古老的細菌（或其近親「古菌」）不會行光合作用。光合作用過程繁複，出現時間較晚且只限特定族群，如果反向克氏循環自始至終都得仰賴光合作用協助，那麼它跟生命起源或早期演化大概沒什麼干係，自然也跟代謝架構的終極奧義扯不上邊。不過，研究人員在深海熱泉發現了能利用反向克氏循環固定二氧化碳的**非光合作用**細菌，推翻前述推論：這些細菌不需要陽光就能製造ＡＴＰ和鐵氧還原蛋白，單憑古老的化學反應即可辦到。我們會在第四章介紹這些細菌玩的把戲，而這裡要說的是「反向克氏循環早於光合作用」，因此這項發現說不定能提示些許重點，說明代謝的深奧邏輯。

第二項重要發現跟反向克氏循環據稱為斑塊分布有關。*請各位再看一眼一二一頁的示意圖。最上方，也就是將檸檬酸拆解成草醯乙酸和乙醯輔酶Ａ的那個步驟，並非由你我熟悉，來自正向循環的「檸檬酸合成酶」反轉催化完成，而是由另一種截然不同的「ＡＴＰ檸檬酸分解酶」所促成。顧名思義，這種酶以ＡＴＰ為能量，將檸檬酸拆解成草醯乙酸和乙醯輔酶Ａ。研究人員認為，所有使用反向克氏循環的細菌，其基因體應該都有這個ＡＴＰ檸檬酸分解酶基因。從親緣分析來看，這個基因理當可作為鑑定反向克氏循環是否存在的條件，也是反向克氏循環在生物界呈斑塊分布的推理基礎。但現在有研究顯示，某些細菌的檸檬酸合成酶確實能反過來作用，尤其是在二氧化碳濃度偏高的時候。這項發現宛如鴿群裡的貓，引起極大騷動：如果「鑑別基因」實際上並不可靠，那麼反向克氏循環在厭氧菌及古菌界的分布可能比我們原本以為的還要廣。目前學界還不清楚實際分布程度，然而在生命發生的最初階段——當時地球大氣的二氧化碳濃度比現在高出許多——反向克氏循環似乎是無所不在的。光憑這一點，就能讓反向克氏循環的重要性直接回推到生命起源這個問題上。

莫非，地球最初的生命先透過氫氣與二氧化碳作用，建立代謝架構，再以之製成克氏循環中間產物？又或者這座生合成引擎打從一開始就和生命牢牢綁在一起，促成基因和蛋白質出現？地球大氣歷經數十億年改造後，充斥大量氧氣，那麼克氏循環是否也隨之反轉，在後來的高辛烷新世界裡創造出拆解、燃燒有機分子的絕佳機會？反轉後的克氏循環是否牽制代謝核心，迫使它不得不如今日這般先是自我創造、復又自我毀滅，兩者得兼又自作自受？這股牽制力是否就是老化和癌症等疾病的根本，端坐能量流與生長這兩股勢力的脆弱平衡中心？讓我們繼續看下去。

＊譯注：生物體非均勻聚集分布的格局，常用於海洋生物。

第三章　從氣體到生命

「深海不該是一片荒漠嗎？」露露號通訊器劈劈啪啪傳來柯利斯遙遠的聲音。戲稱「漂流垃圾場」的研究船露露號是深海潛水調查艇亞爾文號的首艘母船。一九七七年二月十七日，由柯利斯領軍的三人小隊鑽進亞爾文號，密封下潛至深海兩公里處，追蹤疑似源自深海熱泉的熱流。下潛前一天，柯利斯等人先將相機綁在兩噸重的籠箱裡以纜索拖行，沿著海床拍照，換來三千張空空蕩蕩，明顯生機寥寥的熔岩特寫；不過其中有十三張照片頗耐人尋味——拍攝地點溫度陡升，朦朧的霧藍色海水竟突然出現一大群蚌類，突又消失。簡直不可思議。年輕的柯利斯只是銜命帶隊探查，迎接他們的卻是空前震撼的景象：巍顫顫的煙囱往深不見底的海洋吐出滾滾黑煙，但這並非接下來數十年在柯利斯腦中徘徊不去的景象。人在母船的研究生史岱克斯沒聽出柯利斯的弦外之音，淡淡回道：「深海照理說不會有生命吧……」「可是這下頭有一大堆動物耶。」柯利斯說。

深海探測的魅力始終不及探索外太空，然而從科學角度來看，柯利斯來自海洋深處的簡單一句話猶如人類跨出的另一大步。參與這趟任務的有地質學家、地球化學家和地球物理學家，沒人想到他們竟然會需要生物學家。柯利斯等人從海底帶回的樣本只能用一點點福馬林（某個學生碰巧帶了一些）再加上大量俄國伏特加保存，而他們非凡的大發現也被冠上「玫瑰花園」、「蒲公英苗圃」、「伊甸園」等等稀奇古怪卻極富聯想力的名號。這些別稱固然缺少生物學的嚴謹氣質，但坦白說誰也沒見過一大片身覆紅色羽狀物的巨型管蟲吧。露露號的這趟發現之旅儼然成為媲美登陸月球的壯舉。「我們全都興奮地跳上跳下，手舞足蹈，根本一團混亂！」一名組員回憶。沒人想到這趟探查竟有如此驚人的發現：一套完全不依賴陽光或光合作用，而是以熱泉噴發的硫化氫氣體維生的深海食物鏈。

這群離太陽如此遙遠卻又欣欣向榮的生命，迅速啟發科學家構思生命起源的新觀點。柯利斯和海洋學家巴羅斯及霍夫曼合作，於一九八一年聯名發表〈假說：論海底熱泉與地球生命起源〉這篇經典論文。[1]三人認為，海底熱泉噴出極熱的活潑氣體，而這些密布噴口的表面似乎含有金屬，能催化某種反應。起初，他們以為這些氣體是氫、甲烷和氨——木星漩渦處處的大氣即由這三種氣體組成，故科學家也一度認為它們是早期地球大氣的主成分。早在一九五三年，在那個少數能登上《時代》雜誌封面的著名實驗中，生化學家米勒往充滿這三種氣體的燒瓶通電，成功模擬雷擊並合成蛋白質模塊「胺基酸」。柯利斯、巴羅斯和霍夫曼一度想像，這些冒著滾滾熱氣的噴口裡頭應該也在進行類似的化學反應。後來，隨著真相逐漸明朗，學界方知早期地球大氣可能並未充斥這幾種氣體，主宰海底熱泉的也不是甲烷與氨，而是氧化程度相對較高的氣體（即二氧化碳）。此外，科學家也發現，熱泉噴口附近複雜的食物鏈與光合作用並非完全無關：它們的化學反應基礎是硫化氫和氧——而氧正是光合作用產生的廢物。巨型管蟲羽狀構造的紅顏色來自一種血紅素（人的紅血球也有這種輸送氧氣的色素），負責把氧傳給管蟲體內共生的硫細菌；這些細菌藉由硫化氫與氧的作用，產生管蟲所需的能量與噴口附近的多數生物質。在生命發生之初，光合作用還未出現以前，地球即使有氧也不會太多，所以這種營生模式照理說不太可能成立：沒有氧，這個深海食物鏈系統應該沒辦法產生多少能量。

但基於同樣理由，缺乏氧氣應該更有利於固定二氧化碳。來到一九八〇年代末期，反向克氏循環終於比較能被學界接受，理由是基因定序顯示並非所有自營細菌都以卡－本循環維生。這個時代容得下生命起源的新觀念了。挑重點說就是：反向克氏循環會利用含有鐵和硫的蛋白質（譬如鐵氧還原蛋白）催化二氧化碳和氫反應，生成羧酸——也就是所有細胞膜塊的碳架結構。唯一的問題是，反向克氏循環必須輸入能量才能運作。現代細菌大多能藉光合作用取得ATP，可是在漆黑不見五指的深海熱泉裡，既沒有光合作用也生不出氧氣廢物，能量從何來？[2]

1 巴羅斯多次駕駛亞爾文號執行探查任務，每次差不多得耗掉一整天。巴羅斯曾表示：「我們吃什麼喝什麼都得小心，因為船上可沒有廁所。」這句心得一針見血，於我心有戚戚焉。

2 現在我們已經知道，其實深海熱泉能產生近紅外光，足以讓這個生態系裡的一些細菌進行光合作用。有些學者認為，光合作用說不定源自深海，而非承受強烈紫外光輻射的水面。不管怎麼說，光合作用確實比較複雜，而且僅特定族群的細菌有此能耐，似乎不太像是太古時代就存在的能量來源。

對於這項提問，兩位引領時代，獨具創見的科學家各自提出詳盡卻截然不同的見解，描述海底熱泉噴口的鐵硫礦催化二氧化碳氫化反應，產生羧酸的可能過程。首先是化學家瓦赫特紹澤想出一套名為「黃鐵礦引力」的複雜架構，將合成黃鐵礦（俗稱「愚人金」）跟反向克氏循環串在一起；這主意很妙，但是和細菌代謝路徑的相似度不高。反觀地球化學家羅素則是從細胞膜結構學的角度出發，尤其他還帶到以跨膜質子梯度驅動生長。我得承認，當年羅素的構想令我大開眼界，影響或甚至指引我近二十年來的思考方向。羅素用另一種方式描述海底熱泉，以此建構他的假設：這種熱泉表面布滿宛如迷宮的細胞樣孔洞，孔洞開口覆有薄膜，薄膜本身則含有鐵硫礦物。當時世人尚不知這種熱泉是否存在，然而近十年後，凱利（同樣駕著亞爾文號）發現了跟羅素預想的幾乎一模一樣的海底熱泉。不過，太重細節有時反而會看不清全貌。儘管瓦赫特紹澤和羅素時有小恩小怨（佛洛伊德可能斥之為同行相輕），但兩人皆推斷生命的確源於自營機制，而且是經由反向克氏循環，自二氧化碳和氫氣這類氣體氤氳而生。如此前衛的概念在地球科學撬開一道裂口，延續至今：生命究竟是源於深海熱泉的二氧化碳和氫，或生於水面受紫外光激發的高能氣體（如氰化物），一如自米勒以降，崇高神聖的生命前化學辨證？

不管從哪個層面來看，前述兩種概念幾乎完全相對：一個深海，一個水面，光能對上化學不平衡；一邊是代謝優先，一邊是基因優先；自營或異營，快速反應或緩慢堆積，局部分布或遍及全球，乃至生命起源的最高指導原則究竟是生物學還是化學？各位別在意這些術語，不過這一連幾句話足以呈現科學界的常態：極度熱情又自以為是，直到證據迫使一方低頭妥協（然而就生命起源來說，目前仍未達成共識）。我想藉此表明我自己的主觀意見：身為生化學家，而且又對生物能量流特別感興趣，我對生命起源的思路和想法比較偏「生化優先」，而不是長期以來眾人認知的「合成化學」。[3]依我之見，發現海底熱泉讓地球早期地質環境與現知的細菌代謝首度建立重要關聯。針對這個題目，名列探討生命起源數一數二的大思想家馬丁費時數十載，援引代謝論、生理學、遺傳學與地質學，建構出一套頗令人信服，足以闡釋生物化學起源的論述。我個人偏好「穩定發展」一說，也就是能量在局部環境內持續流動，不斷將二氧化碳轉為有機分子，然後這群有機分子為了進行簡單化學反應而自發組成原始細胞（以類似形成肥皂泡的方式發展出生物膜）。從這個角度出發，我們至少能想像地球化學與生物化學可能是連續無間斷的，想像生命是星球生生不息、持續進化的產物。當然，「可能的想像」和「證明曾經發生」截然不同。不少美麗創思終究敵不過醜陋現實，煙消雲散。所以我們該如何跨出求知的第一步？

---

3 傳統的合成化學理論主張「在未受其他非目標產物汙染的理想環境下，大量合成目標產物」，譬如核苷酸。合成化學家對今日生物化學闡述的路徑沒什麼興趣，除非這些路徑演繹的化學理論符合邏輯（但大多相反）。生物學家傾向反過來思考：天擇一再修正選擇性，改善產能，所以一開始的反應路徑必須是低選擇性且低產能的，否則天擇就沒辦法進行了。不過對大多數合成化學家來說，以「低選擇性、低產能」為目標的研究怎麼聽怎麼不舒服呀。

不論答案為何，這些天差地別的觀點並非了無新意，反而提供相當實用的判斷依據，告訴我們該上哪兒去尋找太陽系內，或甚至系外生命。美國太空總署或其他太空研究單位是否該支持火星任務，探索土星或木星冰封的衛星土衛二與木衛二？如果生命起源必須有光，那麼支持「暖池論」的人應該會立刻舉手表示：土衛二無疑是最不適合探索生命的地點。但是，假如生命源自深海熱泉，土衛二反而會是理想的探索地點：因為從冰殼裂隙噴上數百英里高空的雲絮物研判，冰殼底下應該是一片冒著氫氣泡泡和充斥有機小分子的液態海洋。換作是我，我肯定先往這裡找。

這些觀點也帶出一項更重要的議題，那就是代謝和今日所謂「健康」的實際意涵。克氏循環之所以位居代謝中心，難道只是命中注定，因為生命不得不遵循熱力學定律，故而被迫以這種方式存在？又或者是基因創造了這些化學反應，而且純粹只是生物資訊系統枝微末節的瑣碎結果；如果人類夠聰明，最後定能理出頭緒？這麼說來，老化與疾病的差異是否源自代謝？這個棘手問題是否打從生命初始就寫入細胞，或者能在未來透過基因編輯與合成生物學等方式克服解決？這一切又回過頭來歸結到基因優先或代謝優先的老問題上。本書的主軸是「能量優先」，意即由能量流形塑遺傳資訊。在此告訴各位：代謝結構打從一開始就是這副模樣，而且是牢牢刻在大地上（就字面來說，深海熱泉十分符合這項條件）。我們會在這一章探究種種證據，從生命起源理解能量觀點。

多老才算老？

反向克氏循環十分古老，這點沒什麼人懷疑。但「古老」和「可追溯至生命起源」仍有天壤之別。科學家握有哪些證據？單憑宣稱克氏循環居於生化樞紐地位是不夠的，因此可能的推論有二：要麼克氏循環純粹就是初始機制，要麼克氏循環是最有效率的運作結構，所以才被天擇放進基因和細胞。基因和細胞都很複雜，就定義來說也都出現在生命起源之後：假如克氏循環是初始機制，那麼它肯定代表一條最符合熱力學要求的路徑；如果克氏循環是演化產物，再由天擇透過基因使其更臻完善，那麼這樣還是沒解釋「初始化學機制」的問題。當然，答案可能兼而有之——既符合熱力學要求，也是進行代謝的理想網絡系統；但二者究竟有何差異，又該如何區別？

首先，我們要從地質學來檢視推論是否合理。反向克氏循環不只需要二氧化碳和氫氣，也需要含有鐵硫簇的催化劑。到這裡還算站得住腳。比起今日地球，四十億年前，大氣和海洋的二氧化碳肯定非常非常多，說不定是現在的數千倍有餘。今天地球上絕大多數的碳都以有機物（不論死活）或碳酸岩石（譬如石灰岩）的形式存在；不過在生命出現以前，地球上的有機物顯然比現在少很多。各位或許以為，生命出現以前是不可能存在有機物的。但「有機分子」一詞並非專指生命產出的物質，而是能創造生命的**物質型態**，即「碳氫」組合。不只化學家能做出這類分子，火山、行星，甚至就連遙遠外太空的小行星也辦得到。

早期地球的石灰岩也遠比現在稀少，因為這種岩石傾向在偏鹼性的海洋中形成。根據地質紀錄，早期地球海洋偏酸，少有石灰岩沉積形成。假使今天地球上所有石灰岩和有機物裡的碳全都以初始態「二氧化碳」的形式蒸發回到空中或海洋，可能會使大氣壓力狂升一百巴（今日海平面的大氣壓約莫是一巴）；大部分的二氧化碳會跟玄武岩等火成岩迅速反應，被地殼吸收，但仍有約十巴的二氧化碳行蹤找不到合理解釋。就算只有一巴二氧化碳仍在大氣層徘徊，濃度也會是現在的兩萬五千倍，顯然當時的地球根本不缺二氧化碳。即使二氧化碳被帶入地函，它也不會乖乖在地底待太久，一逮到機會就會經由火山爆發重回大氣，整個循環粗估歷時好幾千萬年。與其他行星相比，這樣的地球一點也不特別：火星和金星大氣至少九成五是二氧化碳，這種氣體在繞行其他恆星的系外行星更是常見。

氫氣在當時大概比現在普遍許多。海洋的氫氣泡泡主要來自羅素和馬丁倡議的深海熱泉，但形成海底熱泉的並非火山活動，而是海水和礦物（如橄欖石）間的化學作用。上地函有一半是橄欖石，所以當海水直接接觸地函，兩者的化學反應說什麼也停不下來。橄欖石和海水作用會變質，經「蛇紋岩化」變成蛇紋岩，同時放出強鹼熱液與氫氣泡泡。今日的地函與海水隔著一層地殼，地殼大多由孔洞較多、富含矽酸的岩石組成；可是在四十億年前，地函與地殼尚未分離，意即地球當年還沒有大型陸塊（一個充滿水的世界竟然叫地球），海床也應該都是蛇紋岩。目前有充足的證據顯示，海底熔岩（科馬提岩）在那段時期曾大規模蛇紋岩化——科學家認為，土衛二應該也有同樣的地質化學變化，才會產生那些充滿氫氣和有機物的雲絮狀鹼性水。早期地球大氣蓄積的氫氣量或許不高，因為氫氣很容易逸散至外太空，但熱泉本身的氫氣量肯定十分充足。因此，在生命出現時，氫氣與二氧化碳這兩種進行反向克氏循環的反應物堪稱無限量供應，如此條件無疑不利於另一套以氰化氣體為基礎的生命起源論：照理說，像鐵氰化物這種相對穩定的物質應該會蓄積在陸地暖池內，實際上卻沒有太多證據支持這項推論，故也很難與曾經大量存在的氫氣和二氧化碳相提並論。

當然，如果氫氣和二氧化碳彼此不起作用，就算大量存在也是枉然——這正是生命前化學家多年來強力抨擊的重點。這群科學家已成功利用氰化物合成胺基酸、核苷酸、脂肪酸及其他相關分子；相較之下，鼓吹氫氣與二氧化碳起源論的科學家不僅拿不出像樣成果（直到最近才成功翻身），更重要的是，這兩種氣體在相應條件下根本頑固得不願起反應。不過，若未盡全力找出高壓、礦物催化劑等可能的反應環境，如此結論未免言之過早。近年，生命前化學界掀起一場小革命：莫蘭等人率先將二氧化碳轉成羧酸，產物幾乎囊括克氏循環的所有中間產物。他們不用氫，改用生鐵供應電子；不過在我寫書的這段期間，莫蘭、馬丁和普雷納利用取自深海熱泉的礦物，成功催化極困難的氫氣－二氧化碳反應，成功做出乙酸與丙酮酸——也就是反向克氏循環的關鍵物質。令人開心的是，這些礦物催化劑竟包括灰輝石，也就是硫化鐵。這種礦物的基本結構類似鐵氧還原蛋白的鐵硫簇，鐵氧還原蛋白至今仍負責催化細胞內兩道最困難的反應步驟。依我之見，地球在大量供應二氧化碳和氫的同時，也一併送上能催化二者反應的鐵硫簇，合成羧酸（也就是至今仍端坐反向克氏循環核心的同一群中間產物），這應該不是巧合。熱力學與地質學軌跡再清楚不過：地球處處是氫氣和二氧化碳，兩者反應形成克氏循環中間產物。

不過其他因素就比較曖昧不明了。系統發生學明確指出，生命之樹最早誕生的細胞是以氫氣和二氧化碳維生的自營生物，卻不完全支持反向克氏循環是「孕育生命的始祖」，傾向認定該循環「與生命同時出現」。目前已知，整個生物界除了反向克氏循環和上章討論的卡－本循環之外，還有另外四種固定二氧化碳的自營路徑；其中一條是「乙醯輔酶A路徑」，科學家在細菌及古菌這兩大原核生物界都發現了，顯示它極可能是唯一一條屬於兩者共同祖先——也就是最近共同祖先（LUCA）的固碳路徑。*乙醯輔酶A路徑和克氏循環都需要氫與二氧化碳，不過從其他方面來看，前者似乎更為古老：乙醯輔酶A路徑較短且為直線反應，不需額外輸入能量（如ATP）就能固定二氧化碳。不過乙醯輔酶A路徑和反向克氏循環都用到古老且無所不在的鐵氧還原蛋白之力，這一切皆指向「乙醯輔酶A路徑是固定二氧化碳的古老方式」的事實。因此，從系統發生學的角度來看，反向克氏循環雖然古老，卻不見得是生命始祖。

另一方面，乙醯輔酶A路徑的最終產物正是乙醯輔酶A，這個二碳分子本身也是反向克氏循環的一員；儘管位居代謝樞紐，乙醯輔酶A卻不是其他多數多碳分子的直接來源。舉例來說，大部分的胺基酸都有三到六個碳原子；雖理論上可行，但它們實際上並非來自二碳分子串成的長鏈，再依需求分段削下，而是經由多次固定二氧化碳、消耗氫氣所製成的。那醣呢？醣來自三碳的磷酸烯醇丙酮酸。核苷酸？這種組成RNA、DNA等遺傳分子的模塊則是由胺基酸和醣組合而成的。凡是生物都有前述幾條生合成路徑，故可推測這些路徑極可能源自共同祖先。換言之，乙醯輔酶A路徑雖然較有「共祖相」，卻只解決了一部分的生合成問題，其餘仍得靠克氏循環中間產物解決，即使反向克氏循環顯然並非共祖。眼下我們該如何化圓為方，把不可能變成可能？

這道難題有兩種可能解答。其一是反向克氏循環本身不具共祖地位，但它大部分的組成分子「羧酸中間產物」卻代代相傳，開枝散葉，其中又以下列五種最普遍存在整個生物界：二碳的乙酸、三碳的丙酮酸、四碳的草醯乙酸、四碳的琥珀酸和五碳的α酮戊二酸。各位可能會問：如果這些分子一開始並非因為克氏循環才湊在一起，那它們最初如何建立關聯？答案很簡單：在已知的六條固碳路徑中，有五條包含克氏循環中間產物，而細菌及古菌只保留乙醯輔酶A這一條路徑。原因或許是在生命發生時，地球上有好幾種製作克氏循環中間產物的方法，後來才為了因應多變的環境條件而發展出截然不同的網絡結構，「濃縮」成現存的五條路徑，克氏循環中間產物也因此成為彼此重疊的元素。

至於第二種可能性，我在前一章也提過：保留反向克氏循環的生物或許比我們想像的還要

＊譯注：演化生物學推導的假設，意指地球上所有現存生命的共同起源，但共通祖先未必是最早的生命。

多；不只古菌有，細菌也有。這個論點說不定就是真的，因為通常用來辨識反向克氏循環是否寫入生物基因體的「ATP檸檬酸分解酶」到頭來竟毫無鑑別性。我們在「一般」氧化循環發現的「普通」酵素（即克雷布斯本人發現的檸檬酸合成酶），就算反向使用也有效，至少對某些細菌來說是這樣沒錯——搞不好原核生物大多如此，誰知道呢？畢竟它們僅有少數被放在適當條件下研究過（譬如高濃度二氧化碳）。如果這種反向操作在生物界出現的範圍很廣，反向克氏循環就愈看愈有共祖相了；不過現在一切仍是未知數。話說回來，難道我們只能乖乖放棄，癡癡等待天啟？謝天謝地，實情並非如此。還有其他方法能對付這個問題。

循環法則

「能量流動，物質循環。」生物物理學傳奇莫羅維茨的這句名言說不定哪天就升格為熱力學第四定律了；然在此同時，「莫羅維茨循環法則」這個非正式名稱或許更為人所知。莫羅維茨出身紐約波啟浦夕，從小就是神童，十六歲即進入耶魯大學修讀物理。多年後，他對學生解釋當初為何從物理轉行生物：進物理實驗室的第一年，莫羅維茨被安排跟另一名神童——當時十五歲，更加傳奇的蓋爾曼——搭擋做研究。於是，好勝心強的莫羅維茨做了一個決定：如果蓋爾曼注定在物理界大放異彩，那麼他應該轉換跑道。後來他說，他在物理方面最大的成就就是某次考試成續比蓋爾曼多了幾分。我覺得這句話應該從他的個人哲學來解釋。莫羅維茨在耶魯大學做研究做了幾十年，有一回，他在畢業典禮上告訴畢業生：服從不一定是美德，努力不太可能會是壞習慣，永遠要心懷希望，還有，不時來點幽默感總是好的。

不過生物界應該會很感謝莫羅維茨轉換跑道的決定。他是個觀點深入、為人風趣的思想家，不僅具備物理學家的細究嚴謹，也能像生物學家一樣折衷務實。莫羅維茨於一九八〇年代初期開始受到大眾矚目，原因是他在「麥克萊恩訴阿肯色州教育委員會」一案以專家證人的身分出庭。該案被稱為一九二〇年代「斯科普斯案」（即「猴子審判」）的翻版，兩宗案件都和學校講授「演化生物學」或「創世科學」有關。*莫羅維茨既是非平衡態熱力學先鋒，且一輩子著迷於探索生命起源，他作證反對當時普遍流行的想法：生命打破了「封閉系統內的物質傾向朝增加亂度（熵）的方向演進」的熱力學第二定律。地球從頭到尾就是個開放系統，持續受陽光滋養；莫羅維茨在法庭表示「能量流經系統，同時建構系統」。最後，審理法官奧佛頓做出「『創世科學』不符合科學定義，不得在課堂講授」的判決。†奧佛頓法官在總結辯論時為「科學」所下的

---

*譯注：斯科普斯案與猴子審判：美國田納西州曾頒令禁止教師在課堂上講授「演化論」，美國公民自由聯盟遂資助一名教師斯科普斯刻意講課違反該法案，後遭控告並成為轟動全美以至全世界的歷史事件「猴子審判」。

†譯注：創世科學：支持者聲稱該理論能為《聖經》的某些陳述和解釋提供科學依據。

定義，堪稱我聽過最棒的版本：「科學受制於自然法則，必須能以自然法則闡述說明。在經驗世界裡，科學必須禁得起測試，科學結論也只是暫時的，不必然是定論。科學是可證偽的。」前述這些標準無一適用於創世科學或其衍生的「智慧設計論」（該理論甚至援引奇蹟和超自然現象來「解釋」自然世界）。[4]＊

莫羅維茨在一九六八年所寫的《生物能量流》提出循環定理：「在穩態系統內，能量從來源部位流向需求部位，這股流動會在系統內產生至少一種循環。」這項觀點把生命系統——即使生命體的組成機件持續汰換，生命本身仍維持穩定狀態——和你我熟悉的龍捲風、颶風、反氣旋、漩渦等多種自然現象連在一起，甚至間接包含星系和宇宙。莫羅維茨將「生態系營養循環」視為能量流的必然結果。舉例來說，他注意到光合作用會以水和二氧化碳做出有機物，產生「廢物」氧；而呼吸作用則利用氧去分解前述有機物，將它們還原成二氧化碳和水。從整體來看，這兩條壁壘分明，能將二氧化碳變成有機分子再變回二氧化碳的代謝路徑，構成在兩種不同狀態之間來回往復的循環。光合與呼吸作用需要不同的路徑機制，支持這兩套機制的物理化學基礎也注定有所不同。直接反轉其中一條路徑幾乎不可能，原因跟前述理由差不多：就星球尺度來看，地球吸收高能量日光並排出低能量的熱以維持能量平衡（另一個了不起的大型穩態循環），故「熱散逸」這個事實代表沒有任何路徑能完美地直接逆轉操作，也因此才有了能量流推動物質循環的結果。

莫羅維茨喜歡各式各樣的生化代謝圖表。在他眼中，克氏循環儼然是最完美的物質漩流，端坐所有生化圖表的中心位置，從根本上與能量流密切連結。反向克氏循環發現的時間比他出書（一九六八）早了幾年，當時莫羅維茨並未將其融入自己的思考架構，但後來還是認清該循環在熱力學的主宰地位。假如通過系統的能量流能透過物質循環賦予系統生機，如果代謝（及其起源）與世間萬物皆適用這套法則，那麼克氏循環似乎注定是不可抗力的熱力學結果。

更棒的還在後頭。我們在上一章提過，反向克氏循環具有「自催化」的特性。從一個四碳的草醯乙酸分子為起點，走完一輪反向克氏循環能得到兩個草醯乙酸分子；於是下一輪就有四個，再下一輪有八個，接著是十六……以此類推。循環產物在數量上呈指數成長，更由於每轉

4　莫羅維茨在當時算是某種程度的「科學界名人」，肯定也不太在乎宗教信仰。他每個月都幫《醫院實務》寫專欄，一寫就是二十二年，主題不拘一格，從科學橫跨社會學，範圍極廣。後來這些短文集結成五大冊出版，取了一個相當有意思的書名《披薩熱力學與親切的斷頭台博士》。科學家暨小說家斯諾盛讚「我讀過機智慧黠，內容最豐富的讀物。」莫羅維茨曾擔任美國太空總署多項任務的顧問，包括探測火星表面生命跡象的「維京計畫」，也曾參與探討人類在外太空生活可行性的史上最大封閉生態系統「生物圈二號計畫」，並且是名聞遐邇的「聖塔菲研究所」創立者之一。莫羅維茨的人生非常精采，他還計畫跟史密斯合力完成另一本探討生命起源的大部頭著述；二〇一六年，高齡八十八的莫羅維茨因敗血症過世。數月後，該書順利出版。

＊譯注：智慧設計論是一種宗教觀點，認為地球生命是由超自然的智慧體（暗示神或上帝）所創造。

一圈就產出原分子的雙倍副本，亦保全其穩定性。[5]難怪莫羅維茨如此著迷，情況也繼續朝好的方向發展。自催化循環的構想——也就是由熱力學定律主導，將二氧化碳轉為有機分子的反應——甚至從反向克氏循環得到更多助力：該循環重複且簡單到近乎單調的步驟，並不會在你我身上較短的氧化路徑發生，也不會出現在另

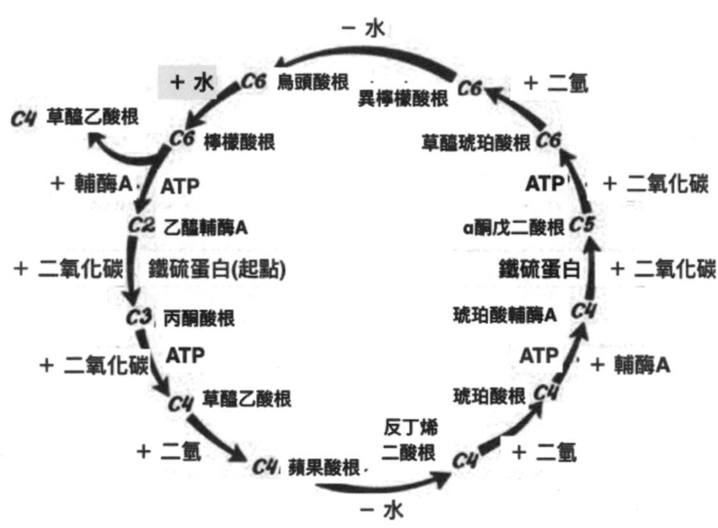

圖 15 反向克氏循環持續重複的連續步驟，在圖中以粗箭頭表示。若從左側的鐵氧還原蛋白為起點，重複步驟為：加二氧化碳、加二氧化碳、加二氫、減去水分子、加二氫、加輔酶 A。進入第二次循環時，與前次循環唯一的不同點在於倒數第二的「加二氫」會變成「加入水分子」。請注意，左右兩邊進入鐵氧還原蛋白前的「加入三磷酸腺苷 ATP」步驟亦互相對應。每走完一輪，除了能產出原本就在循環內的草醯乙酸（根）分子，還能再多產出一個草醯乙酸（根）分子，透過「一生二、二生四」的指數自催化迴圈，穩定驅動生長。

外五條固碳路徑上。這種單調的重複性為反向克氏循環所獨有。而單調重複的另一層意義為必然——它深深烙印在大自然的肌理中，無可避免，無法停止，只能一再發生。（圖15）

無可避免與難以置信

莫羅維茨的構想美麗又深具意義。他主張任何一顆充滿溼氣，沐浴在鄰近恆星光芒下的星球皆無可避免會萌發生命，甚至為此寫下《萬物生機》一書，探討這種必然性的極限：化學決定論要走到哪一步才願意向詭計多端的生物學俯首稱臣？然而就科學來說，「美」不一定值得信賴，對生命亦然。生命並不簡單，莫羅維茨的觀點也有幾處大問題，同為生命起源研究先驅的奧格爾所指出的疑點，或許正是莫羅維茨理論最嚴重的問題所在。

5 如果各位還不太理解，我再簡單說明一下。一般的「正向」克氏循環為普通催化反應，一次完整循環會重新回到起點：若投入琥珀酸，走完一次循環會產生與一開始相同數量的琥珀酸，同時製造較多的終產物二氧化碳和二氫。但「自催化」的反向克氏循環不同，每完成一次循環會產生兩份初始反應物：如果初始反應物是一分子的琥珀酸，那麼走完一次反向循環會得到兩分子琥珀酸，以此類推。這種自催化性能讓產物呈指數增加，換一種說法是除了初始反應物之外，還會多加一種反向克氏循環中間產物，另作他用（譬如合成胺基酸）。

一九四〇年代，奧格爾在牛津研究無機化學；一九五三年，他有幸成為首批見到華生與克里克DNA分子模型的幸運兒之一（偉大的晶體繞射學家霍奇金告訴同事，當年他們必須設法擠進兩台車，直奔劍橋）。後來，克里克短暫加入美國聖地牙哥索爾克研究所，成為奧格爾的同事；這段合作最後以克里克的一本怪書《生命真諦》畫下句點。該書探討的是「引導性泛種論」，即外星文明故意將生命播種在地球上，而引導性泛種論源自基因密碼產生的問題，克里克以「凝固事件」稱之：他認為基因密碼原本是隨機排列的，後來之所以統一，並非因為某一套密碼的排列方式優於其他組合，而是密碼一旦發生突變就會引發大災難，故絕不能讓這種災難發生。現在我們已經知道這個想法並不正確，即便如此，這類觀念在當時倒是促使奧格爾等人率先提出「RNA世界」假說：該假說主張RNA可作為模板也能扮演催化劑，所以生命發生時才會既有遺傳性，又能進行代謝。

奧格爾是個勇於批判自我，挑戰自我主張的人。根據他的觀察，若代謝真為RNA世界所創，那麼生化架構便無助於探討生命起源了：因為代謝乃是遺傳資訊的產物（寫在基因上），若處在有利的地球化學條件下，不一定需要熱力學推波助瀾。換句話說就是「基因優先」，遺傳資訊主導生物學規則。奧格爾的說法是，不論生命前化學以何種形式早於基因出現，都不能用基因產物來解讀或分析，包括反向克氏循環。奧格爾認為，反向克氏循環必須是基因和天擇的產物，故無助於探究生命前化學。[6]

奧格爾以見解精闢著稱（譬如「演化比你聰明」這句以之命名的奧格爾第二定律），他用「訴諸魔法」批評自組生化循環也同樣令人印象深刻。他在告別人生之前曾再次回歸這個主題（論文在他死後發表），題名為〈難以置信！地球生命出現前即存在的代謝循環〉。在結語中，他鄙斥早於生命的反向克氏循環是一種「豬也能飛上天」的化學假說：除去基因載錄的催化酶，奧格爾看出反向克氏循環存在兩項互有關聯的重要關鍵：產能與副反應。酶可以加速特定反應，將化學變化導向特定路徑並限制副反應，消除不需要的產物。若擷取反向克氏循環的任一步驟來看，它只是幾種可能的反應之一，不必然是最有可能發生的一種；如果沒有酵素催化，這些零散產物將只有一小部分會用於下一步驟——即產能逐步下降，不出幾步便趨近於零。奧格爾認為，反向克氏循環得經過十二道步驟才能回歸起點，如果不能藉由酶來提升每一道步驟的選擇性和產能，要維持循環幾乎不太可能。接著他再補上一擊：所有循環的第一步皆依循環最後一步的產量而定，所以哪兒來的自催化反應？哪裡放大產能了？

奧格爾的論點無疑相當有力。克氏循環是個架構嚴謹的代謝循環，故我認為這段批評對於

6 奧格爾的說法當然也有問題——譬如RNA如何取得遺傳資訊。這個問題困難且嚴重到令戴維斯、沃克等重要科學思想家大聲疾呼，認為我們需要新的物理法則來解釋生命訊息起源。然依我之見，如果基因和遺傳資訊皆以能量流為建構基礎，那麼這個問題應該不算太棘手。稍後我們會看到這個說法何以可行。

「反向克氏循環早於生命」的主張確實有如致命一擊；但另一方面，克氏循環中間產物仍明顯受青睞。在高壓與礦物催化劑協助之下，二氧化碳和氫氣能自然合成這些中間產物，幾乎排除其他多數可能的選項；不過直到奧格爾過世前，這一點還未能以實驗驗證。但同樣重要的是，這些產物並未自成一套完整循環，所以奧格爾的論點成立。此外還有一個問題也跟完整循環有關，那就是這些循環副產物並非完全不必要：它們能補足或組成其他代謝環節。不只我們**想用**克氏循環中間產物做出胺基酸、脂肪酸和醣（它們確實是建構細胞的基本模塊），這些中間產物似乎也符合熱力學，傾向自然產生的結果。拉瑟等人已經證實，包括糖質新生和磷酸五碳醣分路在內的其他幾條重要代謝路徑，都能在缺少酶的環境下自然發生。舉個實例讓各位大致了解這種情況有多容易發生：我實驗室的博班學生哈里森正在研究「生命發生前」版本的代謝路徑，循此法利用胺基酸和醣合成核苷酸。即使只用金屬離子這類簡單催化劑，大多數的步驟都能生成正確產物，真正的困難點在於要怎麼把所有步驟順利串在一起。不過他仍持續有進展，相當令人振奮。[7]

說得再具體一點：生物前化學最不需要的就是一個以榨乾副反應為代價（副反應能組成活細胞），只為成就自我複製的完美自催化循環。但是看在那些夢想生化反應或菌數會呈現指數增長的人眼裡，每走一輪就有物質流失的循環會失去自催化性，魅力盡失，充其量只是個無法順暢運作，「有瑕疵」的循環。

那該怎麼辦？「折衷」在科學界或許是個不中聽的字眼，但我認為，克氏循環中間產物似乎真的是依循一套單調、重複的反應做出來的。一開始僅局限於最初幾個步驟（頂多三碳或四碳產物），不成循環，皆為直線——暫且稱為「克氏直線反應」吧。我們已經看到，近年不少有力實驗證據指出，二氧化碳和氫氣確實能夠自然合成這些克氏直線反應的中間產物。這可是大事，因為這項結果再度證明一項已能提出獨特且有力說明的假設，該假設將廣泛存在的地質環境「鹼性深海熱泉」與「羧酸」這個幾乎能做出所有細胞機件的生化反應核心連在一起。前述實驗結果顯示，某些細胞機件（部分胺基酸、醣和脂肪酸）確實能在與克氏直線反應相同的條件下，利用這些中間產物組裝完成。

大體來說，這表示深海熱泉內的反應物持續不平衡（源源不絕地供應氫氣與二氧化碳）的確能不間斷地驅動連續反應，持續產出核心生化元件並彼此作用，進而構成更複雜的反應網絡。所

7 這個場景使我想起「人擇原理」，也就是重力等宇宙常數必須非常接近我們對已知（進而存在）宇宙的觀測，包括恆星、行星、有機化學和我們認為可能存在的生命等等。這些常數都是「微調過的」。說不定世界其實是個多重宇宙，不同的宇宙有不同的宇宙常數，而我們只是必須活在某一個能創造出我們這群生命的宇宙裡罷了。又或者另有其他藏在物理定律中且更深奧的理由，使得這些宇宙常數必須以你我觀測到的方式存在（也就是「萬有理論」）。同樣的，就目前的條件來看，碳化學和促成我們所知的生命核心代謝作用似乎關聯頗深，該如何用這一切解釋宇宙本質則是另一個大哉問。不過在朝這個問題前進的路上，我們必須先確立碳化學與生命核心代謝的關係是否為真，或只是反映某些偏見或執念而已。

以，連綿不斷的「流」確實能驅動生長；就算不是指數上升，好歹也能持續發展。但這個腳本是否成立，取決於有機物「生成」與「消解」的相對反應率——即「氫與二氧化碳合成有機物」和「有機物被帶走、稀釋或分解」的速度，而決定反應速率最重要也唯一重要的則是反應本身的化學特性。

化學反應是否發生，部分取決於產物的穩定性，不過最重要的還是分子本身是否傾向起反應，即「反應動力」。在化學的世界裡，「有志者，事竟成」這句話並不成立，有時光憑意志力是沒有用的，化學路徑不見得每一條都行得通。對於「生命起源」這個大哉問，眾人尋尋覓覓的是一場完美風暴：正確的反應物與催化劑，在正確的環境和時間點正確反應。看起來好像不怎麼簡單，但只要認真考量一項因素，或許就沒這麼難了——那就是「礦物表面」。從化學特性來看，發生在礦物表面的克氏直線反應無非將「意志」與「路徑」緊緊結合在一起，讓我好想跟十二使徒之一的馬太同聲高喊：「那門是窄的，路是小的。」克氏直線反應是二氧化碳在環境有氫的條件下，與礦物表面結合後即周而復始，一再重複的簡單化學反應。如果各位參不透克氏循環何以居於生命最最中心的位置，這道化學反應就是解答：克氏循環持續不斷地將結構最簡單、含量最豐富的氣體轉化為生命的核心分子，一如該循環最終帶來的結果——生命油然而生，生生不息。

魔法表面

想像一下：當二氧化碳接近帶電表面——譬如灰輝石這類鐵硫礦物——會發生什麼事？我畫張簡圖方便各位理解：當二氧化碳接近礦物表面且與之並列，氧原子和礦物表面之間的電引力會扣住二氧化碳（虛線）。雖說「想像」，但請容我表明：實驗已經證明，我稍後要描述的「二氧化碳吸附與還原」確有其事。這種結合方式跟酶有些相似，一方會持續餵送電子並調整受質位置，使之「剛剛好」適合進入下一階段。現在我們來把流程走一遍（我已盡力將幾位主角畫得還算可以接受）。在此先說明，接下來幾張圖的黑色彎箭頭代表電子對移動方向，虛線則是氧原子和礦物表面之間的電引力。（圖16）

這一步是怎麼回事？請再看一眼彎箭頭。礦物表面把一對電子傳給碳，促使碳將原有的一對電子轉給氧，使其帶負電；雖說是「電子對」，但其中一個電子本就屬於氧，所以氧原子實際上只是多得了一個負電荷。我曉得這些化學機制看起

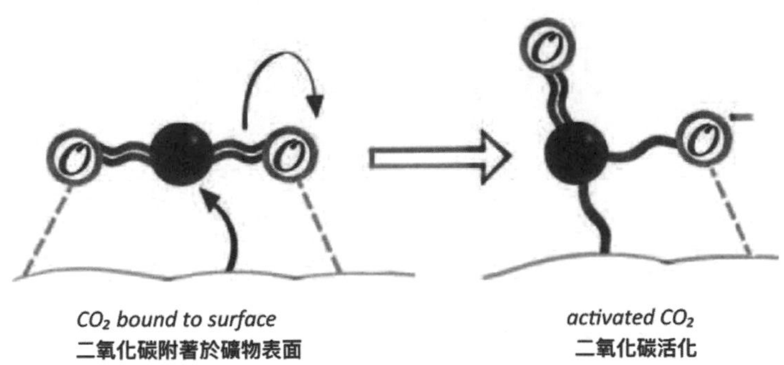

圖 16

來挺嚇人的，坦白說根本不可能畫出來，因此我不得不在真實情況與清楚明白之間做取捨；接下來要呈現的每個步驟都不是「真的」，因為整套過程幾乎一眨眼就完成了，感覺像囫圇吞棗，搪塞過去似的。為了詳細說明，我把整套機制拆開，一次解釋一兩段步驟，不過代價是得花上好幾頁篇幅，也會讓整個過程看起來比實際情況還要困難；好處則是圖像能為冰冷的邏輯注入生氣，傳達文字無法描述的意涵。

上圖中，從礦物表面轉出的電子對能維持結構穩定，跟今日細胞內的鐵氧還原蛋白穩穩將電子對傳給二氧化碳的運作方式差不多（參見附錄一）。礦物表面和酶十分相似：以灰輝石和鐵氧還原蛋白為例，前者的鐵硫晶格結構幾乎等同於賦予後者化學特性的鐵硫簇。鐵硫晶格及鐵硫簇都能和其他金屬結合，尤其是一些能更快傳遞電子的金屬（如鎳）。那麼礦物表面和酶的相似度究竟有多高？這種相似性能不能說明克氏循環一再重複發生反應的特性？讓我們繼續看下去。

現在，突然的一記電子振動將二氧化碳拆成一氧化碳和一顆帶電氧原子，但兩者仍附於礦物表面。電子怎麼振動是量子力學的事，至今尚無定論，差不多就是電子躍過極微小的距離（穿隧或躍遷），移動到它們最有可能出現的位置上；不過就實驗層面來說，「二氧化碳與礦物表面結合，還原成一氧化碳」是不爭的事實，過程大致如下。（圖17）

這一串化學變化都是礦物表面傳給二氧化碳的**電子**所促成的。不過就如同呼吸作用，這裡的質子和電子也會重新結合成氫原子，在微酸環境甚至更容易發生。在這種條件下，質子會跟礦物表面的硫結合，使其更接近反應態；接下來，質子再隨著電子移向附於礦物表面的二氧化碳。總地說來，即使過程中並未實際出現「氫」，但轉移電子和質子就相當於轉移氫原子。下圖是這個過程的大致情形。（圖18）

這一段跟前面一樣，彎箭頭代表電子對移動方向：電子對一開始從礦物表面轉移到碳原子上，讓氧原子能拿回它原本貢獻出去的電子對（為的是形成一氧化碳的碳氧三鍵）。各位或許會想，碳原子上的負電（中間那張圖）會讓原子排

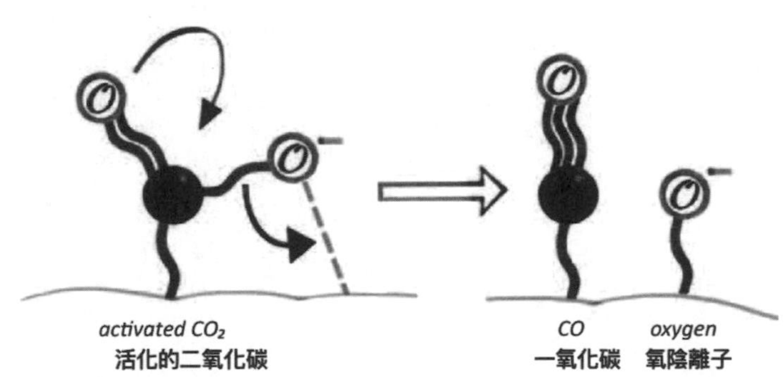

圖 17

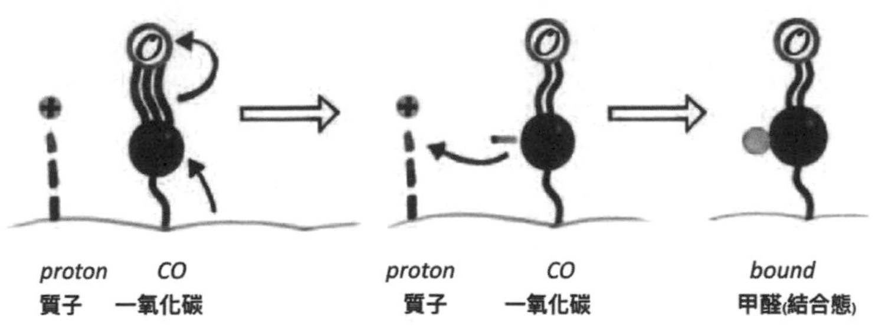

圖 18

列變得不穩定；然而在微酸環境中，周圍盡是垂手可得的質子，質子一躍即平衡電荷，碳原子的負電荷瞬間消失。如果各位還不習慣彎箭頭象徵的意義，可能會被這個步驟給搞糊塗：這個箭頭並非代表電子對「真的」離開碳原子，越過軌隙去跟質子結合（雖然圖上看起來好像是這樣）。更確切地說，彎箭頭的意義其實是電子對一邊與質子共用，一邊牢牢附著在碳原子上。讀者或可把這個過程想像成電子對接上氫離子（H^+）形成氫負離子（H^-），同時留下一個偏正電的碳陽離子（C^+）。接下來，氫負離子會立刻貼上碳陽離子，組成共價鍵。總之，最後的產物就是一顆氫原子附在碳原子上。

這裡要先說明一條重要通則（往後會再回頭闡述），那就是在酸性環境中，由於質子數量多，所以把電子傳給碳原子相對比在鹼性環境中容易得多（鹼性環境幾乎找不到質子）；因為質子加電子相當於一顆氫原子，整體效應就是把氫原子加在碳原子上，形成有機分子。這種情況會一再發生。於是接下來故事如下（請看中間圖）：氧原子的電子對會迅速與鄰近質子配對，形成醇基（OH）。（圖19）

這個階段的最後一步是再重複一次這個步驟，但氧會接收注定與之結合的電子對，以氫氧根離子（OH^-）形式脫離，留下甲基（$-CH_3$）繼續依附在礦物表面（我們在丙酮酸和乙酸身上見過同樣的大肚腩）。換句話說，反應一開始是完全氧化的碳（一個碳與兩個氧形成二氧化碳），最後變成結合數個氫原子（即「還原」）且仍然依附在礦物表面的碳。左下圖是最後一步。（圖20）

請注意圖19上方的變化。在微酸環境中，氫氧根離子會脫離附著在礦物表面的分子，引來大量氫離子；兩種離子立刻起反應並形成水（圖20）。各位或許還記得，以前在學校曾做過這種會滋滋作響的酸鹼滴定中和實驗（說不定你嘴巴裡也常有這種感覺）。這段過程有兩項重要意義：其一，氫氧根離子容易在酸性環境中解離，在鹼性環境則否，理由是後者已經有太多氫氧根離子。其二，看看最後

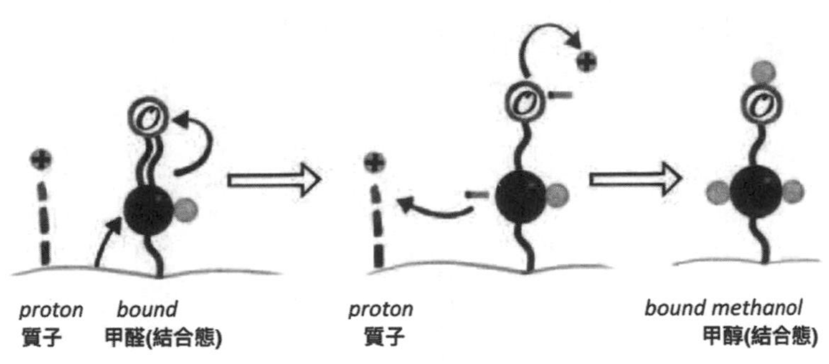

圖 19

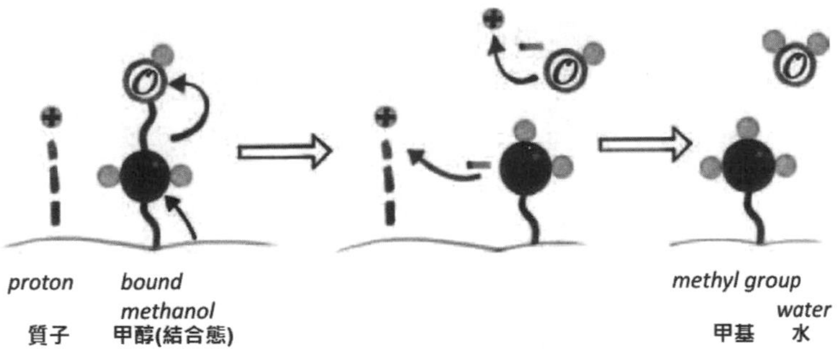

圖 20

變出什麼來啦——水！這一段即所謂的「脫水反應」：水分子被請出水相環境。有些人認為，生命發生初期不可能出現這種脫水反應，但細胞倒是在酶和ATP協助下，一天到晚都在做這檔事。生命的奧祕之一就是酶絕不可能，也沒有能力無中生有，故確切來說是水的組成元素——氫離子與氫氧根離子——被移出分子，另外合成水（或各自依附在其他分子上，譬如磷酸）；不過這部分的重點是「在酸性環境傳遞電子，傾向發生脫水反應」，差不多等於移除潮溼環境中的水分子。

接下來要進入最驚人的階段了。我得承認，這段反應令我非常訝異，但它確實發生了，一如費歇爾和托普施在一九二三年的創舉：兩人首度以煤成功合成汽油。後來，這個「費托合成法」為盛產煤礦卻沒有石油的德國提供大量戰備燃料。讀者不必細究費托法的工業起源與其他細節，只要知道這是一氧化碳氣體在高溫高壓下產生的反應即可——與深海熱泉的反應環境及條件極為類似。以本段的例子來說，就是甲基和一氧化碳並列於礦物表面時會發生的反應。（圖21）

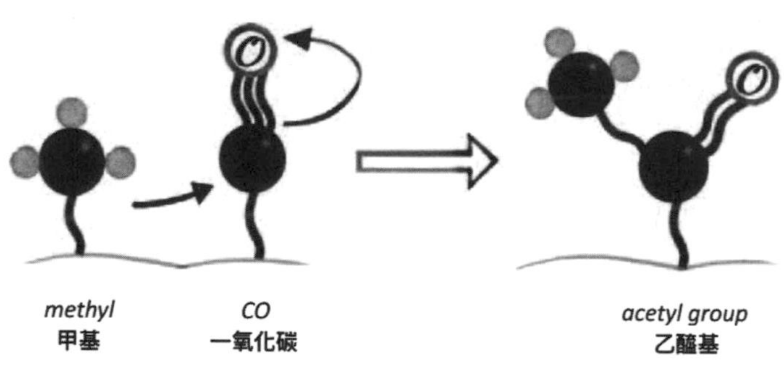

圖 21

各位應該還記得，一氧化碳最初來自二氧化碳（二氧化碳與礦物表面結合，分裂成一氧化碳和帶負電的氧原子），我們也知道反應初期的一氧化碳會接收電子，形成甲基，但這會兒甲基竟直接跳到一氧化碳身上了。儘管證據確鑿，但我仍然覺得這一步——不論是工業的費托合成或細胞裡的變化——未免太過驚奇，而且那古老且廣泛存在的鐵鎳硫酵素「一氧化碳脫氫酶」竟然就是這個反應的幕後推手。請先看一眼上圖右側的產物：這個附著在礦物表面的分子其實就等同於生命發生前的乙醯輔酶A（還記得嗎，就是利普曼發現的那個，在整個代謝系統內最最重要的小分子），而我們竟然就這麼把它給變出來了。這個例子的乙醯基和輔酶中的乙醯基稍有不同，前者直接附著於礦物表面，後者是透過硫與輔酶A相連；但嚴格說來，這兩種乙醯基都非常容易起反應，只要跟偏負電的氧原子作用（如圖22，一五七頁圖17的步驟也會產生氧陰離子）就能變成乙酸，脫離礦物表面，奔向自由。

請注意，我在圖21畫了一道彎箭頭，將一對電子送回礦

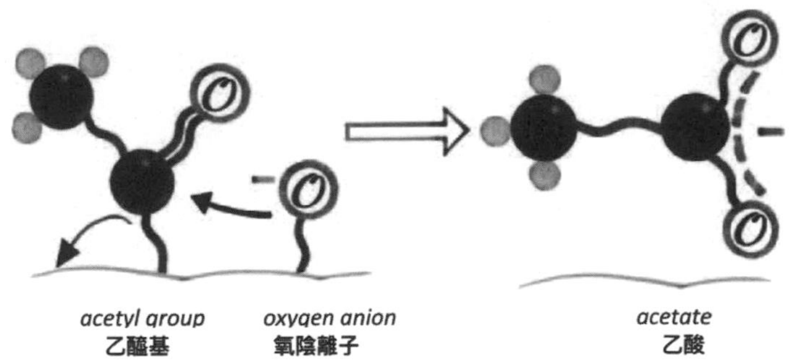

圖 22

物表面。理由是鐵硫礦物為半導電性，能讓電子通過，其意義是電子對會源源不絕地從礦物表面傳向二氧化碳，使反應一再發生卻不會在礦物表面留下永久電荷——礦物表面即是催化劑。每當礦物表面送出一對電子，礦物表面的鐵或鎳原子就被氧化，失去電子；如果鐵，鎳原子無法從其他來源補足失去的電子，那麼電子就會像上圖那樣離開附著於礦物表面的羧酸分子，重回礦物表面，同時讓附著的分子脫離。以這個例子來說，失去電子的羧酸分子會脫離礦物表面，形成自由態的乙酸分子。這個反應非常接近反應平衡，可雙向進行。

相反的，若電子可以從其他地方補足，那麼這個反應也能以極相似的步驟一再重複進行。如果各位不信，請翻到附錄二瞧瞧，我依循同樣的基本原則把反向克氏循環前半部一個步驟一個步驟畫出來了。誠如莫羅維茨所觀察到的，循環後半部原則上就是重複前半部的步驟，難怪研究人員拿二氧化碳和礦物做實驗時，這些中間產物分子一個一個出現了。至於推動循環所需的電子究竟是哪兒補來的？答案很簡單：從鹼性深海熱泉直接冒出來的氫氣。如果深海熱流的氫濃度很高，整體反應會傾向從礦物表面持續移出電子，結果不只生成克氏循環中間產物，也會產出長鏈羧酸（譬如可組成膜的脂肪酸）；另一方面，假使氫氣濃度偏低，電子則傾向回流，礦物表面就比較容易釋出小分子羧酸。由此可知，氫氣就是固定二氧化碳的電子最終來源；然而若想借用氫氣之力，細胞也得要有相應的特殊構造才行。

電子驅力

直到最近，研究人員才在氫氣與二氧化碳的反應實驗上有所突破。要讓這兩種氣體起反應為何這麼難？這個問題可以從三個層面來談：催化劑，壓力和pH值（酸鹼值或質子濃度）。我們已經討論過催化劑了：鐵硫和其他礦物表面能促進化學反應（如前面幾頁所示）。不過，要想扮演好催化劑的角色，礦物表面必須從氫氣取得源源不絕的電子才行——問題就出在這裡。氫的反應性不強，如果其他分子不如氧那般熱烈渴望電子，氫也不會強迫其他分子接受；這個問題在溶液環境就更嚴重了。因為氫氣幾乎不溶於水，所以水裡幾乎沒多少氫存在。化學反應發生與否，部分取決於反應物的可得或可利用程度：如果反應物濃度不高，那麼反應發生的機率也不會太高。這就是「壓力」何以如此重要的原因：壓力愈大，氫的溶解度愈高，反應性也會跟著提高。若想成功讓氫與二氧化碳起反應，並以鐵硫礦物為催化劑，最適當的壓力大概在一百巴左右，相當於海平面下一公里處的壓力。假如生命當真始於深海熱泉，即使壓力數百巴也沒問題，因為這項條件本身即有利於深海熱泉孕育生命。

話說回來，只要持續供氫，細胞即使在低壓的表面也能欣欣向榮。如果生命不仰賴奇蹟，這群細胞如何耍詭計？眼前最明確的問題是：細胞如何哄騙微量的氫把電子交給鐵氧還原蛋白，讓後者將其傳遞給二氧化碳？可能的方法有好幾種，大多十分複雜且涉及多種催化酶，看起來不太可能跟生命前化學有關；但有一種可能性相當耐人尋味，能把細胞和鹼性深海熱泉連在一起——說不定，氫和二氧化碳的反應活性取決於環境的氫離子濃度，也就是酸鹼值。稍早討論二氧化碳時，我們就提過酸鹼值：許多把二氧化碳轉換成羧酸的步驟都偏好在微酸環境發生，因為質子能中和電子電荷，促進水中的脫水反應。矛盾的是，若情況相反（鹼性環境）則有利氫氣反應：因為鹼性環境幾乎沒有質子（氫離子）存在，而氫氧根離子處處皆是。箇中原因再簡單不過。想想看，氫氣由兩個質子和兩個電子組成，把電子對傳給催化劑（鐵氧還原蛋白或硫化亞鐵）就等於留下一對質子。在酸性環境中，質子多到爆，故酸性環境並不利於前述反應進行，理由是會變得更酸，「比酸還要酸」違反熱力學定律。但鹼性環境就不同了：釋出的氫離子與氫氧根離子一時天雷勾動地火，飛快發生中和反應並合成水，誰也阻止不了。總之在鹼性環境中，氫氣會把自己的電子塞給別的分子（譬如鐵硫催化劑），態度積極多了。

這下好了：氫氣會在鹼性條件下把電子推向催化劑，二氧化碳卻只會在酸性環境接收催化劑傳來的電子，這也是電子轉移在酸鹼值固定條件下不易進行的原因，所以才需要高壓來增強氫氣的反應性。但是，**細胞化學反應並非都在固定酸鹼條件下發生**，恰恰相反：幾乎所有的細胞都會把氫離子打出去，使得胞外的酸鹼值比胞內高出三度有餘；也就是說，胞內胞外的氫離子濃度整整差了一千倍。

「甲烷菌」這類古老細胞主要透過膜上的鐵氧還原蛋白推動氫離子流，促成電子從氫氣轉移至二氧化碳，合成有機物。如此說來，「固碳」無疑是質子驅動力的根本條件，最好的例子就是「能量轉換氫化酶」（Ech）。這種膜蛋白擁有四串鐵硫簇，能把氫氣的電子傳遞給鐵氧還原蛋白；其中兩串鐵硫簇端坐在質子通道旁，它與質子結合與否（環境酸鹼值）會決定這種氫化酶的反應活性。當 Ech 與質子結合，它就能接受氫氣提供的電子，以科學術語來說就是傾向還原；一旦 Ech 與質子解離，反應性變強，它就會把得到的電子強塞給鐵氧還原蛋白，後者再轉手推給二氧化碳。這時，流入胞內的質子再度與 Ech 結合，重啟循環。換言之，Ech 的角色像開關，在與質子結合，呈「氧化態」時能擷取電子，然後在去質子的「還原態」時將電子傳遞給鐵氧還原蛋白。Ech 的氧化與還原態相差約兩百毫伏特，於是這個簡單的酸鹼梯度不僅讓「不可能成為可能」，甚至根本「停不下來」。此外，Ech 不若ＡＴＰ合成酶等其他分子機制那般複雜，在生命出現前的環境條件下是可能發生的。

前述過程大致如下：鹼性的深海熱泉布滿密密麻麻，彼此相連的孔洞，結構及條件與細胞相似（內部偏鹼，外部偏酸）。熱泉湧出的鹼性液體挾帶氫氣溢流，增強其反應性；二氧化碳則溶於酸性海水中，更容易接受電子。早期深海熱泉溶氧量不高，前述兩階段反應多以含鐵硫的礦物薄膜隔開，氫氣電子則經由這層薄膜送給另一邊的二氧化碳。理論聽來合理，但這樣還不夠。這個問題可以透過實驗驗證，所以我的研究生及其他多個實驗室近年都在對付這道關卡，惟目前成果有限（因為持續流動的氫氣在高壓環境下極難操作）；不過在我寫書當時，哈德森和索荷已經證明，光是一．五巴的壓力就能讓跨越無機薄膜的酸鹼梯度加速電子傳遞，將氫氣的電子傳給二氧化碳。（索荷是我以前的學生，他非常慷慨，把我列為論文共同作者。）他們高明地利用碳、氫同位素證明電子確實來自氫氣，質子源自酸性海水，完全如理論所述；而且最關鍵的是，有機分子（主要是甲酸）的碳來自外加的二氧化碳，因此在正常氣壓、缺少氫氣，或酸鹼梯度不夠大的情況下，無法生成有機物。這實在是再美麗不過的科學驗證，理論終於能有一次不被醜陋的現實打臉。在此向這幾位科學家致敬。

小步驟，大躍進

深海熱泉孔洞與最初的細胞樣構造——該怎麼建立兩者的關係？各位或許以為，生命前化學的這幾道初始步驟跟生命起源還有一大段距離，但從某種層面來說，這些步驟與生命的距離其實比想像的更近。舉例來說，細胞膜主成分「脂肪酸」只是構造簡單的長鏈羧酸，也能透過與前述步驟相似的方式合成——在高溫水環境下，費托法也能做出脂肪酸；同樣的，若把反應中的氧原子換成氮，也能輕易用羧酸合成某些胺基酸，反之亦然，一如克雷布斯最初所發現的情景。

綜合觀之，這些產物驚人地擁有「類生命」特質：簡單混合幾種脂肪酸，就能自然形成「原始細胞」這種有著雙層薄膜（和現代細胞膜頗相似），裹著一袋水狀內容物的玩意兒。這種迷人的小東西彼此融合，復又一分為二，無所不用其極地追求興盛繁衍，僅以環境熱源為唯一驅動力。想想在肥皂上變幻舞動的魔法泡泡，你大概就能參透一二了。我實驗室的佐登和拉姆已經證明，在接近深海熱泉的條件下（酸鹼值十一度，攝氏約七十度，鹽度跟海水差不多），這些原始細胞很容易就一個個貼在一起了。只不過經歷幾道重複且十分簡單的化學步驟，我們就從無機孔洞跳到裹著脂質膜的有機原始細胞，準備……準備幹麼呢？

下一步同樣令人滿心歡喜。是說，原始細胞要如何發育和分裂？為了達成目的，它們勢必得利用質子梯度，在膜內製造更多有機分子，也就是更多脂肪酸、更多胺基酸。來一道百萬搶答猜謎吧：早於生命的最原始版 Ech 能否在原始細胞內正常運作，驅動生長發育？可以！簡單來說，科學家發現「半胱胺酸」這種胺基酸若與鐵硫溶液混合，竟能自動形成和 Ech、鐵氧還原蛋白完全相同的鐵硫簇（嚴格來說是四鐵四硫簇狀物），甚至還同樣具備「強塞電子給二氧化碳等其他分子」的化學傾向。理論上，這種鐵硫簇應該能**在內部**促進原始細胞合成新的羧酸、脂肪酸和胺基酸——意即推動原始細胞生長。

若您思慮敏捷，明察秋毫，可能會注意到「無機孔洞」和「原始細胞」的有機合成有一處不同：我對前者的描述是「**電子**穿過無機屏障」，後者則為「**質子**越過細胞膜」。兩者的基本條件是氫在鹼性環境，二氧化碳在酸性環境，故原則上只要讓質子通過無機屏障——而不是電子反向穿越——就能輕易達成條件安排，這是明確可行的。我的實驗室已經證明，質子通過硫化亞鐵屏障比氫氧根離子反向通過的速度快上兩百萬倍有餘。這種明顯差異能在屏障內的鹼性環境產生劇烈的酸鹼梯度——我所謂「劇烈」是指：在直徑不到二十五奈米的硫化亞鐵奈米晶體兩側，酸鹼差值達到四度，即濃度差了一萬倍。若情況真是如此，無機孔洞和原始細胞某種程度可謂異曲同工：因為原始細胞會緊貼於硫化亞鐵偏鹼性的一側，故質子可直接穿過屏障，與貼附硫化亞鐵的原始細胞結合，然後被鹼性熱泉流沖散，循環復循環，美妙地將地球化學與生物化學串接在一起。（圖23）

這個系統最大的特色或許是它能自我複製，並且愈變愈複雜。基於一

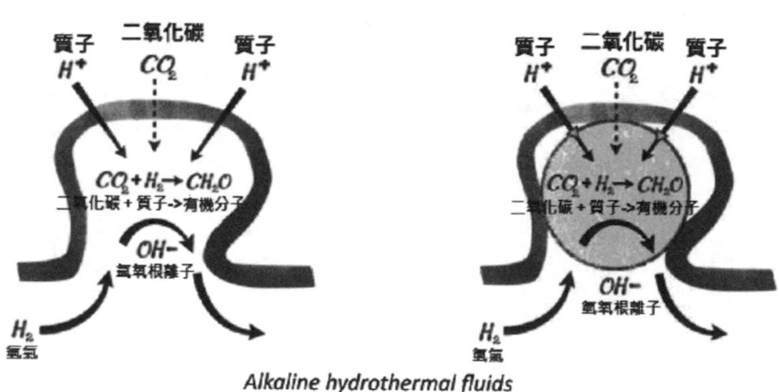

圖 23　質子穿過無機屏障（左圖）或包住原始細胞的相同屏障（右圖）時，都能促成孔洞或原始細胞內部合成有機物（CH_2O）。右圖中，原始細胞膜上的空白倒三角形（箭頭上）象徵在膜上與胺基酸結合的鐵硫簇，即 Ech 原型（內文詳述）。在深海熱泉中成長的原始細胞必須持續依附在這種礦物屏障上，才能利用源於地質條件的質子驅動力。二氧化碳穿過屏障的速度比質子慢很多，故以虛線箭頭表示。

些物理化學因素，新生成的脂肪酸會直接進入膜，同時，一定比例的胺基酸會與鐵、硫作用，形成更接近鐵氧還原蛋白的鐵硫簇結構。擁有最多鐵硫簇結構的原始細胞理應能生成最多有機質，亦更有利於進行相同的物理反應；於是更多鐵硫簇生成，致使更多有機質應運而生，如此反覆循環推衍。換言之，原始細胞擁有愈多鐵硫簇，生長速度就愈快，也會把更多鐵硫簇傳給分裂增生的子細胞。這種正向回饋是一種非常直接的生理遺傳形式。雖然算不上什麼重大啟發，不過遺傳的首要原則就是「凡有的，還要加給他」。總而言之，在固定環境架構下，持續供應氫氣與二氧化碳應該能驅動原始細胞複製，再加上正向回饋這種不均等的生長形式，遺傳於焉誕生。

正向循環的影響不僅於此。我們已經看到，只要條件正確，多數核心代謝步驟猶如曙光乍現，悄然現蹤，首批「生物」催化劑肯定也加速推進地球化學流的諸多「有利」層面——但是對什麼有利？對所有「正在進行複製」的對象有利，以本章的例子來說就是原始細胞。於是乎，首批生物催化劑加速原始細胞生長，也就是氫氣和二氧化碳不斷不斷地轉變成新原始細胞的組成構造。依我之見，某年某月某一天，第一批核苷酸（最後組成DNA與RNA）就這麼在持續複製且不斷正向回饋的原始細胞裡蹦出來了。時至今日，核苷酸依然與酶並肩作戰，催化多種重要反應（最出名的就是固碳）並傳遞二氫。各位不妨想想在許多生物反應中負責傳遞二氫的NADH。還記得它落落長的本名嗎？**菸鹼醯胺腺嘌呤二核苷酸**——它也是核苷酸。所以，持續成長，含有高濃度前驅物與催化劑的原始細胞促使核苷酸合成的路徑倏然迸現，後者立刻就能藉由固碳與氫化作用反過來推動原始細胞生長——又一次正向回饋。

我實驗室的三位博班學生帕梅拉、哈里森和哈爾朋正在進行模擬試驗，想釐清這種條件是否可能，以及如何孕育基因密碼：[8]假設原始細胞一邊自我複製，同時製造核苷酸，那麼下一步應該就是將核苷酸隨機聚合成無固定序列的RNA吧。這些RNA不帶有遺傳資訊，各位或許因此以為它們都是沒用的東西，其實不然。試著從原始細胞生長的角度來思考這些隨機序列吧：唯有能促進生長的RNA鏈才受青睞，阻礙生長者則（透過「自私」的方式）遭剔除淘汰。[9]生命的意義始於功能。換言之，基因密碼毋須「發明」遺傳資訊：打從一開始就是原始細胞的生長賦予資訊意義。從這個角度來看，遺傳資訊不過是為了確保更精確的生長形式：基因可以更準確、更快速地重製訊息系統，讓原始細胞更精進於自我複製。只要原始細胞能自然而然地持續複製（確實可以），那就沒有所謂「資訊起源」這種概念上的問題了。

上述一切皆指向基因起於原始細胞，最初的用途是利用氫氣與二氧化碳（經由克氏循環中間產物）促進生長。這項穩居代謝中心的生長必備條件，意味著基因永遠不可能取代這些核心生化路徑：在原始細胞的生長脈絡下，生物資訊得以存續；直到今天，基因仍持續重現其宿主細胞原始的生化特質。代謝並非由基因所創，而是基因**建構**在這一條條深奧的生化路徑上，讓細胞得以掙脫生理桎梏，並且在時序上更加遙遠的後代體內重建同樣古老且原始的化學機制。所以是細胞自己保留了它和這顆行星亙久不變的生化連結，也就是深海熱泉最初得以孕育原始細胞的化學過程。自基因出現以來，這道化學程序一再忠實重現，即使地球徹底變了模樣亦無所減損。它是世間萬物藏得最深的聖殿。你我也因此存在。

如何繼續

本書探討的主題並非基因遺傳起源，而是克氏循環，因此就讓我們暫時走出這片介於原始細胞複製和遺傳密碼起源之間的濃密叢林，留待他日另書再續；為了踏上更長遠的旅程，我們必

8 這並非原本的計畫目標，不過解譯密碼實在太刺激，而且大夥兒運氣又不錯，我怎麼忍心阻止他們呢？

9 各位或許好奇，非固定序列的RNA鏈怎會影響原始細胞生長？答案就在RNA和胺基酸的生物物理反應中：RNA密碼子帶有某種耐人尋味的「暗號」——譬如，疏水性胺基酸傾向和RNA密碼子的疏水性鹽基作用，是以我們能透過這類只涉及胺基酸大小與疏水性的生物物理反應推斷出基因密碼，而且數量還不少。因此，主要由疏水鹼基（如G、A）組成的短鏈RNA密碼子會跟疏水性胺基酸反應，聚合成疏水性胜肽鏈。這些胜肽鏈會依不同的生物物理因素而分割截斷，進入原始細胞膜，而它們可能扮演的角色（譬如固定二氧化碳）差不多也跟所在位置有關。相反的，親水性胺基酸傾向和擁有較多親水鹼基（C、U）的RNA反應，兩者組成的親水性胜肽則留在液態細胞質裡，伺機和鎂等金屬離子作用；爾後諸如RNA聚合等種種功能，大多也都在細胞質內發生。這類原始細胞以RNA鹼基為模板，復刻胺基酸序列並製成短鏈胜肽，如此即可將基因密碼與其功能串連起來，後於原始細胞發育生長時透過天擇篩選演化。

須特別探討幾個層面更廣也更重要的主題。其中一項就是：在前面討論的條件狀態下，氫氣與二氧化碳作用，合成有機分子，這個過程是符合熱力學定律的；換言之，氫氣、二氧化碳化合物的整體能量狀態高於細胞生物質，也就是二氧化碳與氫氣作用，形成生物質的過程會**釋出**能量。可是，生物分子有的好做，有的難搞；譬如羧酸、胺基酸、脂肪酸都能自然生成，合成RNA就困難許多。這些困難步驟必須投入能量貨幣方能進行，而能量貨幣就是ATP。不過這裡顯然有個堪比「第二十二條軍規」的情境：ATP合成動力來自質子梯度，如第一章所述，質子梯度能讓ATP合成酶順利運轉，但是這座棒呆了的奈米馬達可不是意外出現，恰巧立足於生命前世界的——它毫無疑問是遺傳資訊與天擇的產物。所以，如果地球首批細胞需要ATP才能做出基因和蛋白質，這些細胞要怎麼在沒有ATP合成酶的情況下合成ATP？

答案竟然非常簡單：ATP可以直接由乙醯磷酸合成，而乙醯磷酸來自乙醯輔酶A（或其他形式簡單的原始近似物）。讓我們回到稍早描述的反應步驟。各位還記得最後一步停在乙醯基（如乙醯輔酶A）黏在鐵硫表面上吧？如果乙醯基跟礦物表面的無機磷酸起作用（而不是前例中的氧），生成產物就會是乙醯磷酸了。（圖24）

一如利普曼的發現，對今日細菌和古菌而言，乙醯磷酸依舊是乙醯輔酶A與ATP之間最關鍵的中間產物。這個簡單的化學反應在水中就能發生，理論上應該也會在生命發生前的條件下出現——我們已經證明實際上確實如此。乙醯磷酸可由二碳前驅物「硫代乙酸」合成，形成

之後，乙醯磷酸會把自己的磷酸基轉給ADP（二磷酸腺苷），適量合成ATP（約占百分之二十）。過程大致如下。（圖25）

我的博班學生皮納證明，三價鐵離子能完美催化ATP合成，而且她目前還沒找到其他能完成這項任務的金屬離子。這個發現或許能說明ATP何以成為生命通用的能量貨幣，關鍵是ATP必須能在水中經由這道簡單化學反應自然合成；但同樣關鍵的是，這個簡單化學反應依舊無法解除細胞對質子梯度的依賴——

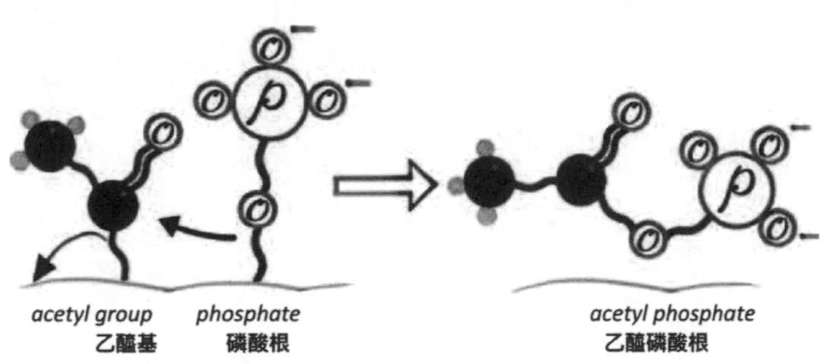

圖 24

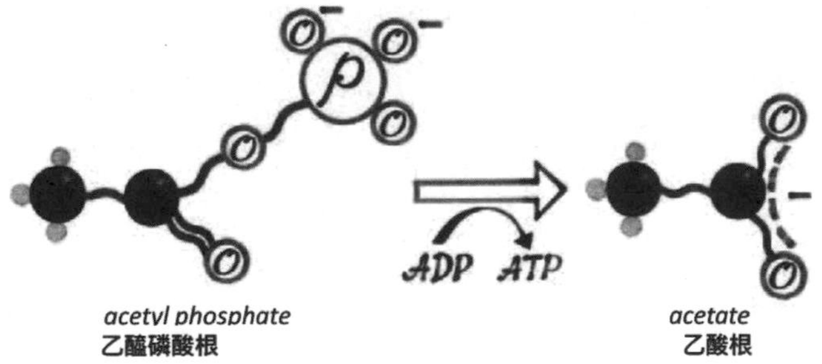

圖 25

正好相反，細胞需要質子梯度來驅動反應物合成（最一開始是硫代乙酸和乙醯磷酸）。各位不妨把質子梯度想成棘輪，持續且單向推動原始細胞內的化學反應；以本段例子來說，乙醯磷酸和ATP可輕輕鬆鬆在緊靠膜外的酸性環境合成，然而在偏鹼性的細胞內部就變得比較不穩定——也就是更容易起反應，或反應更加不平衡。從反應性來看，胞內胞外的質子梯度整整差了三級，著實不可小覷。

現在差不多可看出個大概了：深海熱泉穩定供應氫氣與二氧化碳，而熱泉本身的環境條件亦碰巧能促使這兩種氣體作用，產生羧酸。既然羧酸能透過近似反向克氏循環步驟的化學反應逐步生成，就代表這套化學機制確實是代謝的原始基礎。克氏循環中間產物乃是製作胺基酸、脂肪酸、醣類以至核苷酸的通用前驅物。那麼，在生命發生前，這些有機物究竟是在什麼條件下形成的，需要哪些催化劑及回饋作用？我和其他許多科學家仍在努力解開這個謎團，目前已明白看出幾項原則：催化劑和質子梯度的功用莫過於降低反應動力障礙，讓合乎熱力學傾向的反應能順利進行。至於這些反應能繼續推進到什麼程度，端賴其驅動力，也就是氫氣與二氧化碳的反應而定：氫氣供應愈充足，有機物產量就愈高，於是反應就能再往下推進。這就好比輕柔撲岸的海浪，雖然海浪深入沙灘的程度確實受到局部地貌影響，但終究還是取決於驅動力：潮汐的強度。

深海熱泉之美在熱流，源源不絕。假使在任何時刻，有那麼一丁點兒氫氣被作用掉了，下一刻馬上就能補足，同樣的反應也會一再重複發生。在這裡，生長就是利用環境持續供應的氣體流持續反應，持續生成新的有機物。對原始細胞來說，熱泉內的無機孔洞堪稱最完美的窩，讓它們能棲身縫隙，利用環境物質流生長、分裂，然後再尋覓新窩，繼續生長分裂，如此生生不息。

就讓這一章的故事結束在這個意味深長的想像情境裡吧。我在本章描述「自營」的生命起源——氣體在礦物表面作用，形成有機分子，全部單靠一套設定就能完成。這套設定能在數百萬座深海熱泉內自然且重複發生，並依隨時序推移持續推動生命成長。代謝的深層架構恰恰反映了這個生命起點：二氧化碳與氫氣，質子梯度和鐵硫催化劑。代謝並非受自我驅動，環境才是代謝的驅動力——歸根究柢，一切皆從「氫氣壓」而起。事實上，生物化學的反應路徑大多趨近平衡，也就是代謝流能雙向移動。生化反應並未內建流向，代謝流向取決於外在，依環境驅動力而定。是以生命需要的是不平衡的外在環境：能讓反應持續發生的環境條件（大多只是簡單的物質流），以此決定代謝方向。因此，只要環境能持續供應氫——不論是從地底冒出來的氫氣泡泡，或光合作用藉陽光之力從水分子硬撬出來的氫——就能持續推動代謝，細胞也能繼續生長發育。不過萬一氫用光了呢？萬一深海熱泉不再發熱，或熱流轉向他處，或是像後來的地球那樣，大氣氧濃度逐漸升高怎麼辦？屆時，這些代謝路徑將不可避免地發生逆轉，開始氧化有機物，吐出氫氣與二氧化碳。於是，氫在氧中燃燒，每顆原子都貢獻些許能量；克氏循環從此逆轉，翻轉世界。

第四章 革命

你並非完全沒有脊椎。你有脊索：一條由軟骨組成，可彎曲的軟桿——你的後代將在數百萬年後發育出正式的脊骨。但現在，你只能像鱔魚那般扭動身軀，波動式地在水中前進，怎麼也快不起來；既然如此，半埋在海底軟泥裡說不定還比較安全——只要把頭探出來，過濾涌流中的丁點食物即可。你有顆像蠕蟲一樣的頭，目前僅有微微膨大的數條神經，但總有一天會變成腦；你的眼睛沒多大用處，然至少能認出逐漸進逼的怪物，讓你即時把頭埋進沙裡。對喔，地球改朝換代了！不久以前，世界還是溫和的濾食者天下，牠們整齊劃一地在水中擺動如葉的身軀，不曾傷害任何生命。你或許已經忘記，但體內猶存的慵懶天性或許仍渴望著過去那片埃迪卡拉花園；*

＊譯注：埃迪卡拉動物群是一群神祕的盤狀、管狀或葉狀生物，生活在前寒武紀末的埃迪卡拉紀，大多在埃迪卡拉紀末期滅絕事件中完全滅絕，空出的生態區位讓之後寒武紀大爆發輻射演化的各種生物，能順利站穩生命舞台。

現在處處是身披鎧甲的作戰機器，牠們滿身鉗鉤棘刺，一排排鑲著水晶眼珠子的面孔從四面八方盯著你瞧。你是牠們眼中的軟嫩佳肴，身長頂多一兩吋，富含蛋白質的肌肉捆縛在脆弱軟桿上，活脫脫就是奇蝦大軍最愛的小零嘴。想想還是別探頭出去吧，以防萬一；稍微「沒骨氣」或許能讓你有機會在這個多刺怪物較你多出千倍有餘的恐怖新世界裡，存活續命。

好，你的確活下來了。我們這群後世脊椎動物向你致敬，宣布你被命名為「皮卡蟲」。[1] 稍後我們會在本章讀到，你選擇躲進泥巴確實是明智之舉，但你所處的弱肉強食，徹底改頭換面的新世界究竟是怎麼誕生的？各位此刻已然來到生命大爆發的「寒武紀」，時間約莫是五億兩千萬年前；在地球四十多億年的歷史中，我們首度能在寒武紀隱約認出今日世界。寒武紀處處是有眼有殼，有腳有觸鬚的生物，有著你我再熟悉不過的行為模式：疾走求生，俯衝掠奪。這群生物的生死呼息狂暴激烈，生命不斷從內在榨乾牠們；牠們只能活在一個氧化、燃燒能量的世界裡。若能回到過去，取來怪誕蟲的肌肉切片瞧瞧，我幾乎敢拍胸脯保證：這傢伙的細胞肯定處處是氧化型克式循環，轉動方向跟你我身上的一模一樣。我甚至敢打個小賭：寒武紀動物若能活至成年，有些應該也會得癌症，或罹患其他今日熟知的退化性疾病，身軀也會因年老而逐漸僵硬。

我們怎麼會知道五億年前的生物擁有哪些生化機件，畢竟牠們唯一留下的證據就只有身體外殼。牠們在化石紀錄上驟然乍現——即所謂「寒武紀大爆發」：首批你我喊得出名字的動物突然塞滿全世界同一年代的岩層，更加深了這個謎團。對於「寒武紀前的動物幾乎毫無化石紀錄」這一點，達爾文的《物種源始》也給不出令人滿意的答案，於是這道看似挑戰天擇「漸變觀點」的謎題，遂以「達爾文困境」為世人所知。（劇透一下：寒武紀大爆發挑戰的並非天擇，而是挑戰「漸變」這個詞本身的定義。）科學家在澳洲埃迪卡拉山發現的大型化石（有些超過一公尺）更為這個謎團添上一抹神祕色彩：這些不會移動，通常被解讀為「濾食者」的謎樣生物扎根於寒武紀前數千萬年的深水中，但學界對於牠們與現代動物之間的關聯幾無共識。多數古生物學家認為，埃迪卡拉動物群有不少是雙側對稱動物（中軸兩側幾乎完全對稱，譬如人類），但少數堅持異見的科學家表示，這個說法不確定性太高，故傾向判定牠們只是岩石上的苔蘚。不過大家都同意的是，在寒武紀大爆發前不久，這些生物幾乎盡數消失無蹤，奇形怪狀的剪刀手屠夫與其刀下冤魂組成寒武紀怪奇馬戲團，徹底取代埃迪卡拉平靜溫和的生活方式。

1 我跟我這個世代的許多人一樣，都是看了古爾德那本稍有瑕疵但極具啟發性的《生命大驚奇》才認識皮卡蟲的。皮卡蟲在脊椎動物演化路徑上的地位頗具爭議，譬如牠似乎跟無脊椎動物一樣有「角皮」；我雖不是古生物學家，說不出個道理，不過科學界也是講文明的：其貌不揚的皮卡蟲象徵人類最低等、最原始的動物起源，即使這段關係不一定為真，牠在文明演進上仍別具意義。我們幾乎可以肯定的是，第一批脊索動物體型非常小，外觀像蟲——這已是最接近真實的描述。科學家在加拿大伯吉斯頁岩中發現皮卡蟲化石，生存年代約在五億八百萬年前（508 Mya）；此外，研究人員也在中國雲南的帽天山頁岩找到年代可能更久遠的脊索動物化石，包括昆明魚（518 Mya）、海口魚（525 Mya）和中建魚（530 Mya）。Mya 為「百萬年前」之意。

如果化石本身是個謎，那麼按地質學、生理學和生態學建立的脈絡倒是能給出部分答案：氧。還記得光合作用會產生「氧」這種廢物吧。在地球最初二十億年的光陰裡，大氣是沒有氧的。這點不意外。生命要想在一顆氧化的星球上發跡，可能性幾乎為零，理由是氫氣必須和二氧化碳作用才能合成有機分子；如果周圍都是氧，氫氣不太可能跟二氧化碳起反應，因為氧氣比二氧化碳更積極。簡言之，這正是克氏循環的張力所在：它從四十億年前驅動生命產生的氫氣與二氧化碳作用，轉變為二氫與氧氣的反應，進而促發三十多億年後的寒武紀大爆發。正如同字面所呈現的，克氏循環「轉向」了：從創造有機質的「反向」克氏循環，轉為你我都有，燃燒有機質的「正向」（氧化型）克氏循環。這場革命掀起驚滔駭浪的生命劇變。

氧為何獨一無二

大氣氧濃度從零一路爬至今日水準，過程曲折又漫長。稍後我們會從「雪球地球假說」、「氧化災變」、「二疊紀末滅絕事件」等較為震撼的角度描繪這段歷史，＊但此刻各位只要明白一件事：目前已有大量岩石證據證明，大氣的氧含量在寒武紀大爆發時就已經很接近現在的濃度了。儘管點燃引信的不是氧，然而若是沒有氧，寒武紀大爆發說不定根本爆不起來。氧獨一無二。氧分子會形成自由基，意即它有不成對電子（而且還有兩顆）——氧為何容易引發爆炸，卻又相當矛盾地在大氣中累積至百分之二十一的驚人濃度，原因就出在這兩顆不成對電子。

氧如何平衡穩定性與反應性，全依量子力學而定：量子法則規定氧不可以跟帶有多對穩定電子的分子打交道，只能跟提供單電子的分子起反應（譬如生鏽的鐵）。有機分子通常不會一次割捨一顆電子（大多成對處理），故不會輕易與氧發生反應——你我何以不會自燃，大氣何以能累積如此高量的氧，原因就在這裡。當然，若有火花助陣，有機質照樣燒給你看——「火」就是自由基的連鎖反應：高能中間產物會搶奪有機分子的單電子，讓它們直接和氧起反應。細胞呼吸其實是一種「受控制的爆炸反應」：釋出的能量極為精準，分毫不差，而且是一小步一小步依序釋放並供應能量，方得合成ATP。細胞呼吸得歷經冗長程序才能摘下二氫電子，一個一個摘，再一個一個餵給氧這頭飢腸轆轆的野獸（請見第一章）。這一切在在說明氧獨一無二的地位：氧只會在極度嚴苛的條件下才會起反應，但它不鳴則已，一鳴驚人，釋出極大能量。其實一氧化氮等

＊譯注：雪球地球假說認為新元古代（NP）曾經發生過嚴重的冰河期，以致海洋全部凍結，僅在兩公里厚的冰層下有少量因地熱而融化的液態水。氧化災變指的是二十六億年前左右，大氣游離氧突然增加；這些氧可能來自藍綠菌光合作用，但突然增加的原因仍未釐清。但氧化災變改變了地球礦物成分，也使日後出現動物成為可能。二疊紀末滅絕事件是一個大規模物種滅絕事件，介於古生代二疊紀與中生代三疊紀之間。當時百分之七十的陸生脊椎動物和百分之九十六的海中生物完全消失，而這也是昆蟲唯一的一次大量滅絕。粗估有百分之五十七的科與百分之八十三的屬消失。

其他分子供應的能量也和氧不相上下，無奈它們反應太快，交遊太廣，以致無法在大氣累積出像樣的量。其結果是，氧在大氣與海洋中的命運幾乎等於地球能量史。值得深思的是，假若沒有量子法則支配這套明顯以雙電子為主的碳化學系統，對上氧以單電子為主的化學特性，我們所知所愛的世界不可能存在。

我們從生理學得知，寒武紀大爆發的推手無非就是完整的氧化型克氏循環。這一回合仍是數字遊戲：有氧呼吸的效率約莫是百分之四十，是以我從午餐攝取的熱量大概有百分之四十會轉成可用能量，譬如ATP；然而在缺少氧的情況下（以及缺乏其他在有氧狀態才可能累積的「助興分子」，譬如硝酸），細胞的最大產能降到只剩百分之十。產能效率低會縮限食物網內的營養級數，理由是每一級能獲得的能量都變少了；也就是說，每一個營養級能支持的總族群數依序遞減，直到剩餘能量低到無法支持族群營生為止。食物網的能量源自固碳，維持一個像樣的生物群起碼需要淨能量的百分之一：如果行有氧呼吸，效率為百分之四十，那麼在總能量降到百分之一以前大概可支持五個營養級（每一級可實際換算的比率為百分之四十、十六、六·四、二·六和一·〇二）。如果沒有氧，固碳能量只撐兩個營養級就會掉到百分之一了。當然，這只是通則，實際上還是依固碳可得的總能量、族群規模、氧氣量和其他多項因素而定；即便如此，複雜的食物網還是比較容易在氧氣充足的世界成立。最重要的是，寒武紀大爆發猶如一道標記，象徵我們這個擁有複雜生態系統、繁複營養級數、弱肉強食和完整族群的「現代世界」的開端。在沒有氧氣的地球上，這些都不可能存在；此外，有氧呼吸也會推動現代動物體內的克氏循環，大家都一樣。既然你我都是寒武紀小怪物的後代，故能推斷牠們應該也使用克氏循環，而且也和有氧呼吸有關。

過去有人提出「氧氣**驅動**改變」（而非容許改變發生），但這個說法不太準確。事實上，動植物各自在地球漫長歷史中的某個時間點大量發生，或許已經暗示生命發生或發展的局限性（譬如遺傳架構）也會阻礙演化。如果單單氧濃度上升便足以揭開生命多樣性的序幕，那麼又該如何解釋陸生植物何以遲了整整一億年才崛起？為什麼我們找不到好氧菌細胞組成的多細胞動物？要想切中問題核心，理解老化到底是哪兒出了差錯（後面的章節會提到），我們得看遠一點，必須回到生命發生伊始的那個點——也就是上一章結束的地方。我們在第三章討論過克氏直線反應：一種早於克氏循環的**直線式**路徑。那麼，好好的直線為什麼變成循環？這個循環如何反轉，又怎麼會扯上有氧呼吸？循環反轉的瞬間，生物要怎麼活下來？即使轉向改變，克氏循環前驅物——也就是組成胺基酸、醣、脂肪酸、核苷酸等細胞模塊的多種小分子依舊不可或缺。不管怎麼說，這個過程需要精巧控制能量物質流；由於有些代謝流彼此牴觸或不相容，改變不可能一股腦同時發生。克氏循環無法雙向且同步進行……但，真的不行嗎？

我得承認，其實我自己也被這個問題搞糊塗了——直到某天靈光乍現：說不定，細菌和單細胞原生生物一次只能做一件事。它們會依不同的環境條件打開或關閉基因，要麼專注於生長，要麼盡全力產生能量，循序依次處理。至於多細胞生物則能以多工方式處理問題：不同的組織特化出不同功能，執行不同任務，每一種組織都有專屬且相對單純（至少不衝突），進出克氏循環的流動方式。就某種程度來說，「多細胞」本身就能化解蟄伏在循環中心的陰陽對抗（即「生合成」對上「產生能量」），讓特定器官執行特定任務，協同合作。我喜歡把這種情況想成是「寒武紀大爆發之光」：動物首度能平衡克氏循環的陰與陽——不只向外擴及廣大的生態系統，也涵蓋牠們體內的小宇宙。這哪裡是瑣碎的遺傳調控？任何鑽進死胡同的代謝流都必須向生命妥協，才能覓得正道。生命就是生長、修補、移動、觀看和思考。生命就是活著。我們會在這一章明白這一切是怎麼發生的。

插電的地球

讓我們回到深海熱泉生命初現的情景：氫氣供應無虞，質子梯度穩定存在，一切準備就緒，生命得以持續發展，或至少基因與細胞發生不會受到熱力學因素阻礙。然而當細胞移出熱泉，來到條件比較不豐足的環境，這時又會發生什麼事？現在細胞不得不在氫濃度較低的情況下維生，或者必須從硫化氫等其他來源取得氫原子；無論採用哪一種方式，細胞生長所需的電子仍完全由地球供應——追根究柢就是地函：地函的電子密度極高，嚴格來說是含有大量的還原鐵與還原鎳。大氣和海洋則恰恰相反，氧化程度較高，主要由二氧化碳等電子密度相對較低，相對偏正電的氣體組成。從這個角度來看，地球就像一顆「內部負電性大於外部」的超級大電池，還原態的地函與氧化態的大氣、海洋透過深海熱泉及火山相連；換言之，熱泉與火山猶如通往地球熾熱內在的通道。在光合作用還未演化出現以前，象徵地球生命動力的「電子流」完全來自這些地獄熱隙。於是乎，大電池產生的電子流設下生物圈規模上限，以最符合經濟效益的方式嚴格控管新生命。

但這開天闢地的第一批細胞卻碰上一個大問題：它們必須建立自己的質子梯度，才能驅動氫氣和二氧化碳反應。這樣說吧，這批細胞的構造其實跟深海熱泉——也就是地球本身——極為相似：內部處於偏鹼的還原態，外部是偏酸的氧化態，無疑是地球電池的迷你翻版。我們已在前一章讀到，跨膜質子流（質子驅動力）能調節反應性，也就是氫氣和二氧化碳、膜蛋白（如Ech）的還原電位。整體來說，質子驅動力能把氫氣電子轉給鐵氧還原蛋白——這一步相當困難——後者再進一步固定二氧化碳；這種向內流動的質子流出現得很早。除了和鐵氧還原蛋白合作，質子驅動力也能推動ATP合成：一如所知，ATP和鐵氧還原蛋白都是推動反向克氏循環，固定二氧化碳不可或缺的力量。因此，地球首批細胞在脫離深海熱泉後，必須設法建立自己的質子梯度，才能驅動同一套反應。然而，要把質子送過細胞膜談何容易，更糟糕的是，細胞還是得用到源自地獄熱隙的氫原子。

這段代價高昂的細節在此略過不談。[2]重點是，在產生質子梯度的過程中，細胞會消耗氫氣並合成固碳所需的ATP和鐵氧還原蛋白。許多細菌就連泵送質子也需要鐵氧還原蛋白：這種酵素會捕捉氫氣電子並傳遞給電子受體，釋出的能量則用於運送質子——跟呼吸作用一模一樣。早期地球最普遍的電子受體不是氧，而是二氧化碳：二氫傳遞給二氧化碳的過程會一再反覆發生，並產生甲烷和水這兩種廢物。以前例來說，傳遞一組二氫能送出兩個質子，大概只有一次有氧呼吸產出能量的五分之一；即便如此，不斷重複這個過程依舊能產生足夠的質子驅動力，促成固碳，合成生物質。以這種方式營生的生物（最有名的就是甲烷菌），其廢物與生合成的重量比大約是四十比一；換言之，甲烷菌消耗的氫氣只有四十分之一能轉化為生物質，其餘皆用於運送質子。這可不是什麼微不足道的能量消耗：「增殖」——自我複製——是衡量細胞適應性的最佳指標，自我複製的副本愈多，代表發展愈好。如果把百分之九十八的有限能量都拿來給細胞膜充電，而非用於生長，看起來似乎有點誇張，但這的確是古老細胞的生活日常（我們會在後記談到它們何以必須辛苦泵送質子）。這一切在在顯示每一顆氫原子對細胞而言有多重要，尤其是最有價值的生物貨幣「鐵氧還原蛋白」。

我似乎三句不離鐵氧還原蛋白。這種「紅蛋白」穩坐代謝中心，偉大的生物資訊學先鋒戴霍夫最清楚它有多古老，多重要。一九六六年，也就是亞儂等人首度提出反向克氏循環的那一年，戴霍夫和艾克在《科學》期刊共同發表了一篇撼動學界的驚世論文。戴霍夫先在紐約大學拿到數學學位，後來以打卡方式計算化學鍵共振能，取得哥倫比亞大學量子化學博士學位。畢業後，她進入國家生物醫學研究基金會，接任副處長，與知名天文學家薩根共事；戴霍夫結合她的鍵能研究與運算專長，開發出一套能計算金星、木星、火星等行星大氣平衡濃度的電腦程式，當然也適用於分析地球原始大氣。說件令我驚訝的事。當時薩根的另一半是馬古利斯——姑且不論薩根在其他方面的成就，他留給全人類最珍貴的資產或許就是啟發兩位二十世紀最聰明的女科學家對宇宙的見解吧。戴霍夫的獨特之處在於，她能將支持行星演化的量子機制（譬如光合作用的鍵能關係）以及她對該主題的深入見解，和她利用電腦運算比對蛋白質序列的開創性研究（現代系統發

2 但我還是忍不住想告訴你。生物能量學者陶爾和巴克發現的「分岔作用」堪稱近十年最重要也最美妙的成果之一。這個作用名符其實且高明詭妙：氫的兩顆電子在進入鑲有許多鐵鎳硫簇的大型蛋白質內部之後，命運大不相同——其中一顆依循一般化學規則，朝相對帶正電的方向躍動；另一顆竟難以置信地被迫朝帶負電的方向移動，最後投入鐵氧還原蛋白的懷抱。這種情況就能量學來說是可行的，因為兩顆電子的動作互有關聯：傾向自然發生的電子躍遷會釋出能量，而這份能量剛剛好足以驅動較不容易發生的負向躍遷行為。結果，這種複雜的電子分岔現象在厭氧菌竟極為普遍，進而解開不少懸置多年的謎團。比方說，第三章末尾提到，生活在深海熱泉的非光合細菌就是用這種方式產生ATP和鐵氧還原蛋白，推動反向克氏循環。「電子分岔」的關鍵意義無非就是提供質子跨膜所需的能量——即正文所述，透過質子驅動力**間接**促成固碳。認真的讀者可能還會發現，這類細胞（細菌）的跨膜幫浦運送的大多是鈉離子，而非質子；但由於細胞生長十分依賴這種鈉－氫（質子）反向輸送蛋白，故將鈉離子梯度轉換成質子梯度似乎有其必要。

生學的基礎）串連起來，以前所未見的方式重建地球生命史。一九六六年她研究鐵氧還原蛋白的經典論文正是這一切的開端。

蛋白質（胺基酸）序列的些微差異詳細記載了生命演化史，這個觀念最早可溯及一九五八年（克里克）。一九六〇年代初期，鮑林和扎克坎德首度將其應用在研究上，探討馬、大猩猩和人類等近代生物的血紅素（血紅蛋白）差異。戴霍夫野心更大。她不僅建立一套利用單一字母標記胺基酸的編碼系統（且沿用至今），還針對鐵氧還原蛋白的極古源頭提出一系列物理化學論證：她指出，「胺基酸序列略帶重複」顯示最早的蛋白質結構極可能是重複的，接著又證明四種最古老的胺基酸都帶有重複序列（偶爾會被續接的序列打斷）。她主張這就是最早的鐵氧還原蛋白序列，而且在整套胺基酸密碼還未完成，也就是還未能涵蓋所有（二十種）胺基酸以前就已經出現了！這是相當了不起且極具革命性的洞見，此刻仍令我全身起雞皮疙瘩。蛋白質如何從無到有，如何出現？我們該如何擷取、梳理隱藏在蛋白質序列中的模式，揭露演化歷史？生命前化學如何透過「序列」與「功能」進行深度對話，建立關聯？這些都是今日學界服膺的準則，卻好像就這麼直接又完整地從她發表在《科學》的幾頁論文裡蹦出來了。

隨著愈來愈多細菌蛋白完成定序，戴霍夫終於能利用鐵氧還原蛋白及其他生物能量蛋白（譬如細胞色素）重新排序並解釋生命史。從她整理的演化樹來看，最最古老的細胞是「梭菌」一類的細菌，有些梭菌甚至跟甲烷菌差不多，完完全全依我們在前幾章討論過的方式，以氫氣和二氧化碳營生過活。戴霍夫的研究，也讓學界開始注意著色菌和綠硫菌進行的古老光合作用究竟有多老——這兩種細菌固碳所需的電子來自硫化氫，而不是水。這群細菌從硫化氫取得電子，掙脫桎梏，無須再把珍貴的氫氣用於傳輸質子（這是非光合細菌面對的難題），得以全力固碳。行**不產氧**光合作用時，葉綠素會剝取硫化氫的電子（這比跟水討電子容易得多）再直接傳給鐵氧還原蛋白，產生的廢物是硫，不是氧。這種做法的好處是將太陽提供的動力直接用於傳遞電子——從「供應者」硫化氫傳給「接受者」鐵氧還原蛋白，再傳給二氧化碳（不像甲烷菌那樣得耗費燃料來泵送質子，運輸成本整整多了四十倍），建立質子梯度所需的動力完全由太陽供應。話說回來，與我們較熟悉的**產氧**光合作用（產生「氧」為廢物）相比，不產氧光合作用仍有一項明確的不利條件：這些細菌直接「插電地球」——它們使用的電子仍舊來自火山、深海熱泉等地球資源。

不產氧光合作用同時還為另一個隱晦問題所苦：雖然它既能產生ATP，也能還原鐵氧還原蛋白，但**兩者無法同時進行**。理由是進行不產氧光合作用的細菌只有一套系統，也就是「光系統一」，這套系統要麼合成ATP（電子受光能激發，離開葉綠素繞一圈再回到葉綠素），要麼固定二氧化碳（電子從供應者硫化氫傳遞至鐵氧還原蛋白）。若要結合這兩種反應程序，就得把它們串在一起——產氧光合作用就是這麼進行的（容後再續）；但至少我們知道，早期行光合作用的生物還未完全擺脫泵送質子的巨額負擔。

戴霍夫繼續提出證據，指出產氧光合作用演化出現的時間大約在二十億年前——可能**晚於**呼吸作用——與瓦爾堡數十年前的見解相同。據推測，古老的細胞呼吸會利用物理變化所生的微量氧氣（譬如紫外線輻射分解水），或以氮氧化物取代氧（由閃電或火山活動產生）；不過，最值得一提的大概要屬戴霍夫在比對「植物葉綠素的鐵氧還原蛋白序列」和「動物粒線體的細胞色素C序列」之後，證明馬古利斯是對的：粒線體和葉綠體一度都是自由生活的原核生物。令人難過的是，戴霍夫才剛找到這一塊能補上細胞生命樹細節的拼圖，隔年（一九八三）就因為心臟病發而以五十七歲之齡英年早逝。雖然她對早期演化的見解不完全正確，但今天我們之所以能看出早期生命的細微差異，都要歸功於系統發生學及其研究方法——這一切無不以戴霍夫的創新研究為基礎。

我似乎說過頭了。其實我想表達的是，在產氧光合作用出現以前，地球生命極度受限於能量，幾乎完全由氫氣與硫化氫的可利用率所主宰（這類氣體主要來自火山或深海熱泉），因為不論是還原鐵氧還原蛋白或合成ATP都需要能量。這個古老世界留下的蛛絲馬跡都刻在生物化學的細節裡。在深入探索產氧光合作用如何為地球開啟新頁之前，讓我們先來瞧瞧這些限制最初是怎麼被放進生化核心，成為通則的，因為這些限制條件竟然跟動物在寒武紀大量出現有著驚人關聯。

能量有限的世界

各位是否還記得前一章意味深長的結語？生物化學的反應路徑大多趨近平衡，意即正反兩個方向的代謝反應都行得通。代謝流的移動方向恰恰反映當下的環境驅動力：在深海熱泉是「氫」，這股推力讓代謝流朝生成有機分子的方向移動。假使地底熱流起伏波動，氫原子濃度必然下降，迫使熱泉及其所生的驅動力朝反方向推進，代謝流向亦隨之逆轉；於是，主要組成物為胺基酸與核苷酸的細胞開始氧化，順著同樣的代謝路徑回流，儼然成為新的能量來源。一如馬丁所主張的，這說不定就是「異營」——以攝取其他細胞維生——的濫觴，並且和前人「生命源自一鍋湯」的觀念相左。這鍋「原生湯」由數百或甚至數千種不同的分子烹製而成，每一種分子都有其專屬的分解路徑和能量汲取方式。但你我所知所處的世界完全不是這麼回事：我們的世界僅有幾條「代謝主幹道」，幾乎涵蓋自營生物使用的所有路徑，只是方向相反。這個模式顯示自營的演化早於異營，且環境驅動力較強；當環境驅動力漸漸變弱或變得不穩定，生命便開始反轉這些路徑，轉為異營。

這種反轉代謝流的能力較適用於生態系，而非單一細胞。從單細胞生物的角度來說，最不需要的就是代謝一天到晚受環境左右，動不動就改變方向；不過若能在深海熱泉、炎流火山等地討生活則另當別論，因為這類環境能將單向驅動力發揮至極限，生物「從善如流」即可。地點很重要。此外，減少能量支出——也就是「用最少的ATP完成固碳，輕鬆推動單向反應」對單細胞代謝也很重要。令人訝異的是，利用反向克氏循環產生一分子丙酮酸所需的ATP，竟然不到卡－本循環的一半（卡－本循環採產氧光合作用，沒有反向克氏循環面臨的能量限制）；不過，這種驚人效率唯有在「氧濃度趨近於零」的最適條件下才會發生，同樣受環境限制。

但天有不測風雲，熱泉或火山口的單細胞生物也可能不小心被沖到其他地方去；為了保險起見，最好還是學學該怎麼控制代謝流。於是天擇讓幾種調控代謝的關鍵酵素朝「單向作用」的方向演化，像瓣膜一樣預防回流。這種單向作業明顯提升系統效率：自營生物的代謝流固定朝一個方向移動，而異營生物也把幾種主要代謝路徑給固定下來，惟方向正好相反。細菌大多以同伴排出的廢物維生，一個貼一個，一層一層緊挨著彼此過活。前面提過，甲烷菌會排出甲烷為代謝廢物；而甲烷氧化菌則會氧化甲烷，獲取能量。因此，跟著甲烷菌討生活對甲烷氧化菌來說相當有利（其實是雙方都有好處，這也是生態系的另一道鐵律）。移除廢物有利正向反應進行，這跟產品滯銷導致工廠生產線壅塞的道理是一樣的；若以生物學的例子來說，各位想必對「酒精發酵」耳熟能詳吧。乙醇（酒精）其實是一種代謝廢物，若「廢物」濃度累積超過百分之十五，發酵會立刻喊停，即「終產物抑制」（這也是一般酒類的酒精濃度不會超過百分之十五的原因。你得進一步蒸餾才能製成烈性葡萄酒或其他烈酒）；一旦移除乙醇，發酵旋即重啟。要是身邊能有這麼一群拚命幫你搬走乙醇的細胞好兄弟，豈不樂哉？總而言之，細胞一邊想方設法攫取反應物，一邊努力擺脫它們不需要的廢物，兩者聯手推動代謝路徑朝消耗反應物，合成產物（及廢物）的方向發展。

好些年前，我去拜訪當時在加州理工學院奧爾潘實驗室工作的麥可林恩，才知道這套法則是如何強力主宰微生物生態系統。麥可林恩利用一種叫「奈米級二次離子質譜儀」的高明技術，標出生活在海床甲烷滲出點（甲烷泡泡從這兒冒出來）的細菌和古菌的精確位置。這些細菌依系統發生學特徵標上不同的螢光記號，於是我在麥可林恩的暗房裡看了一場魔法星光秀，顏色有紅、有紫、有金也有綠。湊近細瞧，我發現這些螢光點點並非只是一個點，而是一團團細菌；而且每一團菌落通常都有兩個顏色，各代表一種細菌或古菌。這些菌落的大小都差不多，不僅分布範圍相當，就連菌數（以精確的化學計量數計算）也十分接近。這些計量數會依細菌的顏色變化，呈現兩種細菌密不可分的代謝關係：譬如某一組細菌產生多少代謝廢物，然後被另一組細菌吸收利用；或是氣體在菌落內的擴散幅度有多大（或電子跳躍交換的程度），當然還有其他許多新奇微妙的變化。但是，不論這些反應和變化有多麼隱晦細瑣，肯定都服膺一套簡單且不斷重複的法則，因為這些菌落總是呈現或帶有相同模式。我很難得如此直接感受到科學帶來的震撼，彷彿伸手可及：這套非凡高超的「科幻」技術揭露細菌世界未知，亦未曾預料的生態秩序。我去拜訪的當時，他們還沒發表這項研究成果（該文一年後才登上《自然》），所以這算是一次「窺見全地球只有少數人才知道的大自然潛規則」的興奮體驗，而我也藉此學到簡單卻很重要的一課：細胞鮮少獨活，而會以最密切的方式合作，充分利用推動彼此生存代謝的驅動力，使生命更臻完善。實驗所得的精確化學計量數恰恰證明了這種調適性：遺傳關係極遠的生物緊密合作，形成「群組」；成員在群組內交換種種珍稀資源，維持代謝流動，即使是構造簡單的細菌亦能從其他夥伴

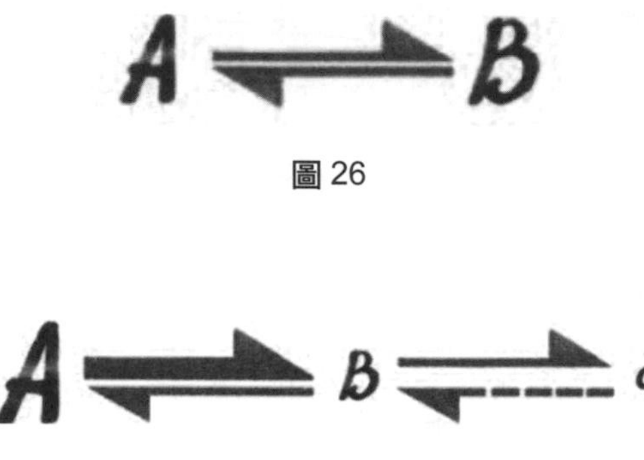

圖 26

圖 27

身上獲得好處——這也是細菌大多難以單獨培養的主要原因之一。

我總覺得上述推論應該也適用於克氏循環。生化學家格奈傑曾以古埃及符號（後衍伸用於鍊金術）「銜尾蛇」來比喻克氏循環。[3]這種吞食自己尾巴的神話動物常被解讀為「循環復活，生生不息」，象徵生命循環，死而復生。格奈傑從熱力學的角度詮釋銜尾蛇：運作效率百分之百。這條蛇重生的能量完全來自牠的尾巴，無須外界供應任何能量。然生命並非永動機，銜尾蛇的概念也不能直接套用於克氏循環（除了兩者都是循環），但這一切仍不脫熱力學效率的範疇。我們在前幾章反覆提及代謝路徑驅動力，也知道提高反應物濃度，同時移除終產物能調節驅動力，使反應進行得更順利。因此，當反應趨近平衡時（圖26），若反應物A濃度增加（譬如生活在深海熱泉附近，資源供應無虞），且B因為持續用於製造C而導致濃度下降（圖27），則A、B之間的反應會傾向朝讀者的右手邊發展。

上一章我們討論過克氏直線反應，並提出「直線反應何以變成循環」的問題。若要維持克氏循環始終朝生成的方向流動，不僅需要高濃度的早期中間產物，還得降低後期產物的濃度。說得更明確一點，我們得努力擺脫終產物「檸檬酸」，才能避免代謝流在循環路徑上來回擺盪——若直線反應轉為完整循環，這個問題就解決了：檸檬酸會持續移除（轉變成它自己的前驅物，如乙醯輔酶A），因此終產物不僅不會堆積，還能固定更多二氧化碳。[4]此外，催化這道步驟的「ATP檸檬酸分解酶」完全不可逆，故能持續消耗ATP，分解檸檬酸。如此說來，反向克氏循環無非就是一條銜尾蛇：它吞下自己的尾巴，帶動整個循環持續進行。依我之見，反向克氏循

---

3 格奈傑是個奇葩，堪稱呼吸計量學界的傳奇，不僅精通薛丁格和米契爾提出的生物物理學，後來還自己成立公司，生產高解析度的「螢光呼吸計量儀」（延伸自瓦爾堡和克雷布斯使用的測壓儀），名字就叫「銜尾蛇」。格奈傑熱愛藝術，也愛科學（還有杜松子酒、音樂和哲學）。格奈傑收藏許多「銜尾蛇」的精采畫作，全都放在他因斯布魯克的自宅畫廊裡。

4 眼尖的讀者大概會發現，這句陳述略嫌含糊。檸檬酸會分解成乙醯輔酶A和草醯乙酸，兩者皆可用於重新合成檸檬酸。問題是，高濃度的草醯乙酸可能會阻礙乙醯輔酶A合成草醯乙酸，因此一般來說似乎是反向克氏循環能重新生成草醯乙酸，乙醯輔酶A則另用於生成脂肪酸、醣（丙酮酸路徑）和製造ATP（乙醯磷酸路徑），這個觀點多少能說明醣與脂肪的代謝何以和標準克氏循環分家。循此，前述問題的爭議點就不是乙醯輔酶A，而是草醯乙酸了，因為就大多數生合成反應而言，能持續再生草醯乙酸和乙醯輔酶A的反向克氏循環不啻為一種高能原料庫。不管怎麼說，不可逆的ATP檸檬酸分解酶能推動能量物質流朝固定方向進行，不會逆轉。

環猶如蟄伏於生命中心的乙太銜尾蛇；這條蛇沒有實體，化身為轉瞬即逝，變幻無形的分子流，數十億年如一日地循環旋繞。若問支撐整個循環的力量是什麼，答案是「氫」——點燃宇宙無數星子的氫原子。

生機黎明：光合作用

產氧光合作用挺身對抗無氧世界的局限桎梏，這份自由宛若奇蹟，天天上演。產氧光合作用在藍綠菌、藻類、植被林間徐徐低吟，利用幾近一模一樣的機制固定二氧化碳，產生ATP和氧氣。但它們不要氧氣，扔之棄之，造就史上第一次「全球大汙染」。＊各位別忘了，光合作用所生的氧氣並非來自二氧化碳，而是水：光合作用分解水，取得氫原子（二氫）。現在各位應該對這個過程很熟悉了。要分解水並不容易，因此需要太陽能，需要神奇的轉換高手「葉綠素」全心投入來完成這項工作。葉綠素實至名歸：它吸收陽光（紅光）光子，激發電子；受激發的電子啪地離開「前雇主」葉綠素，偷偷摸摸且迅速鑽進膜內的電子傳遞鏈。被拋棄的葉綠素有點不爽，一把搶來蛋白質畢恭畢敬，危顫顫獻上的「祭禮」洩憤。這個祭禮不是什麼安撫中世紀神獸的童貞修女，而是水。啪、啪、啪，光合作用可以一直做這件事。電子流動，葉綠素將光能轉為電能，於是生命首次脫離地球這鍋熱湯掌控：細胞不再需要緊挨著海床蛇紋岩吸取火山氣體，或依附在吐出含有硫化金屬滾滾黑煙的火山口過活。光合作用將海洋化為燃料，遙遠的熱核反應爐「太陽」一舉點燃大海。

所以這一大票電子往哪兒去？電子和質子（即二氫）會在二氧化碳重逢，形成有機分子。但我們可以給出更好的答案：卡-本循環先讓電子接上三碳的磷酸甘油酸，做出三碳的磷酸甘油醛（各位可以翻回第二章一一四頁圖11再確認一遍）。電子奔向醣的過程既任性又熟悉：說「任性」是因為它們忽前忽後，在膜內外穿梭，奔向各位已耳熟能詳的鐵硫蛋白；至於「熟悉」則是因為光合作用使用的電子傳遞鏈基本上跟厭氧菌呼吸的那一套大同小異，兩者都離不開鐵硫簇，只是光合作用改從葉綠素偷電子罷了。這群蛋白質可不是有一搭沒一搭地把電子傳給鐵硫蛋白，它們也泵送質子，方式跟厭氧菌或甚至你我的粒線體一模一樣；被送出膜的質子也循相同管道（ATP合成酶）回流並產生ATP。產氧光合作用所使用的葉綠素，基本上也和不產氧光合作用差不多，前者唯一且最大的改變是整套反應程序：產氧光合作用把兩套既存的光系統連接起來，形成一套瘋狂折返的Z形架構。確實，藍綠菌之所以改用卡-本循環取代反向克氏循環，部分原因是前者在有氧環境下效率更好；只是產氧光合作用產生的廢物「氧」卻成為全球頭痛的大麻煩。

這又是一樁小跳一步造成驚天一躍的地球事件。讓我們來瞧瞧哪些地方不一樣了：細胞不再

＊譯注：即「氧化災變」。

像無氧時代那般活得捉襟見肘，只能從氫氣、硫化氫或二價鐵——全離不開深海熱泉——取得少量電子、驅動質子幫浦，也不再仰賴質子梯度還原鐵硫蛋白或合成ATP。現在，產氧光合作用把行之有年且截然不同的兩套光系統結合成Z形架構，使之既能產生ATP，又能還原鐵硫蛋白：陽光讓電子從水（水真是無所不在）流向第一套光系統，產生ATP，然後再進入第二套光系統還原鐵硫蛋白。產氧光合作用讓電子循著Z形架構直接從水傳至串連的兩套光系統，讓生命從此擺脫深海熱泉桎梏。無氧世界的能量緊箍咒終於解除，生命也從熱泉那層看不見的薄膜擴展至整個星球；這顆星球逐漸變成太空中的一顆藍綠大理石，向宇宙大聲宣告它的生機與活力。

然而，前述這段過程歷時整整二十億年，漫長得令人難以理解。產氧光合作用首見於藍綠菌或其先祖，但出現的確切時間點仍不得而知：二十三億年前的「氧化災變」是科學家掌握的第一項明確證據。當時整顆地球不僅紅通通，還像顆大冰塊——兩者皆肇因於大氣持續累積的氧。滿地的鏽色岩石富含氧化鐵（地質學稱「紅岩層」和「條狀鐵層」），但其他金屬也被氧化並從岩石析出，形成巨大的礦沉積物——譬如大約在二十二億年前形成，覆蓋區域達七百平方公里的南非喀拉哈里錳礦原。而地球之所以全面結冰也是因為氧：不論是天然存在或來自甲烷氧化菌的氧都會和甲烷作用，甲烷是一種溫室氣體，持續從大氣移走甲烷會使地球降溫。氧濃度持續升高導致更多甲烷被氧化，微妙的氣體平衡逐漸朝一方傾斜，終致氣溫驟降，地球進入冰河期——這第一顆大雪球整整冰封數千萬年，直到二氧化碳隨火山噴發散布，地球才好不容易再度回暖。

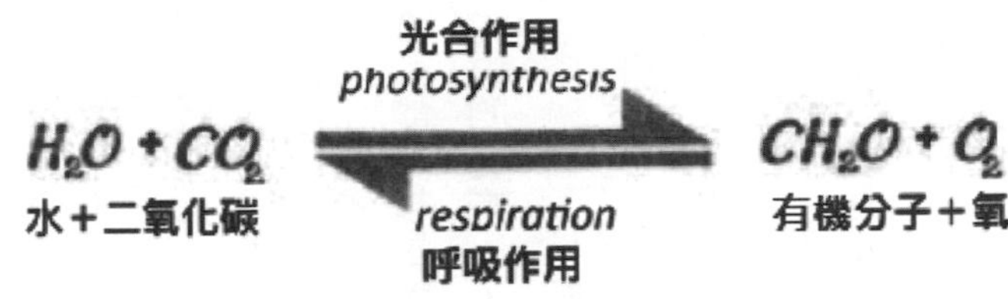

圖 28

撇開氧化災變和雪球事件不談，光是「重建光合作用史」讓人一聽就怕。就拿「第一批光合作用細菌到底在氧化災變多久前出現」來說吧，單單解讀基因序列這座分子時鐘便已困難重重，理由是在如此漫長的時光中，可作為演化基準點（譬如藍綠菌就是微體化石的公定依據）和限制演化速度的相關資訊少之又少。有人聲稱，微微氧化的金屬即代表地球已有一絲絲氧氣，暗指產氧光合作用早在三十億年前就出現了；然這類說法極具爭議，因為微氧化也可能只是反映細菌的代謝活動。但同樣的，科學家幾乎沒有證據反駁光合作用早期演化的說法。假如所有的氧氣一被製造出來便立即和甲烷發生反應，遠古岩石根本不會留下絲毫氧痕跡；我承認這聽起來不太合常理，然而在探索生命史的時候，常識很容易誤導思考方向。事實上，地球的大氣氧濃度恰恰維繫於「製造」與「消耗」的平衡狀態——「光合作用產生的氧」減去「呼吸、腐爛、金屬氧化等等所消耗的氧」即為大氣氧濃度。如果消耗的氧以「呼吸」概括稱之，那麼光合作用的化學平衡式差不多就如上圖所示（CH_2O 代表所有形式的有機分子）。（圖28）

這兩種反應速率長期處於平衡狀態，說明大氣組成何以幾乎能維持恆定（至少氮氣和氧氣這兩種主要氣體是如此）；然而從整個地質年代來看就不是這麼回事了。氧濃度從零左右持續爬升至今日「百分之二十一」這個水準，顯示地球應該有過一段或好幾段兩種反應速度嚴重對不上的時期——也就是氧化移除氧氣的速度跟不上光合作用產生氧氣的速度。要在漫長的地質光陰逐漸累積氧氣，必須設法屏蔽光合作用產生的有機碳（譬如埋在地下的煤或石油），使其不跟氧起反應。其實還有更大量的碳被封存在高碳頁岩裡，不過這些碳不具開採經濟價值，真是教人額手稱慶。大體來說，若能掌握有機碳在何時，以及有多少被掩埋封存，多少能讓科學家了解氧在每一段地質年代累積的對應關係；然而就實務而言，如此依舊無法得到肯定的答案。幸好科學家手上還有「碳同位素」這張王牌，能代我們一探虛實。各位已經在第二章見過碳－11與碳－14了，現在再來會會「碳－13」吧：碳－13核內有六顆質子和七顆中子，性質卻相當穩定。所謂「穩定」是指環境中的碳－12與碳－13比例不太隨時間改變，或至少不容易發生放射衰變。只是碳－13並不常見，含量不及碳－12的百分之一。

還記得「RuBisCO」這個全球含量最豐富，在卡－本循環負責固定二氧化碳的蛋白質吧？對於碳－12與碳－13這兩種相對穩定的碳原子，RuBisCO似乎更偏愛輕盈的碳－12。我常把這些原子想成跳來跳去的乒乓球，因緣際會撞進RuBisCO這類生物酶。質量較輕的原子彈跳速度較快，撞上酶的機率也比較高；和標準比例相比，RuBisCO固定的碳－12硬是比碳－13高出約千分之三十，而且不論現代植物或古岩石內的微量有機物都能測出這種差異。RuBisCO的偏心導致海洋與大氣層碳－13微幅偏高，這點從石灰岩的成分比就能清楚看出來（石灰岩由海洋無機碳酸沉降堆積組成）。各大洋的碳酸濃度就像海水鹽度，大多維持不變，石灰岩的碳－13含量變化就成了全球通用指標，告訴我們有多少有機碳被埋入地下——埋起來的碳－12愈多，就代表同一時期有更多含碳－13的石灰岩沉澱形成。

因為如此，氧化災變的碳－13高峰恰恰代表當時有許多碳－12遭到掩埋，氧濃度也隨之上升。若要用這個微量差異轉換並估算當時的大氣組成，難度極高，故在此略過不提，我們只要知道高量碳－13與紅岩層、錳礦原等多種氧化活動有關就行了。氧化災變後，碳－13痕跡沉寂了約十億年，故這段時期偶爾被稱為「無聊的十億年」；然而也就是在這段期間內，更複雜的真核細胞、性以及其他一點也不無聊的生物特徵相繼躍上演化舞台。我另外寫了幾本書探究這個主題，不過這個主題和本章、本書主旨較無關聯，[5]所以各位只要記住兩件事：其一是在整個無聊十億年間，大氣中的氧濃度仍然偏低，大約介於目前的百分之一到百分之十，至於深海仍以無氧狀態為主。其二是在無聊十億年接近尾聲時出了件大事：地球發生歷時兩億年的劇變（包括一連串雪球事件），碳酸的碳－13含量亦隨之劇烈起伏；有時突然飆高，證明地球當時被氧氣淹沒，有時卻災難似地反轉崩跌，這種情況甚至比前者更難解讀。最後，地球在創下碳－13最大下降幅度的紀錄以後，緊接著就出現寒武紀大爆發——這最後一次碳－13下降謎團，無疑是了解動物起源的重要關鍵。

舒拉姆難題

這道難題以阿曼的「舒拉姆地層」為名，理由是科學家在這片富含碳酸的沉積岩層測出地質史上最大的「負同位素偏移」：大約從五億六千萬年前起，該岩層的碳－13痕跡突然陡降，從原本高出全球平均值千分之五的水準一路降至比全球平均低了千分之十二（甚至比地函的碳－13還低），然後在接下來的數千萬年間緩慢上升。您或許覺得這無非就是個枯燥乏味的學術問題，才不是呢！這簡直駭人聽聞。請想想這樁事件代表的意義：碳－13和碳－12比例下降，意謂這數千萬年間，被氧化的碳遠遠超過埋入地下的碳，意即大量氧氣從大氣析出且被消耗，形成巨額氧債。然而在這段時期接近尾聲，也就是寒武紀之初，海洋的氧濃度已接近今日水準，從此揭開地球弱肉強食，快節奏翻轉的序幕。其實光是在舒拉姆地層形成期間，大氣也已經留下氧濃度攀升的證據了。各位或許不覺得兩者有何衝突：地球的氧濃度為何不能先降再升，又或者海洋與大氣的含氧量難道不容許些微差異？問題在於降幅不成比例。地球得消耗多少氧氣才能讓碳－13濃度在一千萬年內驟降，答案不僅算得出來，而且超級誇張——**全部**。不論大氣或海洋皆不能留下一絲一毫的氧氣。各位可別以為舒拉姆地層是特例唷，全球各地於同時期形成的地層也都給出相同的答案。舒拉姆難題儼然是個謎。

我在倫敦大學學院的同僚席爾茲自認他已解開這道謎題。假如他是對的（我也認為他是對的），那麼動物演化出世之謎將迎刃而解。為理解他的見解，我們得先調整兩項觀念：首先，埋入地殼並非封存有機碳的唯一途徑，有機碳也能卡在水層裡——席爾茲稱之為「泥炭洋」。泥炭洋和蘇格蘭沼澤差不多，都是有機溶質形成的一窪窪「褐水」。當地表氧濃度在前寒武紀末降至極低點時（跟深海含氧量差不多），有機碳亦好整以暇地慢慢腐爛衰敗。泥炭洋的大規模氧化逐漸耗盡水層中的氧，將大量含碳－12的二氧化碳重新導入系統——這一步即足以解釋舒拉姆的同位素偏移現象。但是這麼大量的碳要如何在不影響大氣氧濃度的條件下氧化呢？席爾茲說，答案要往地質學去找，生物學答不出所以然：當時的氧化劑根本不是氧，或至少碳並非直接跟氧起作

5 鑑於本章討論到胞內驅動力，我還是簡單提一下好了。好些年前，我因為亞利桑納大學威利斯的研究，注意到粒線體和細胞質內NAD$^+$／NADH比例差異極大。就真核生物而言，這種情況不無可能，因為粒線體在真核細胞內是獨立的胞器。NAD$^+$或NADH無法直接通過粒線體內膜，醣解作用的最初幾個步驟在細胞質內發生時，需要大量的備用NAD$^+$接收電子，迅速合成ATP供醣解所需，故細胞質內的NAD$^+$／NADH約莫維持在1000：1。相較之下，最適合粒線體的NAD$^+$／NADH比例則完全不同：粒線體必須把NADH氧化成NAD$^+$，需要充足的NADH滿足呼吸鏈需求；所以粒線體NAD$^+$／NADH一般維持在1：1左右，比細胞質的比例整整低了三個級數，其詭妙之處在於粒線體膜電位主要用於供應幫浦動力（蘋果酸－天門冬胺酸幫浦），而這個幫浦的總體效應就是在細胞質內氧化NADH，在粒線體內還原NAD$^+$，以此調整最適合細胞質與粒線體的NAD$^+$／NADH比例與胞內驅動力。真核細胞的粒線體不只能促進更多ATP合成，還能以細菌幾乎辦不到的方式調整胞內驅動力。所以就本章的情況來說，「愈大愈好」真是一點也沒錯。

用，而是**硫酸**。從氧化災變發生的那一刻起，氧濃度逐漸升高，地表也隨之堆積因蒸發而析出的硫酸；到了舒拉姆偏移時期，地表硫酸少說也累積二十億年了。這一切是怎麼發生的？隨著超級大陸現身又分家，漂移又崩解，淺海除了一步步隔開大型陸塊，部分亦逐漸蒸發，形成大量富含蒸發硫酸礦物（如俗稱石膏的「二水合硫酸鈣」）的沉積岩。到了五億六千萬年前左右，幾塊漂移大陸撞在一起並組成岡瓦納大陸，大量硫酸沉積物被相撞的大陸擠出地表，隆起成為山脈。大陸持續擠壓，山脈繼續增高，大量的硫酸也因為侵蝕作用而重回海洋；這股硫酸流不僅反映板塊構造的巨力，也象徵機遇：大量的硫酸鈣蒸發岩對上大水池。簡言之，這種偶然性根本是可遇不可求。

硫酸和氧氣一樣都是電子受體，惟前者反應性較弱。在光合作用黎明還未到來的無氧時代，彼時的古老細菌就已學會使用硫酸了；進入氧化時代後，硫酸的蘊藏量更是大幅增加。還原硫酸的細菌為異營菌，它們從有機分子（食物）吸取電子再傳給硫酸（不是氧）以獲得能量，產生廢物「硫化氫」（不是水）。某些硫化物會跟溶解態的鐵起反應，形成「愚人金」黃鐵礦等不易溶解的硫化鐵；硫化鐵沉落海底，連同從有機碳溶質搶來的電子一併封存掩埋。換言之，「氧化」這些泥炭洋的是硫酸而不是氧，卻釋出大量含碳－12的二氧化碳作為交換；泥炭洋失去的電子並未以石化燃料的形式保存下來，只有不值錢的愚人金埋在海底深處。這筆買賣誰輸誰贏，想也知道。[6]

然而這一切究竟與動物早期演化有何干係？科學家認為，全球海洋至少有一千萬年的時間都飄著硫化氫惡臭，直到所有鎖在泥炭洋裡的有機碳完全氧化為止。地球在這段期間幾乎沒用到一丁點氧氣，因此接下來的新世界無處不是清澈、富含氧氣的活水——寒武紀獵食者的完美天堂。但主宰新世界的為什麼是動物，而不是早先那群在水中悠然擺盪的埃迪卡拉葉狀生物？哈佛地質學家諾爾在地球史的另一段劇變時期找到關鍵線索：即兩億五千萬年前左右的二疊紀末滅絕事件。那也是一段全球暖化連帶造成全球氧濃度下降，二氧化碳濃度升高，海洋散發硫磺惡臭的有毒年代。海洋死區域不斷擴大，導致近九成五的物種滅絕；即便如此，死神並非不分青紅皂白，格殺勿論。諾爾指出，那倖存的百分之五並不僥倖，亦非隨機，主要都是一些擁有自主呼吸及循環系統的動物，牠們能將稀薄的氧氣送至全身，清除過多的二氧化碳或硫化物。這群強韌的生存者早已適應泥塘的汙濁環境，懂得挖洞求生，即使在極度窒息的條件下依然活蹦亂跳。反觀那些

6 但認輸的肯定不會是席爾茲，因為他鐵了心要解開這道難題。舒拉姆異例並非碳同位素紀錄的唯一謎題，其他幾樁懸案似乎也同遭硫酸氧化攪局（甚至還有硫酸沉積這類完全相反的案例）。若「大量硫酸湧入海洋」能說明舒拉姆地層的巨幅碳－13負向偏移，那麼緊接在氧化災變之後的大規模正向偏移或許部分可用「地表硫酸封存」來解釋，就連碳－13訊號飆升也說得通，只是氧濃度在碳－13峰值後陡降至趨近於零。循此，「碳－13波動僅能反映碳封存和碳氧化」的說法顯然有誤導之嫌。

個性溫和，順利挺過二疊紀的濾食者，雖然牠們對氧氣需求不高，卻因為不具備自主循環系統，終究只能向命運低頭。

五億五千萬年前——差不多是二疊紀末滅絕事件的三千萬年前，似乎就連埃迪卡拉的子民也被過度硫化的海洋嗆得喘不過氣。埃迪卡拉大難臨頭，厄運就寫在當時的海底泥濘中：地球史上首批生痕化石約莫就是在舒拉姆地層年代留下來的。所謂「生痕」就是各位在沙灘上看到的小洞洞，這些小洞洞其實是穴居或鑽洞動物留下的坑道入口。這群雙側對稱、有肌肉、長得像蠕蟲的動物是脊索動物（如「皮卡蟲」及其他脊椎動物）的祖先，牠們有簡單的循環系統，起初僅有肌肉包圍的開放體腔（後來封閉了），就連心臟也只是增厚的肌肉而已。這些早期雙側對稱動物已能簡單地儲存及運送氧氣，也能移除二氧化碳，工具則是肌紅素、血紅素一類的細胞色素；牠們還會使用一些在這個族群已相當普遍的硫化物醌還原酶和替代氧化酶等生物酶，適量處理硫化物。這些色素與酶連成一氣，抽取硫化氫的電子再輾轉傳給氧，過程中還順便解毒硫化物。這是一套主動積極的生存策略：生命不再被動求存，不再處處受限，委屈求全，而是設法克服低氧環境，危顫顫的火苗自此愈燒愈旺。成千上萬黏呼呼、滑不溜丟的動物活了下來（我也是，或至少我的祖先皮卡蟲活下來了），在泥漿裡蜿蜒鑽動：動物的細胞生理並非順應有氧環境而生，根本差遠了——二疊紀末這個令萬物窒息的地球才是形塑克氏循環，打造今日對我們別具意義的代謝機制的真實世界。

胞內觀點

我們曾經提過，克氏循環像一條銜尾蛇，在吞下自己尾巴的同時也把二氧化碳及氫氣轉變成組成生命的有機分子。完整的克氏循環在細菌和古菌界究竟有多普遍，目前仍屬未知，不過有一點倒是十分清楚：不論正向或反向循環，大多數的細菌和古菌不會一口氣跑完整個循環。大多時候，它們喜歡把循環拆成兩半，讓反應路徑變得像雙齒叉而非環形結構（如圖29）。這根雙齒叉的一齒傾向還原，一齒傾向氧化。還原路徑始於二碳的乙醯輔酶A，經由三碳丙酮酸變成四碳的草醯乙酸，之後再轉為蘋果酸、反丁烯二酸和琥珀酸。這是用於生合成的還原路徑（一如聖哲爾吉於一九三〇年代所料），我們在前幾章亦多次提及。至於氧化

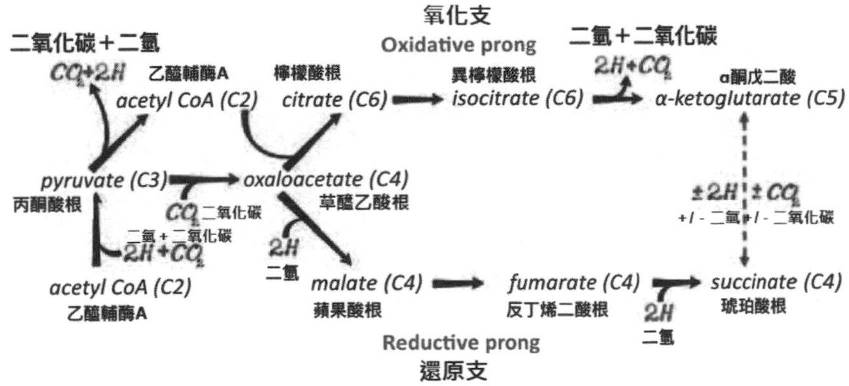

圖 29 上圖為兩條非循環的克式反應路徑，常見於微生物。處於低氧環境時，二氫的製造與消耗能藉由這兩條路徑達到平衡，使細胞能持續代謝並合成 ATP，又不會過度堆積 NADH 或乳酸等代謝廢物。

路徑則與克雷布斯預期的最初幾個步驟相去不遠，即乙醯輔酶Ａ與草醯乙酸濃縮形成六碳檸檬酸，經由異檸檬酸轉為五碳α酮戊二酸（可用於合成重要的胺基酸「麩醯胺酸」），有時還會進一步轉成四碳的琥珀酸輔酶Ａ。

各位可能會問：兩根牙有啥好稀罕的？嘿，答案是它們能互相制衡！平衡「原力」，驅動生長。如果環境氧濃度偏低，其中一端就會開始消耗ＮＡＤＨ（上圖標示為二氫），另一端則負責製造ＮＡＤＨ；雙齒互助合作，不僅維持二氫供體和受體平衡，還能順便合成小量ＡＴＰ。

起初分頭進行的兩條路徑最後會在四碳琥珀酸會合。在反向克氏循環中，負責把反丁烯二酸變成琥珀酸的是反丁烯二酸還原酶；這個還原酶的獨特之處是它乃至今唯一還嵌在粒線體膜上的克氏循環酵素，功能是從呼吸鏈抓取電子。環境缺氧時，反丁烯二酸可作為終端電子受體，勉強維持質子幫浦運作、合成ＡＴＰ並產生代謝廢物琥珀酸（我們會在下一章細究來龍去脈）。對於生理條件已適應低氧、缺氧環境的生物而言，琥珀酸堆積是相當強烈的生化訊號，足以促使基因啟動或關閉。相反的，當氧氣充足，反丁烯二酸還原酶基因關閉，另一種名為「琥珀酸脫氫酶」的基因順勢啟動；雖然這兩種酶構造相似，顯然源自共祖，作用卻恰恰相反——琥珀酸脫氫酶會取走琥珀酸的電子以生成反丁烯二酸，並且把電子送進呼吸鏈，餵給氧。換言之，琥珀酸是這根雙齒叉的轉折點，而克氏循環該往哪個方向流動端看外在條件——也就是可用氧的多寡而定。

「地球氧濃度驟升迫使克氏循環逆轉運作」（更確切地說是直接變成你我體內的「正向」克

氏循環），不管從哪方面來解讀都與事實相去甚遠。我們已經知道氧濃度並未「驟升」，而是在大約二十三億年前，也就是氧化災變那段期間才開始上升，而且後來仍有近二十億年的時間都維持在低點（深海甚至趨近於零）。坦白說吧，認為克氏循環堪比完美的柏拉圖循環，複雜到不可能簡化也不會再進化，這種觀念根本大錯特錯。有些細菌的代謝確實很接近銜尾蛇，設法達到最高生合成效率；然而絕大多數的細菌、古菌和單細胞原生生物（統稱「微生物」好了）主要仍傾向使用雙齒式的非循環路徑。當然，某些厭氧菌確實有能力走完一輪完整的氧化循環，但它們大多不好此道。

這套雙齒反應式也指出另一種微妙平衡：微生物只能任環境擺布，隨波逐流。它們不時得啟動或關閉基因，調整代謝以利生存。每一種代謝狀態皆相當於一種特定的流動模式，因此微生物會不斷從一種代謝狀態接續，過渡至另一種狀態；諷刺的是，科學家對微生物實際的代謝多樣性了解有限。我們會在下一章探討最適合癌細胞快速生長需求的克氏循環代謝流。每多了解一分這種多樣性，就能從中獲得更多啟發。偶有科學家聲稱「癌細胞的能量利用型態已回返至較原始的表現型」，這種說法無疑是觀念誤導。癌症細胞哪會照著教科書跑克氏循環？很多細胞都不會，但我們必須理解一項關鍵：標準且完整的氧化型克氏循環或許是產生ＡＴＰ最有效率的方式，卻幾可斷定不是支持細胞生長與複製的最佳選擇。ＡＴＰ只是細胞生長的一環。若問誰才是驅動生長的最佳生合成路徑，雀屏中選的並非標準克氏循環，而是讓人出乎意料的答案。

既然如此，學校教科書為何仍緊抓氧化型克氏循環與ATP合成不放？微生物和多細胞生物之間又有何差異？寒武紀大爆發前的那段「傷痛時代」到底出了什麼事？在泥濘裡鑽爬，承受硫化物惡臭，在爛泥中成長繁殖——古老無氧世界的嚴苛條件不僅誘發並助長細胞的能量運用效率，也能指引我們解開前述謎團。

首先是設法增強驅動力：提高氧濃度，排除廢物二氧化碳。透過呼吸系統加強換氣。儲備氧氣，待需要時再緩慢釋出——這正是肌紅素和血紅素的功能。在這個時期，動物體內載錄這兩種蛋白的基因持續複製，衍生出龐大且互有關聯的蛋白譜系；這些特化蛋白質的功能及目的稍有不同，但差異不大。其次是盡可能縮減ATP用量或設法提高合成率；概括來說，兩者其實是同一件事。活躍程度高的組織（譬如腦）需要完整的氧化型克氏循環，必須大量製造NADH，泵送更多質子，重新合成高濃度反應物。濃縮成一句話來說就是：反應路徑愈趨近循環，效率愈好。氧化型克氏循環也是一條銜尾蛇，尾巴緊連腦袋；前面提過，克雷布斯深知，即使必須燒掉兩分子的水，合成ATP最有效率的方式還是循環——也就是能量物質流的方向必須固定。這一點可以透過幾種把關嚴格，不隨意切換方向的酶來辦到。說得更精確一點，這些酶一度讓反向克氏循環彷彿比登天還難；但我們也已經看見，事實並非如此。

然而完整的氧化型克氏循環做不出生合成所需的前驅物，此為本質使然。生合成需要隨時能進出循環的能量物質流（像走圓環），有些部分甚至得逆向流動。當然，生合成仍需要ATP，故氧需求較低的組織（譬如性腺）會透過醣解作用發酵醣，或利用較少見的呼吸形式來製造ATP（下一章會簡單討論），但這並不代表這些組織完全不需要粒線體。恰恰相反，這些組織的克氏循環設定在「生合成」模式，跟大部分癌細胞差不多；不同組織有不同需求，有些需要大量ATP，有些則有特定或特殊的生合成需求，每一種狀態都有其最適合的克氏循環流動模式。

多細胞動物的組織能**同時**運作或改變不同代謝狀態，讓不同組織的代謝模式相互制衡。這堪稱最精巧的平衡手法，足以支持多細胞動物複雜的演化趨勢。

各位已經讀到，細菌和古菌常以互利共生的方式存在，在化學計量上非常精準地消耗彼此的代謝廢物，互依互存。這種方式有助於穩定彼此的代謝狀態，創造一種能保護雙方不受環境變遷影響的代謝恆定。我們也可以從這個角度來詮釋動物體內的不同組織器官。就某種程度來說，各組織都是透過輸入或輸出彼此的代謝廢物來維持代謝平衡（譬如把乳酸或麩醯胺酸送到其他組織氧化）。你我最熟悉的「恆定」概念莫過於維持穩定的體溫、酸鹼值、電解質等等，但是對「動物藉由穩定不同組織代謝流的代償或互補，以維持整體恆定」的概念可能比較陌生；不過，真核細胞龐大的基因體完完全全就是為了這個目的而存在的。地球上的第一批動物「埃迪卡拉動物群」組織分化程度不高，因此當環境變遷超出牠們能承受的舒適圈時，這群生物注定滅亡，然而四處鑽動的脊椎與無脊椎動物先祖「雙側對稱動物」卻已開始實驗高效代謝平衡是否可行。於是，在進入寒武紀的那一刻，雙側對稱動物技藝純熟，躍躍欲試，待大海漸趨清澈，含氧活水粼粼閃耀之際，這群動物的肌肉和大腦早已具備完整的克氏循環機制，透過由不同組織構築而成的一系列生合成流，維持平衡；而愈來愈多的氧氣更讓牠們加足馬力，火力全開。

我在首章提過，克雷布斯很幸運：他選擇以鴿子胸肌建構循環假設。比起鴿子胸肌，其他組織的生理活動相對複雜許多，惟教科書仍墨守成規，堅持使用「燃燒醣」這個最簡單的觀點，以致當後人發現克氏循環規則遠比書上寫得更為繁瑣複雜時，無不瞠目結舌，驚愕莫名。以「並行控制代謝流」的方式達成組織共生，原本就是高空走鋼索等級的技藝，沒有高超的調控技巧鐵定辦不到；而這套技巧的高難度或多或少也交代了動植物獨特的「器官級」複雜度源自何方。現在，科學家著手透過代謝體學來研究癌症、糖尿病、神經系統退化等老化相關疾病的代謝基礎，步步拆解過於簡化的「基因控制代謝」概念，將「組織共生」這個維繫動物健康與壽命的精巧設計呈現在世人眼前。缺氧、感染、發炎、突變等等全都能改變物質能量流通過克氏循環的模式，引發一連串啟動或關閉數百或數千基因的連鎖反應，改變細胞及組織在表觀遺傳上的穩定狀態，終而導致組織功能惡化，生合成路徑幾近停滯，ATP合成銳減，組織共生的精密網絡逐漸分崩離析。於是，我們老了。

第五章 走進黑暗

「每一個細胞的夢想就是變成兩個細胞。」分子生物學最抒情的革命家賈克布如是說。沒有哪個細胞比癌細胞更全心全意——或毫無意義——實踐這個夢想，終使美夢變成噩夢；也沒有哪個細胞比癌細胞更目光短淺，明目張膽地意圖即刻擷取天擇的好處。「時機」是天擇的唯一關鍵：沒有先見之明，沒得比較，即使錯了也只能一路錯到底。天擇只求當下最佳策略——此時此刻，為求諸己，不為多數，最後常常都是錯的。癌細胞橫屍遍野，壞死組織比作戰壕溝更慘不忍睹；極少數的倖存者突變、演化、適應，設法利用持續變遷的環境，自私地吞下最後苦果。不受約束，沒有界線，是它們的恐怖之處。癌細胞吃乾抹淨，啃光你我的肉體以滿足它們空洞無謂的生死，直到幸運之神不再眷顧你我，把生命也交給癌細胞為止。雖我指謫癌症，但我也得承認，我心裡也有毫無意義的貪婪與破壞天性。願你我都能在自己身上看見比癌細胞更好的一面。

希特勒向癌症宣戰，卻活得提心吊膽。尼克森總統也向癌症宣戰，於一九七一年簽署國家癌症法案（並且希望這是他任內最有意義的一項法案），結果誰知這場戰役竟然比甘迺迪總統早十年選擇的「登陸月球」之役還要困難（後者一九六九年就成功了），就連曼哈頓計畫也只花三年就做出原子彈。相較之下，我們花了至少十倍時間研究癌症，卻還看不到終點。美國國家衛生統計中心資料顯示，惡性腫瘤造成的死亡率自一九七一年以來並無太大變化。[1]癌症研究並非毫無進展，特別在早期治療方面確實有長足的進步；然而，你我大多都有無助地看著親人好友未及天命即罹癌過世的切身之痛。你我心知肚明：我們並不曉得答案。

我在一九八〇年代剛開始研究生物化學時，「答案」彷彿伸手可及，致癌基因與腫瘤抑制基因等新思維方興未艾。這些基因能控制細胞週期，若發生突變，則可能導致細胞不顧一切持續分裂。看似隨機的基因突變開始變得有意義，猶如將四散的圓點串連起來，或許會浮現某種圖像。當科學家意識到這片圖像的意義時，無不熱血沸騰；不僅如此，這些新觀念甚至以當時最流行的生物觀點和生物學中心教條「遺傳資訊」為基礎：遺傳資訊從ＤＮＡ流向蛋白質，變形並化身為癌變的中心法則——ＤＮＡ突變並製造出有缺陷的蛋白質，扭曲細胞訊號。細胞彷彿受到惡魔低語誘惑，使正常訊號全變了樣，頻頻催促細胞**長！繼續長！**並且**不准死，絕對不能死！**

不用我特別說明，科學家大概也是在有能力定序基因，精確找出相關變異點的時候，才逐漸意識到這一點的。明確找出變異點大都能釐清基因如何受傷。星宿就位，星象漸露：基因定序功能強大，這法子能找出ＤＮＡ單一字母變異與蛋白質機件改變的關聯性，清楚指出接下來的訊息脈絡，以及細胞如何變形成癌細胞。不出所料，這個概念極簡卻暗藏無限細節的工具令人愛不釋手——只要在定序儀上點幾下，答案就自動跑出來了；而且這個方法看起來甚至夠客觀，無須驗證任何主觀假設——只有冷冰冰的數據，唯一的限制僅有新觀念本身而已（但它當然只是個假設）。在我寫書當下，癌症基因體圖譜已在超過兩萬三千個基因裡揪出三百多萬種癌症基因變異；讓人不得不開始思考，這是否見樹不見林？

「基因突變引發癌症」仍是目前的主流觀念。二〇二〇年，《自然》有一篇專題論文寫道：癌症是一種基因體病，是體細胞的關鍵癌症基因發生突變所致。可是過去十多年來，聖劍似乎抽得太遠，幾已篤定無法履行當初「治療癌症」的諾言。既然如此，自一九七一年以降，惡性腫瘤的死亡率何以並無明顯變化？致癌基因的觀念沒有錯，但也不全是事實。致癌基因和腫瘤抑制基因當然會突變，肯定也會引發癌症，但癌症致病機轉及整體脈絡可能比基因本身的資訊更為重要。時至今日，中心法則依然在我們心中占有極大分量，而「癌症是基因體病」幾乎是鐵律般的

1 我知道這聽起來很不可思議，明明我們在早期診斷與治療方面已經有了極大的進展。事實上，癌症整體死亡率自一九九〇年起確實穩定下降，可是從長期趨勢來看，從一九五八至一九九〇年卻是緩慢上升的。二〇一六年的癌症整體死亡率勉強低於一九五〇年代。這份資料取自國家衛生統計中心 Deaths: Final Data for 2016, National Vital Statistics Reports, Vol. 67 No.5, 26 July 2018(Fig.6): https://www.cdc.gov/nchs/data/nvsr/nvsr67/nvsr67_05.pdf。

存在。但生物學並非只有資訊。就像犯罪問題不能只歸咎個人，某種程度也反映社會問題；所以「致癌基因引發癌症」並非絕對，而要從環境來解讀其意義。「癌症始於誤入歧途的細胞」堪稱科學寓言故事：誤入歧途的細胞（及其基因）其實是冷漠的外在世界蠻橫專斷，不分青紅皂白鬥毆虐打所製造出來的倒楣鬼，某天這顆可憐的細胞被欺負得太慘，又或者遺傳命中注定，突然發瘋反抗，狂暴增殖，聽不進身體的理性建言，最後連壓都壓不住——這就是了：冷漠、沒有意義的殘酷世界，還有悲冷淒涼，猶如《蝙蝠俠》一心復仇的小丑。

但駁斥這個「悲慘遺傳決定論」的證據竟令人萬分詫異。假如癌症是一團源自一顆誤入歧途的細胞的複製品，那麼最初導致細胞走偏的基因突變照理說也會寫在所有複製細胞上，也就是腫瘤內的每一個細胞都應該會有相同的突變；但事實並不一定如此。許多腫瘤在不同部位都有不一樣的基因突變，而且就算重疊，範圍也很小，這表示突變是在腫瘤細胞生長期間累積下來的，而非一時啟動某種開關所致。事實上，突變累積的說法頗為可信，因為癌細胞的遺傳表現是出了名的不穩定，也就是它們累積新突變的速度會比一般正常細胞快上許多；不過，突變累積或許會加速癌症病程惡化，但這種異質性與最初**引發**癌症的致癌基因突變並不一致。再者，腫瘤附近，或相對位置較遠的正常組織通常也會發現同樣的致癌基因突變，顯然這種突變不一定會造成癌變，或甚至相反：若採下腫瘤內的癌細胞，將其植入正常細胞環境，癌細胞似乎會停止生長，通常還會誘發計畫性細胞死亡。如果能以這種方式重新擺布癌細胞，無疑令人振奮，因為這表示同樣的基因突變不一定會促使細胞擁抱相同的命運。這個觀點和另一項早期研究結果一致，即「移植細胞核不會改變受體細胞的表現型」：決定細胞狀態的並非核內基因，而是細胞質——換句話說就是胞內或胞外訊號能啟動或關閉基因。突變不是癌變的必要條件，單純只是細胞質送錯訊號而已。

我再多提供一些證據吧。許多致癌物不會即刻造成突變，卻得花上好些年才誘發癌症——久到體內早就沒有這些致癌物質了。全球大概有三分之一的癌症可能和慢性感染有關（譬如Ｂ型、Ｃ型肝炎或血吸蟲病），這些疾病會嵌入ＤＮＡ，誘發基因突變，也會按下「快轉鍵」，逼迫細胞不正常地持續分裂；然而造成癌變的真正原因究竟是哪一個，目前仍不清楚。說不定，導致癌變的最大風險因子是老化：癌症發生率隨年齡增加而呈現指數增長。年過五十的罹癌風險是二十四歲以下的**九十倍**。目前我五字頭剛過一半，等到六十出頭時，我的罹癌風險直接翻倍，然後七字頭時再翻一倍。除了苦笑還能怎麼辦？

各位或許認為，罹癌風險倍增或許可以這麼解釋：基因突變會隨著年老而穩定累積，只是有些人運氣比較差，突變剛好發生在錯誤的基因上，因此罹癌。然而逐年累積基因突變似乎太慢，無法解釋癌變或老化的過程，也無法說明人類的罹癌風險何以並未比小鼠等其他動物高出多少（人類在胚胎形成過程中，ＤＮＡ複製的次數硬是比小鼠多了十倍有餘；而每次複製都可能引發新突變），或大象的罹癌比率何以仍舊偏低。癌細胞並非不會突變（顯然是會的），在癌變的發展過程中，突變也許扮演某種決定性的角色，將細胞鎖死在某種生長狀態，令其難以恢復（不過科學家也已經發現，改變癌細胞的微環境能使其停止生長）。所以問題來了：基因突變當真是致癌主因？如果不是，那是誰害的？

關於癌症的主要致病機轉，偉大的生化學家瓦爾堡（也就是克雷布斯研究生涯的導師）在近一個世紀前，曾經提出一套十分另類亦頗具爭議，卻又無法完全屏棄的見解。最近十年，這套見解再度成為顯學，部分原因是研究人員意外發現，載錄克氏循環酵素的基因若發生突變，同樣也會致癌。瓦爾堡認為癌症是「呼吸機件受損」的結果，屬於「能量問題」；雖然目前已知的大量細節證據並不支持這項觀點，但克氏循環代謝流無疑是關鍵要角。我們已經知道，克氏循環不只跟能量有關，也和生長有關。癌細胞的生長表現南轅北轍，錯綜複雜，因此在我看來，掌握癌細胞代謝的關鍵手段無疑是「跟上潮流」——代謝流切換如何透過遺傳或其他方式**加速**細胞生長？究竟是按下驅動生長的快轉鍵，還是關掉抑制生長的開關？在這一章，我們會看見癌變根源似乎可以在「能量」與「生長」——即克氏循環的陰陽抗衡之間找到答案。

瓦爾堡效應

瓦爾堡是個天才。以他的實力，三度戴上諾貝爾桂冠亦不為過，他的某些見解甚至超前他的時代整整五十年。瓦爾堡早在一九三〇年代便倡導戒菸、降低汽車汙染，提倡健康飲食（拒絕使用化學肥料）、規律運動和補充維生素B群（B群有助於製造細胞內的氫原子貨幣NADH，這也是瓦爾堡發現的）。當年他對癌症的見解——即「瓦爾堡效應」——近十年重回主流，引用次數幾近指數激增。瓦爾堡認為：癌細胞的行為取向頗似酵母菌，即使處在有氧環境仍傾向發酵醣類，而非進行細胞呼吸。除此之外，瓦爾堡還有許多新發現（譬如發現負責呼吸及發酵的細胞構造），而他本人更是一位了不起的導師，作育英才無數，其中多位甚至榮獲諾貝爾獎，當然也包括克雷布斯。

只不過，瓦爾堡經常以過度簡化的「對錯二分法」來解讀與描述科學問題。他固執己見，而他的自以為是與傲慢武斷代表他寧可爭辯而不願傾聽，有時一辯就是數十載。瓦爾堡的傲慢部分源自他在一戰前德意志帝國時期的非凡教養：他父親埃米爾是出身正統派猶太教家庭的知名物理學家，後與雙親意見分歧而改信基督教新教；他的母親來自德國南部的軍人和公務員家庭，篤信新教，為人和氣，性格堅毅。一八九六年，埃米爾出任物理研究院院長，舉家遷往柏林；埃米爾的普魯士科學院院士身分也讓他和不少科學名人結為密友。癌症生物學家奧圖就曾寫道：

> 夜晚的瓦爾堡府無疑是最熱絡的社交聚會中心：愛因斯坦拉小提琴，普朗克彈鋼琴，其他同事如凡特荷夫、能斯特等人也常提供音樂、文學或哲學方面的娛樂。這群賓客無疑在小瓦爾堡心中種下自然科學的種子，進而養成並形塑他的人格。

這群一等一的科學家，文化涵養頗為深厚，著實教人驚喜；但這不禁使我想起，某次小提琴大師克萊斯勒與愛因斯坦等人一同表演四重奏，他曾如此調侃愛因斯坦：「你知道嗎，亞伯特，你的問題是不會數拍子！」一戰接近尾聲時，瓦爾堡作戰受傷（但也因此獲得鐵十字勳章），他母親請愛因斯坦代筆叮囑他不要返回俄國前線，直接回實驗室報到。瓦爾堡照做。於是那場戰爭遂成為瓦爾堡在研究生涯中的唯一一段休息時光。[2]

鎮日浸淫在物理學家的陪伴中，這種生活對瓦爾堡的生物學觀點肯定有所影響。他雖然不是物理學家，但總是嘗試以物理學家的精簡來切入生物學。然而生物學卻是一門例外多於規則的學問。瓦爾堡和同儕至少有過三次關於生物學基礎的冗長辯論。第一次是和凱林爭論呼吸作用本質。我們在第一章提過，凱林分離出三種細胞色素，主張它們會接力將電子傳遞給氧，組成呼吸鏈。但瓦爾堡不同意他的看法，認定自己的「呼吸發酵質」（即現在已知的「細胞色素氧化酶」）才是正道；這種呼吸發酵質為單一作用中心，而非複合結構。後來瓦爾堡確實找到把電子傳遞給氧的關鍵酵素，也因此獲頒一九三一年諾貝爾獎；至於細胞呼吸的流程脈絡，他的理解並不正確。「利用幫浦將質子泵送穿過膜並產生強大電位差，藉此推動細胞呼吸」的念頭似乎從來不曾閃過他的腦海。

這種態度同樣影響他對光合作用的見解，他也因此和愛默生為了「產生一分子氧需要幾顆光子」展開冗長詰辯。愛默生的博士學位是和瓦爾堡合作完成的。後來他遠走伊利諾州另組「中西幫」，熱中研究光合作用機制。起初，瓦爾堡宣稱釋出一分子氧氣只需要四顆光子，後來（為了符合某種「熱力學之美」）他更改稱只需要兩顆。愛默生不想挑戰老師，但他的測量顯示至少需要八到十二顆光子。瓦爾堡一如往常地對他人的發現不感興趣，始終無視Z路徑的關鍵證據（請見第四章）。他又一次以「物理上的完美」為立足點，以下這段話或可略見一二：「大自然將光能轉為化學能，而化學能則是有機世界存在的基礎。投入光合作用的光能幾乎沒能保存下來，但這並非不完美，恰恰相反。這一連串反應就跟這個世界一樣，幾近完美。」愛因斯坦曾以「上帝不擲骰子」批評量子力學詭詐隨機，依我之見，瓦爾堡的發言和愛因斯坦的批評如出一轍。對演化生物學家來說，「生命幾近完美」根本是天方夜譚，他們只看到無所不在的折衷與交換；然而瓦爾堡卻透過稜鏡看自然，這座稜鏡把生命的扭曲複雜全給濾掉了。瓦爾堡公開駁斥愛默生，雖然後來他測得的數字也差不多是十二，卻從未承認錯誤。一如他與凱林持續多年的激烈爭執，瓦爾堡的毛病在於他把他個人對「無懈可擊」的執著與對他人能力的蔑視，強加於他所塑造的世界

---

2 瓦爾堡其實滿喜歡打仗的。這使我想起霍爾丹，他也挺享受第一次世界大戰。據說霍爾丹曾與人打賭，他可以在兩軍戰壕之間的無人區繞一圈並安然折返，因為德軍會吃驚到忘記開槍打他（聽說他也真的去繞一圈回來）。霍爾丹和瓦爾堡無疑都是同一型人。不曉得這種享受生理危險刺激的傾向跟他們在科學方面的大膽思維有沒有關係？想想還挺有意思的。

觀。瓦爾堡無疑是天才，但這些缺點不僅折損他科學家的聲譽，也使他成為不討喜的人物。

我們必須從這個角度來解讀瓦爾堡對癌症的諸多洞見。他的第一批實驗確實令世人大吃一驚，甚至為往後數十年的研究發展奠定基礎：他在一九二〇年代初期證明，即使在有氧環境下，癌細胞製造的乳酸仍比「正常細胞」多出**七十倍**。這可是很大的差距，在物理量上幾乎等於兩個數量級了。然而這代表什麼意思？乳酸也是羧酸的一種，經常以少一個質子的酸根形式存在。乳酸來自丙酮酸，而丙酮酸則是動物發酵醣所產生的代謝廢物——酵母菌也選擇同樣的代謝路徑，差別只在最後幾個步驟（結果得到更受歡迎的產物「乙醇」）。動物體內的反應路徑如下圖所示：箭頭左邊的丙酮酸從ＮＡＤＨ撿走二氫，形成箭頭右邊的乳酸。（圖30）

一般人對乳酸的了解大多是「馬拉松長跑或短距離衝刺之後，導致肌肉疲勞及抽筋的物質」。圖中的「瘋眼」氧原子已被羥基（OH）即醇基取代，羥基不比氧活潑，但多少還是有教人微醺的本事。乳酸堆積通常代表氧氣不足，即細胞無法透過克氏循環及呼吸

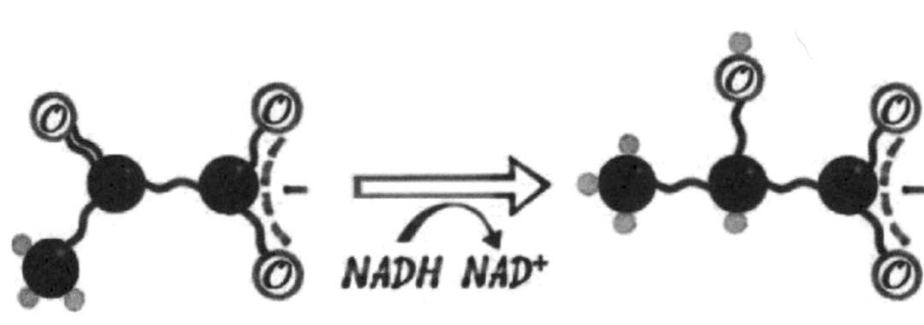

圖 30

NAD^+ + 二氫 ⟶ NADH + 質子

圖31

作用產生足夠的ATP。發酵跟呼吸一樣能產生ATP，只不過產量不及後者的十分之一。一般來說，葡萄糖經醣解作用分解成丙酮酸，產生兩分子ATP和兩分子NADH（即二氫，細胞呼吸時通常會被氧化）；然而在氧氣不足時，大量的NAD^+會抓取二氫變成NADH，於是問題來了。（圖31）

哪裡有問題？問題在於，除非NADH可以氧化回到NAD^+狀態，從分解的醣抓取二氫，否則細胞無法靠醣解產生更多ATP。NADH氧化一般由呼吸作用負責，然而在缺氧狀態下，細胞只能把丙酮酸轉成乳酸來氧化NADH。請再仔細瞧一眼上一張分子圖。這個反應之所以存在，是為了氧化NADH，讓醣解作用勉強維持下去，產生那一丁點ATP。乳酸是代謝廢物，被沖出細胞後會在身體其他部位等待更好的利用時機；但至少發酵讓細胞能在缺氧的情況下合成少許ATP。

瓦爾堡成功拼湊醣解作用的幾道關鍵步驟，但他早已深陷在癌細胞代謝的魅力中，無法自拔：即使有大量氧氣可供使用，癌細胞到底為什麼要切換成這種浪費的低ATP產能模式（正常細胞的十分之一），還恣意扔棄可另作他用（譬如生合成）的三碳分子？瓦爾堡看得很清楚：肯定是哪個呼吸機件壞了。癌細胞失去呼吸能力，回復至較低等的生命形式（至少瓦爾堡看來是如此），不再擁有高等生物的細胞結構與分化能力。他認為發酵是「低等生物的細胞供能反應」，斷言「就連名列最低等生物之一的酵母菌也沒辦法單靠發酵過活，否則只能再退化成更古怪的生命形式。」這句話隱約流露「第三帝國」的語體文風。瓦爾堡簡化癌症的複雜性，只留下一個清晰形象，他寫道：「即使是癌症，也只有一個最根本的致病因子……那就是正常體細胞的呼吸作用被醣發酵取代了。」

「癌細胞退化」的觀點——以及他保證會找到治療方法——或許是瓦爾堡能從希特勒手中逃過一劫的原因。儘管瓦爾堡自認是忠貞愛國的德國新教徒，但納粹認定他有一半猶太血統，曾因此短暫撤除他的職位，但旋即因為戈林那句「誰是猶太人，我說了算」而恢復原職。不知為何，希特勒極度懼怕癌症。他的母親（據說是他一生唯一真心愛過的人）在他十八歲那年因乳癌病逝，她的猶太籍醫師布洛赫就曾寫道：「希特勒對母親的愛是外顯的，堪稱他最驚人的人格特質。我從未見過他與別人如此親密」，以及「在我的行醫生涯中，我不曾見過有誰像希特勒那樣深陷悲傷」。有一段時間，希特勒會寫明信片給布洛赫醫師，甚至在一九三七年赦免布洛赫一家人，讓他們平安離開奧地利，落腳紐約布朗克斯。希特勒之所以多次徵詢布洛赫的意見，或許和他自己跟癌症擦身而過有關（希特勒在一九三五年切除左側聲帶的贅生物，一九四四年又動了一次手術）。

這段過去無疑提高了納粹對瓦爾堡的容忍度，而瓦爾堡也總是言之鑿鑿地宣稱他能找到解方。一九四〇年，他表示他極有可能第三度獲得諾貝爾桂冠，並預言癌症問題「期望在兩年內解決」。納粹統治期間，瓦爾堡保持低調，鮮少批評時政，也試圖幫助克雷布斯及其他人；只可惜，瓦爾堡與當權派的關係使他在科學圈極不受歡迎。譬如克雷布斯就曾寫道：「瓦爾堡甘願以這種方式稀釋他的猶太血統，與納粹同流合汙，令流亡在外的同僚憤慨不已。」克雷布斯寫過一篇瓦爾堡生平記事，文情並茂，讚揚恩師的科學成就，卻也委婉議及他的為人：「歌德曾說，浮士德是『絕不輕言放棄』的人；若從這點來看，他和浮士德一樣都是好人。」明褒暗貶。但這或許也是我們所能期望最好的評價了。

重新布局

瓦爾堡在癌症研究的地位，主要得歸功於他的人格特質，而非他的實驗，這種情況跟當初他對光合作用的見解差不多。瓦爾堡效應的根本問題在於：這種效應一點也不普遍。瓦爾堡認為，癌細胞即使在有氧環境仍傾向發酵葡萄糖（傳統上簡稱「有氧醣解作用」），但多數癌細胞根本不用這套辦法，不論是他自己或批評者的實驗記錄皆可作證。正常組織也會進行有氧醣解，程度同樣不高；至於能分化成不同組織的幹細胞則大多仰賴有氧醣解產生的ATP，供應能量。有些癌細胞甚至能從胞外取來乳糖，於胞內的粒線體燃燒（稱為「反向瓦爾堡效應」）。所以瓦爾堡效應肯定不是癌細胞的共通關鍵。既然如此，過去十年引用瓦爾堡效應的論文數何以急遽增加？理由是瓦爾堡並非完全錯誤。他的看法很接近事實，只是不太正確而已。

儘管實驗數據有所矛盾，瓦爾堡仍斷然主張見解為真，並貶抑對手的性格傾向，這種情況在一九五六年發表《科學》那篇著名論文期間達到高峰。這事值得花點時間描述，因為它讓我們明白，不論科學或人生，若刻意自我孤立，即便是真理也會迷失方向。當時瓦爾堡甚至連挑戰同儕都省了，他表示：「駁斥癌細胞發酵產能或發酵重要性的時代已經結束。只要能明白細胞呼吸如何受損，以及癌細胞何以過度發酵……無人能質疑我們已然揭開癌細胞起源的真相。」學界巨擘強斯、韋恩豪斯等人立即回應，指出瓦爾堡自己的實驗數據並不支持這番論述。我想就算是聖人也會被瓦爾堡自以為是的口吻給激怒。雖然他的見解不完全正確，但如果因為他過於偏執就排擠或駁斥他的想法（可惜後來都發生了），反而會忽略他思路清晰、道理連貫的事實。

瓦爾堡以同樣的口吻繼續：「假如生命發生的過程必須回到物理、化學層次才能找到答案，那麼癌細胞的起源大抵也不脫這個範疇。要麼從狹義解釋，要麼從廣義切入。」他拐彎抹角地拿相對論作喻，似乎暗指物理學才是唯一的真科學，而他本人才是該領域唯一懂物理的人。（我彷彿聽見一些憤而離席的腳步聲。）「由此觀之，除非取其狹義，把範圍限定在代謝層次，否則**突變**和**致癌因子**並非選項，只是空話。繼續挖掘更多雜七雜八的致癌因子和致癌病毒，只會使這場抗癌戰爭雪上加霜，因為這些都會掩蓋潛在癌癥，甚至阻礙一些必要的預防手段，導致更多癌症病例發生。」如果用比較情緒化的方式解讀，瓦爾堡言下之意就是：你們要是不聽我的，就等於在殺人。若撇除這段話的情緒成分不看，不得不承認他所言確實有幾分道理，這也是瓦爾堡效應捲土重來的原因：突變、致癌物和致癌病毒的交集確實是代謝——當然，正因為有無數科學家窮盡一生，研究被瓦爾堡鄙斥為「掩蓋潛在癌癥」的種種細節，後人才能明白這一點。現在我們已經知道，許多致癌基因、腫瘤抑制基因和致癌病毒的確會誘發某種形式的代謝重整。

癌症基本上是代謝而非基因問題——關於這一點，瓦爾堡可能是對的；但他把焦點放在細胞呼吸，這部分就偏了。生長是癌變關鍵，但生長不只需要ATP。細胞呼吸會隨著年老而逐漸衰弱，這點無庸置疑，然而潛在問題並非ATP短缺，而是代謝流和基因活性發生變化，趨向利於生長的狀態：細胞複製時，必須把細胞所有的內容物全部多做一份，因此需要更多醣和胺基酸來製成RNA和DNA所需的核苷酸，需要更多胺基酸以製作蛋白質，需要更多脂肪酸做出細胞膜，還要有足夠的抗氧防禦力，閃避任何可能啟動細胞死亡程序的細胞凋亡檢查哨。生長的必備原料有一部分得靠血行運送，但多數可在胞內利用前驅物產生——為了製造細胞複製的必要材料，細胞必須重整代謝路徑。

我來給各位舉一個簡單好懂的例子，這是癌症生物學研究先鋒湯普森做的研究。近十年來，他也和其他無數科學家一樣，從「代謝重整」的角度重新解讀瓦爾堡效應。湯普森以細胞膜主要組成物質——十六碳脂肪酸「棕櫚酸」為例。產出一分子棕櫚酸，需要七分子ATP，但更麻煩的是棕櫚酸需要「十六個碳」——也就是八分子乙醯輔酶A，外加二十八顆電子，這些電子來自十四個分子的NADPH。稍後我會再解釋NADPH這部分，現在各位只要記得NADPH跟NADH**不一樣**就行了。生物化學在這方面實在非常瑣碎，但請務必牢記，多一個P少一個P意義大不同：NADPH的P代表磷酸，它能讓NADPH和不同種類的酶產生作用；而且NADPH也比NADH更有力，能驅動更多反應，所以讀者也可以把這個P當作「氫原子之力」。[3]按規矩，NADH和NADPH都能傳遞二氫：前者把氫原子送進呼吸熔爐，產生ATP，而威力更強大的NADPH負責驅動大部分的生合成反應，也就是製造新分子；換言之，NADPH是細胞生長與複製不可或缺的元素。此外，維持細胞的抗氧防禦力需要一種小型胜肽「穀胱甘肽」（GSH），製造穀胱甘肽也需要NADPH。這部分我們留待下一章討論，各位只要知道「NADPH不足的細胞比較禁不起氧化壓力，也更容易啟動凋亡程序」即可；癌細胞會製造大量NADPH，故能逃過自殺命運。總而言之，就細胞或癌細胞的生長而言，製造NADPH跟產生ATP一樣重要，所以細胞必須調整代謝機制，才能讓ATP、NADPH與碳架供應取得良好平衡。

問題就出在這裡。我們先從葡萄糖開始。各位肯定記得葡萄糖是六碳醣：一分子葡萄糖能透過有氧呼吸產生三十到三十六個ATP，卻只能藉磷酸五碳醣分路做出兩分子NADPH；另外，一分子葡萄糖也能提供製造十六碳棕櫚酸所需的其中六個碳。這也就是說，光是一分子葡萄糖就能供應五倍於製造一分子棕櫚酸所需的七個ATP，卻得用上七分子葡萄糖才能做出生成棕櫚酸（以供細胞膜使用）的十四個NADPH——湯普森稱這種狀況為「三十五倍不平衡」。製造十六碳的棕櫚酸至少需要三分子葡萄糖，故七分子葡萄糖中只有四個會被細胞呼吸完全氧化，或多或少抵消了這種不平衡；但即使把這一點也納入考量，扣掉合成一分子棕櫚酸所需的碳與NADPH，整個過程消耗的七分子葡萄糖仍會餘下近兩百個ATP（因為實際上只需要七個）。所以，細胞呼吸燒掉生合成不一定完全需要的葡萄糖分子，結果產生比實際所需還要多二十八倍的ATP。

真是好棒棒。各位或許會想，這有啥不好？當然不好，虧大了。一大堆ATP在細胞裡閒晃會**關閉**醣解作用，害細胞無法產生製造棕櫚酸所需的NADPH和乙醯輔酶A。不僅如此，如果細胞消耗ATP的速度不夠快，流經克氏循環的能量物質流也會變慢，這是因為呼吸作用（包

---

3 NADPH比NADH更有力，理由與結構無關（結構涉及功能，但這兩者功能相同），而是依它們與預期的化學平衡狀態差距而定。在有氧狀態下，NADH和NADPH應該都要能完全氧化成NAD^+和$NADP^+$。然而細胞的真實情況是：粒線體內的NADH僅占NADH／NAD^+總和的二到三成，細胞質內的占比卻差到1：1000（參見第四章註釋5）；相反的，NADPH／$NADP^+$池內九成九五都是NADPH，$NADP^+$僅占百分之零點五。這表示NADPH離反應平衡狀態非常遠，就像一顆膨脹過度的氣球，也因此有能力做更多的功。

括克氏循環）的速度取決於質子通過ATP合成酶的速度，一旦ATP開始堆積，質子流就卡住了。克氏循環能量物質流變慢也會導致生合成前驅物供應不順，延緩生長。還記得前面那個「工廠生產線」的比喻吧？如果銷售速度不夠快，產品就會堆在工廠裡，生產線也會因此被迫關閉，直到清掉庫存為止。有鑑於此，各位應該不想在細胞裡囤積一堆ATP吧。如果你碰巧是個癌細胞，那麼你最最不想做的鐵定就是用細胞呼吸燃燒葡萄糖，因為這樣會製造太多ATP，堆在細胞裡。生合成和ATP合成需要的條件通常不太一致。

這個例子確實比較誇張，因為脂肪酸合成對NADPH需求極高，不過，合成胺基酸和核苷酸所消耗的NADPH及碳分子同樣也高於ATP消耗量。合成RNA、DNA和蛋白質需要較多ATP——尤其是蛋白質，因為把單元胺基酸串成長鏈需要ATP提供能量，反而用不著NADPH或碳（但主要還是依總合成量而定）。實際在組織裡幹活兒的是各種已分化細胞，所謂「已分化」是指它們擁有大量可鑑別的細胞結構（用顯微鏡就看得到）；這些結構主要是蛋白質，合成蛋白質的ATP成本最高，而維持蛋白質運作所需的ATP更是多到令人心酸。基於這些理由，一旦細胞完成分化並開始執行組織內的特定任務，原則上都會切換成有氧呼吸模式，協助供應ATP。[4]但癌細胞砍掉這類「支出成本」，失去分化能力，因此可以花比較少的力氣製造和運作蛋白質，留下更多碳和NADPH供應生長。為了持續不斷地生長，癌細胞必須重整代謝路徑，盡可能不要利用克氏循環和呼吸作用產生ATP，因此多半切換成有氧醣解模式，也就是瓦爾堡效應。然而，如果將瓦爾堡效應視為細胞呼吸退化，那各位可就搞錯重點了：重點不在ATP，而是生長。癌細胞**不允許**製造太多ATP，因為製造ATP會**拖慢**生長速度。癌細胞之所以切換成有氧醣解模式，是因為有氧醣解產生的ATP**比較少**，有利於加速細胞生長。

如果這就是全部的真相，我大可就此擱筆，因為科學家早就解開癌症謎底了。既然我們已經看到癌細胞代謝流會走上醣解歧途，我又為何要在一本講克氏循環裡的書提起這個問題？希望你已經猜到答案了：打從生命發生伊始，克氏循環就是生合成中心。細胞一直都得在能量與生長之間拿捏取捨，這個陰陽平衡打從一開始就深埋在克氏循環裡；因此「克氏循環酵素突變可能導致癌症」雖不致太教人意外，卻仍令我們心頭一震。此外，過去幾年，我們也從這些突變學到細胞走偏時會發生哪些問題，不過這並不代表癌症全是基因突變造成的——這些突變反而有如代謝中樞的路徑指標，讓我們漸漸明白老化也會導致細胞出差錯。

---

4 相反的，會分化成新組織細胞的幹細胞本身並不分化，因此幹細胞內部構造乏善可陳，亦傾向透過醣解（發酵）而非呼吸來產生能量。從這方面來看，它們其實跟癌細胞很像。新細胞在分化時也會逐漸從醣解切換至呼吸，而協助細胞完成這個轉換過程的是「丙酮酸脫氫酶」，我們會在第六章討論這個極為重要的調控酵素。

古老開關

科學家最早發現與癌症有關的兩個克氏循環酵素突變，分別發生在載錄「琥珀酸脫氫酶」和「反丁烯二酸水合酶」的基因上。這兩種突變阻斷克氏循環流的位置大概就落在四碳中間產物「琥珀酸」。我永遠忘不了初次聽弗列扎說起這件事的那一天。那天我受邀去劍橋，在他系上演講，但此刻我壓根不記得自己當時的演講內容，然而弗列扎的癌細胞克氏循環觀點與他講述時的興奮激動，從此永留我心。弗列扎和他在全球各地的夥伴正攜手改寫並重建克氏循環與代謝流在癌症中的角色。

第四章結束時，我們曾簡單提及動物源自二疊紀末的深海淤泥，時間點就落在寒武紀大爆發前夕。這些早期動物（蠕蟲）必須應付低氧和硫化氫過量的環境。試想：這種條件可能對克氏循環造成何種影響？缺氧時，NADH不易氧化，故會堆積在細胞內；一如醣解遇上的窘境，NADH堆積會阻礙能量物質正常流動。但我們也看到了，克氏循環也常以雙齒叉的方式運作，產生NADH的氧化支會跟消耗NADH的還原支互相平衡（參見二〇七頁圖29）。這根雙齒叉的氧化還原交會處差不多也在琥珀酸附近，這點絕非偶然。

對於許多不得不應付低氧環境的動物來說，稍微過量的NADH能讓牠們合成少量ATP，這或多或少解釋了烏龜等動物何以能在水中閉氣數小時而不死翹翹。細胞無法取得氧氣時，會改以反丁烯二酸作為電子受體，也就是原本流向氧的電子會流向反丁烯二酸。這招之所以管用，關鍵在於「反丁烯二酸還原酶」：這種酵素的結構與你我身上的琥珀酸脫氫酶相似，嵌於粒線體內膜並組成呼吸鏈複合體II，而且還是克氏循環酵素群中唯一嵌在膜上的酶；因為如此，電子便從複合體I的NADH流向複合體II的反丁烯二酸，產生代謝廢物琥珀酸。這股電子流能泵送複合體I的四顆質子，同時讓擁有反丁烯二酸還原酶的動物得以合成少量ATP。整個反應過程大致如下（左邊是複合體I，中間是複合體II，最右邊的複合結構是奈米馬達ATP合成酶）。（圖32）

虛線為兩個電子從NADH轉移至反丁烯二酸的路徑。反應產生的廢物琥珀酸逐漸累積，輕輕鬆鬆溜出粒線體——但問題就出在這裡，並使得這個古老機制與癌症脫不了干係。琥珀酸是很強的訊號物質，理由是它是整個克氏循環**唯一**產自粒線體的中間產物（其餘產物可

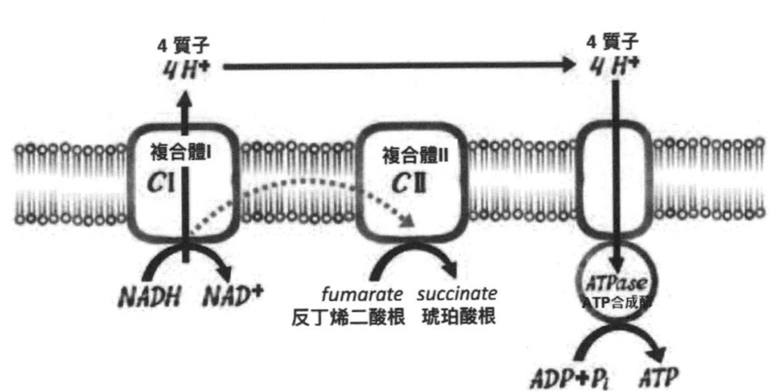

圖32

在胞內其他部位製成），精確來說是因為產生琥珀酸的酵素就嵌在粒線體內膜上，即複合體II。這個位置讓琥珀酸能送出獨一無二的回饋訊號，調節粒線體的整體運作狀態，也就是「產生充足的ATP，供應細胞所需」的能力。簡言之，琥珀酸一旦開始堆積，就表示細胞呼吸出了問題，必須**馬上處理**！因此琥珀酸並非只是區區代謝廢物，而是能啟動或關閉基因表現的強力訊號。

琥珀酸一進入細胞質，旋即與名為「脯胺醯基羥化酶」的蛋白質結合，阻斷這種酵素的正常功能。最有意思的是，在一般狀況下，脯胺醯基羥化酶的功能是鎖定另一種蛋白質「缺氧誘導因子1α」（$\mathrm{HIF}_{1\alpha}$）並促其分解。接下來這段過程堪比魔術師變戲法：細胞會不斷製造 $\mathrm{HIF}_{1\alpha}$，也就是說，載錄 $\mathrm{HIF}_{1\alpha}$ 的基因會持續被轉錄轉譯，合成這種蛋白質；然而 $\mathrm{HIF}_{1\alpha}$ 一製造出來就立刻被脯胺醯基羥化酶鎖定並分解，**半衰期只有五分鐘**。五分鐘欸！合成蛋白質是何等奢侈又耗時，細胞好不容易做出一份全新的蛋白質，結果卻不是想著要怎麼利用，而是即刻摧毀！然後整個過程從頭來過，一再重複。愛因斯坦曾說過一句玩笑話：「瘋狂就是一再重複相同作為，卻期待不同的結果。」然而幾乎所有細胞，幾乎時時刻刻都在做這件瘋狂事：只要環境中有氧氣存在，細胞每一次都會得到相同結果。但是萬一氧濃度下降，導致琥珀酸堆積並阻礙 $\mathrm{HIF}_{1\alpha}$ 分解，$\mathrm{HIF}_{1\alpha}$ 就有機會摸進細胞核，勾搭DNA再啟動上百個基因——生命如此大費周章就只為了一件事，由此可見這事肯定極為重要：為細胞爭取時間解決問題，以免窒息而死。細胞之所以持續製造 $\mathrm{HIF}_{1\alpha}$，純粹是為了確保在發生缺氧此等罕見緊急狀態時，能有功能完整的 $\mathrm{HIF}_{1\alpha}$ 及時抵達細胞核求援。

那麼HIF$_{1\alpha}$該如何及時抵達細胞核，從鬼門關救回細胞？不妨瞧瞧它相中的都是哪些基因：其中有些與醣解有關，而我們已經知道，醣解能在細胞缺氧時促進ＡＴＰ合成；不過HIF$_{1\alpha}$也會啟動一些能推動生長和引發炎症反應的基因。我所謂的低氧或缺氧可不是把塑膠袋套在頭上或者溺水掙扎等等，來得太過突然，導致基因來不及改變活性，力挽狂瀾的大災難。HIF$_{1\alpha}$機制並非為了這類狀況而存在。那麼，請各位想想，還有哪些情況或環境條件通常跟低氧有關？在大多數動物體內，最容易聯想到且可能威脅生命的缺氧形式是「感染」：不斷增殖的細菌和免疫細胞都會消耗氧氣，導致供氧不及，細胞因此腫脹受損，繼而導致局部微血管阻塞。因此，HIF$_{1\alpha}$不只啟動能應付低氧的基因，所有細胞能指揮調度，控管炎症反應的基因群都會被活化。發炎訊號能促進血管新生和免疫細胞複製，也能增強病灶周圍細胞的抵抗力，避免更多非必要死傷。簡言之，HIF$_{1\alpha}$能協調細胞應付低氧環境、刺激細胞生長、上調醣解，同時平衡胞內ＡＴＰ、ＮＡＤＰＨ與碳需求。假如這些有利生長、生存和炎症反應的條件存在時間過久，想必各位也看得出來，癌細胞不受控的生長行為或許就能從中得利。

若問這種情況為什麼會持續存在？那得回到琥珀酸。人體細胞無法像演化初期的動物那樣，以傳遞電子形成琥珀酸的方式製造ＡＴＰ，因為人類祖先早就失去跟反丁烯二酸還原酶有關的大部分基因了。料想這群祖先已不再需要應付高濃度硫化氫的環境，牠們甩掉爛泥巴，堂堂上陸，

圖 33

吸足氧氣滿滿的新鮮空氣；話雖如此，我們身上仍保有功能相近的「琥珀酸脫氫酶」，用來切換電子傳遞方向，將電子從反丁烯二酸送往琥珀酸。故即使人體無法一邊製造ATP，一邊產生琥珀酸，細胞依然可能透過上述路徑累積琥珀酸。事實上，琥珀酸和反丁烯二酸的相互轉換非常接近化學平衡，這表示兩者之間的轉換反應很容易改變方向，端看哪一方的反應物濃度較高，或依膜電荷和ATP／ADP含量比而定。簡單來說就是：琥珀酸能即時回饋並調控細胞呼吸系統，巧妙維持平衡。即使克氏循環的能量物質流僅微幅減損，細胞依然能察覺琥珀酸的濃度變化，進而改變基因活性以杜絕後患。和這個機制有關的疾病名單洋洋灑灑，教人心驚膽顫，我會在下一章挑幾項來討論，但各位應該馬上就聯想到幾種跟組織供氧能力受損有關的毛病：中風、心臟病、失智、關節炎、器官移植。這些問題都和琥珀酸堆積脫不了關係。[5]

各位想必能理解，琥珀酸脫氫酶或反丁烯二酸水合酶若發生突變，肯定會造成胞內堆積琥珀酸；撇開這點不看，細胞整體來說健康得很。然而代謝流一旦卡住，將導致堵塞點後方的物質開始堆積，情況如上圖所示。（圖33）

這下誤會大了。突變讓細胞以為它必須在低氧環境掙扎求存，即使周圍充滿氧氣，它也視若無睹。在此補充一下：反丁烯二酸的訊號功能跟琥珀酸多所重疊，兩者都能穩定 $HIF_{1\alpha}$ 和相關蛋白質，促成一系列表觀遺傳效應（也就是讓某些基因閉嘴，或增強某些基因的表現）。細節不重要，但請各位牢記：即使環境有氧，這類突變仍會促使細胞切換成醣解模式（瓦爾堡效應），驅動細胞生長。從動物演化誕生至今，這套求存機制一直都在，功能亦始終不變，但唯有在必要時刻才會啟動；克氏循環酵素突變導致這套機制在不正確的背景脈絡下被啟動，卻似乎沒有關閉它的明確辦法（因為開關本身被氧切斷了），進而增加癌變風險。

增加風險……說白了就是還未成定局。事情沒這麼簡單。琥珀酸脫氫酶突變雖促使細胞切換至有氧醣解路徑，但故事還沒完，讓我們繼續追下去。細胞複製不只需要ATP、NADPH和碳，更急需「氮」以製作胺基酸與核苷酸（進一步合成蛋白質和RNA、DNA）。雖然胞內確

5 三十多年前，我的博士論文就是研究器官移植後的氧氣輸送問題。我發現，若是將腎臟儲放數日後才進行移植，重新導入氧氣會導致粒線體失控。首先，NADH氧化的速度會變得非常緩慢，似乎無法讓電子及時通過呼吸鏈並交給細胞色素氧化酶和氧。當時我一直不明白到底是哪個環節出問題，直到二十年後，墨菲、弗列扎和劍橋的同事才解開這個謎題，闡釋箇中精巧美妙的細節：器官（譬如心臟）在等待移植期間，器官內會因為供氧不足而堆積大量琥珀酸；一旦恢復供氧（血液再灌流），琥珀酸即迅速氧化，致使大量電子灌入複合體II。過量的電子會淹沒複合體系統，阻礙複合體I的NADH氧化並使活性氧暴增，進而破壞呼吸機件——這就是當年我想破頭卻無法解釋的「粒線體自毀」現象。我們會在第六章繼續探討活性氧。

實能轉換一部分的氮，但主要還是得靠「麩醯胺酸」這種胺基酸從身體別處把氮運過來——麩醯胺酸也和克氏循環有關。

另一種逆轉

絕大多數的癌細胞只要有葡萄糖和麩醯胺酸就能生長。這兩種物質能滿足癌細胞的所有需求；若非得二選一，那就是麩醯胺酸了。十多年前，我曾在倫敦大學沃弗森研究所所長辦公室和蒙卡達討論過麩醯胺酸與克氏循環，那天的畫面仍歷歷在目。學界少有如蒙卡達這般橫跨製藥與學術的專家。他有兩間實驗室，投入心血管藥物研發數十載，亦累積不少成果——譬如他發現活性氣體「一氧化氮」能使血管舒張，這個反應過程也成為後來風靡一時，勃起障礙治療藥物「威而鋼」的研發基礎。如同瓦爾堡曾利用一氧化碳找出他所謂「呼吸發酵質」的血基質色素，一氧化氮也能和細胞色素氧化酶結合，阻斷細胞呼吸並調節計畫性細胞死亡。這些發現讓蒙卡達一步步走向探討「粒線體如何控制細胞週期」的研究之路。

要想檢驗細胞培養狀態下的癌細胞行徑有多瘋狂，「餓」它們就行了。我和蒙卡達對談當時，他才剛證明「不給葡萄糖無法長期抑制癌細胞生長，不給麩醯胺酸卻會徹底毀掉癌細胞的生存希望」。我記得他手拿粉筆，兩眼發亮，如旋風般從克氏循環畫出一個又一個箭頭指向細胞質：代謝流反轉，逆向流回檸檬酸，檸檬酸再從克氏循環輸出，分解成乙醯輔酶A和草醯乙酸，然後是丙酮酸和乳酸——這些分子沒一個來自葡萄糖，全部來自麩醯胺酸……等等等等；這些知識使我的腦袋嗡嗡作響，猶如暴風雨前兆。非常可惜的是，蒙卡達的研究並未順利掀起風暴，不久後他便離開倫敦大學，前往曼徹斯特大學指揮新成立的癌症科學研究所。後來，每當我想起麩醯胺酸，彷彿就會看見蒙卡達急切興奮地在黑板前走來走去的模樣。麩醯胺酸的分子結構如下。（圖34）

麩醯胺酸的首波風暴出現在二〇一二年：錢德爾和迪博拉丁等人在《自然》發表論文指出，細胞若帶有功能缺損的粒線體，會習慣性地驅使克氏循環部分逆轉，利用五碳的α酮戊二酸與二氧化碳作用，產生檸檬酸——這是相當罕見的「動物固碳」案例，等同於沒有陽光的光合作用。我在第二章提過，西班牙籍生化學家奧喬亞早在一九四六年就發現這條反應路徑，世人亦自此知曉這是細菌反向克氏循環的一部分；然而錢德爾與迪博拉丁這篇論文的不尋常之處在於「規模」：所

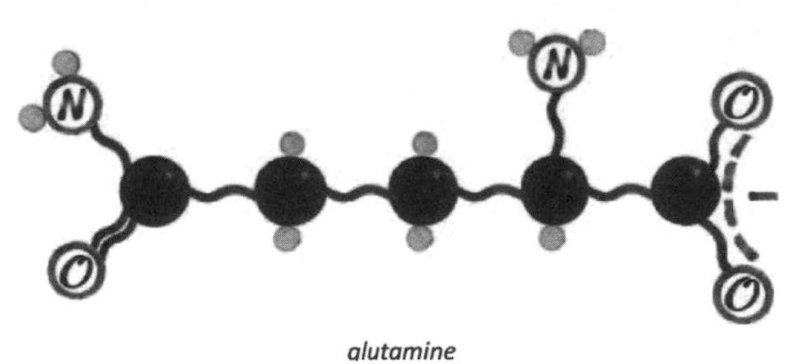

glutamine
麩醯胺酸

圖34

有帶有反丁烯二酸水合酶突變的癌症細胞——或者範圍更廣，擴及因突變或藥物作用而阻礙電子傳遞，導致細胞呼吸有所缺損的細胞，這些細胞的**主要**呼吸模式都是這股逆流。「受損的細胞呼吸」，各位是否感覺似曾相識？這點跟瓦爾堡的預測大致相同。兩者的關聯固然重要，但我們得先明白克氏循環為何得以逆轉。

癌細胞再次撿現成，占便宜，這回更一舉顛覆整套機制；這套奇妙機制不僅展示天擇的榮耀與癌細胞的聰明取巧，也和NADPH有關——希望各位還記得這個象徵「氫原子之力」，能驅動生合成和抗氧防禦的分子。

催化異檸檬酸與α酮戊二酸轉換反應的是異檸檬酸脫氫酶。這款酵素有兩種主要形式，分別載錄在不同基因上。第一型「標準款」的作用名符其實：透過NADH移除二氫，並且把NADH送進呼吸鏈複合體I這座大火爐——這是傳統版，一般所稱的「正向」克氏循環（參見附錄）。耐人尋味的是，非標準款（第二型）異檸檬酸脫氫酶的作用恰恰相反。然而要逆轉反應（即走上還原路徑）並不容易，因此需要力量更強的NADPH才能把二氫硬塞給α酮戊二酸；即便如此，細胞也只能在胞內含有大量NADPH時才可能逆轉反應，因此若NADPH持續被氧化成$NADP^+$而導致濃度下降，第二型異檸檬酸脫氫酶會再次逆轉回到正向（氧化）路徑，只不過產生的是NADPH而非NADH。除了這點以外，兩種異檬酸脫氫酶的作用方式可說是完全相同。

各位可能會想，這到底是什麼意思？這麼說吧，異檸檬酸脫氫酶具備「減壓閥」和「彈性加載」兩種功能，可以讓我們瞬間產生爆發力。假設你正在休息（其實是悠閒地坐著讀這本書），對ATP需求不高，這時你身上的細胞都在幹麼？粒線體的作用猶如連鎖反應，如果ATP需求偏低，即消耗速度不夠快，那麼ATP合成酶就會停止運轉：質子不再通過ATP合成酶這副旋轉馬達，繼續留在膜外，結果導致膜電位超壓。呼吸機件對抗不了超壓膜電位，亦無法泵送質子，使得電子傳遞至氧的速度趨緩；於是NADH無法氧化，克氏循環因此變慢，一切就這麼漸漸停下來——只不過是看本書欸？

「高濃度NADH」結合「超壓膜電位」會提高電子脫逃的威脅，即電子會從呼吸鏈溢出，直接和氧產生反應並形成活性氧（ROS）。活性氧會破壞脂質、蛋白質或DNA，相信各位已經聽到破壞力蠢蠢欲動的滋滋聲了。如果套用「〇〇七電影」公式，這時肯定響起緊湊的電子音效，電腦也會發出「危險！系統超載！立即淨空大樓！」的警告；但是別擔心，細胞不會爆炸，演化要比龐德對付的壞蛋聰明太多了。

遇到這種情況時，超壓膜電位會用「轉氫酶」將NADH轉成NADPH。這種轉氫酶跟ATP合成酶一樣嵌於膜內，同樣以質子流供應動力。轉氫酶能把過量的NADH二氫轉給$NADP^+$——聽起來不痛不癢，但各位可能沒注意到，這其實是非常簡單又美妙的解決辦法：轉氫能同時降低膜電位和NADH濃度，繼而補充NADPH，增強抗氧防禦力。所以這種酵素猶如減壓閥，能一次解決膜電位超壓、NADH過量及活性氧增加等三項危機；然而，若要維持這套機制持續運作，細胞必須產生足量的$NADP^+$才能不斷接收NADH送來的二氫——這就帶我們回到與NADPH合作的第二型異檸檬酸脫氫酶了。還記得吧？高濃度NADPH能促使異檸檬酸脫氫酶反轉，將α酮戊二酸轉成異檸檬酸再變成檸檬酸；這股通過克氏循環的「逆流」可維持$NADP^+$與NADPH平衡。我們稍後再討論這項平衡對檸檬酸的影響，現在只要記得這些檸檬酸會被送進細胞質，進一步做成脂質。不過就是看本書欸？

現在讓我們再想一想：萬一身體必須突然動作，立刻需要ATP怎麼辦？譬如你臨時決定去跑步。ATP一旦開始消耗，ATP合成酶就會立刻啟動，讓大量質子通過旋轉馬達。質子一旦重回膜內，膜電位瞬間下降，於是NADH就能把電子送進呼吸鏈，NADH濃度也隨之下降，繼而改變NADH與NADPH的平衡狀態。改變NADH與NADPH平衡會切換轉氫酶作用方向，將二氫從NADPH送往NAD^+，提高NADH濃度——轉向的脫氫酶不僅不使用質子驅動力作為動力，反而主動泵送質子，給膜充電。好戲來了：隨著NADPH濃度下降，與NADPH密切合作的第二型異檸檬酸脫氫酶自然也跟著轉向，所以一型、二型兩種脫氫酶遂手牽手，肩並肩，一同將異檸檬酸轉成α酮戊二酸，讓克氏循環火力全開朝正向運轉——這就是「彈性加載」機制。簡單來說就是：當身體突然需要爆發力，細胞會同時啟動好幾具引擎，並肩驅動克氏循環，提升輸出動力。

但是！這座神奇的彈性加載驅動器竟然被癌細胞發現弱點，加以利用。龐德的大魔頭卑鄙地留了最後一手。想想看，一個帶有克氏循環酵素突變（譬如反丁烯二酸水合酶突變）的癌細胞可能碰上什麼難題？突變會阻斷克氏循環，使其很難透過一般「正向」循環補足六碳檸檬酸。稍早我曾經暗示，檸檬酸是製造脂質的必要元素，並且會從粒線體運往細胞質繼續加工，分解成二碳的乙醯輔酶A和四碳的草醯乙酸。[6]乙醯輔酶A將用於製造脂肪酸。脂肪酸是細胞膜的主要成分，而膜則是細胞最重要的維生構造之一；癌細胞要想持續增生不能沒有膜，所以癌細胞需要檸檬酸。

讀者大概已經猜到我接下來要說什麼了：當正向通過克氏循環的代謝流遭到阻斷，癌細胞也可以利用前面提到的「逆流」，將α酮戊二酸轉成異檸檬酸再製成檸檬酸。各位或許好奇癌細胞

6　動物細胞質內負責分解檸檬酸的是「ATP檸檬酸分解酶」，這種酶跟細菌驅動反向克氏循環的酵素有關（太陽底下畢竟沒有新鮮事）。但奇妙的是，植物就不做這事：植物會在葉綠體內直接從丙酮酸做出製作脂肪酸所需的乙醯輔酶A，走的是正常克氏循環路徑。吸收藍綠菌等生物作為內共生體（藍綠菌後來演化成葉綠體）讓宿主細胞多了一組代謝基因，胞內功能「區隔化」也因此有了更大彈性。某些藻類雖徹底喪失光合作用能力，卻仍保留葉綠體（今稱「質體」）另作他用。舉個有名的例子：「惡性瘧原蟲」這種寄生蟲也有質體，前身正是葉綠體；質體保留了些許源自藻類的共生基因，使其成為某些抗瘧疾藥物的有利目標（人類沒有源自藻類的基因，因而限制了發生副作用的可能性）。

的α酮戊二酸打哪兒來，答案就在這一節的開頭：麩醯胺酸，癌細胞生長的必要胺基酸。當這個五碳胺基酸的氮被轉給其他分子製成胺基酸或核苷酸，剩下的碳架就是α酮戊二酸。高量麩醯胺酸會提高胞內α酮戊二酸濃度，促使克氏循環反轉。與NADPH連動的第二型異檸檬酸脫氫酶若發生突變（癌變），也會增強這股反向潮流；不過這些突變的作用同樣都是選擇性的，因為它們原本就鎖在已經對癌細胞有利的代謝流裡了。突變使得這類克氏循環酵素繼續卡在反向運作模式，持續製造檸檬酸支持癌細胞生長。總地說來，源自麩醯胺酸的代謝流大致就像底下這張圖。（圖35）

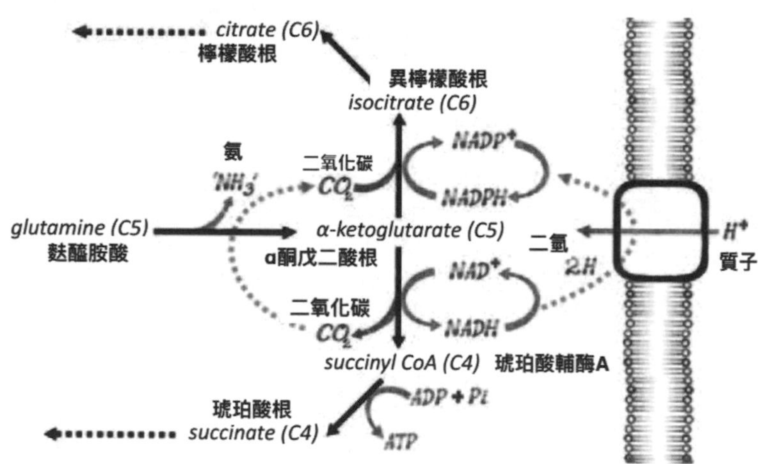

圖 35 麩醯胺酸如何支持癌細胞增長？圖中的氨（NH3）能直接以氨的形式移除，或轉給其他胺基酸，或用以合成核苷酸。α 酮戊二酸既可製成檸檬酸（用於生合成），也能變成琥珀酸（支援瓦爾堡效應）。嵌於膜內的酵素是轉氫酶，單靠膜電位就能把 NADH 再製成 NADPH。

這種狀況相當罕見：代謝流幾乎逆向通過大部分的克氏循環，跟教科書上的正統流程圖完全不一樣。這個變形循環的目標不是合成ＡＴＰ，而是持續從粒線體輸出琥珀酸和檸檬酸，送往細胞質——整體看來就等於用力按下「生長鍵」，甚至讓它卡住，彈不回來。我們已經看過琥珀酸如何助長瓦爾堡效應，現在就來看看檸檬酸有何能耐吧。

向左轉？向右轉？克氏岔口的抉擇

檸檬酸一旦被送進細胞質，旋即分解為二碳的乙醯輔酶Ａ和四碳的草醯乙酸。乙醯輔酶Ａ能合成脂肪酸，但它也會跟一種調控ＤＮＡ通路，名為「組蛋白」的蛋白質結合，打開「乙醯化」這個表觀遺傳開關，啟動多個基因。基因啟動會促使細胞增生（又是一個狂呼**長！繼續長！**的訊號），此時胞內的生理狀態也增強了這道表觀遺傳開關的效應。我們的細胞內有一組能摘除乙醯基，關閉生長訊號的「去乙醯酶」，其活性與ＮＡＤＨ存量息息相關：在正常情況下，去乙醯酶會在時機歹歹或ＮＡＤＨ取得不足時調降生長與性發育；相反的，若ＮＡＤＨ存量提升（譬如吃太多又不運動），去乙醯酶便停止作用，不再摘除組蛋白上的乙醯基，讓生長訊號繼續維持下去。問題是，癌細胞的反向克氏循環代謝流也會誘發同一種訊號，因為癌細胞擁有大量來自有氧醣解的ＮＡＤＨ，還有檸檬酸分解而來的大量乙醯輔酶Ａ，因此癌細胞的調控開關會持續卡在

「生長鍵」上。（圖36）

來自檸檬酸分解的另一項產物「草醯乙酸」，角色也很重要。草醯乙酸剛好位於整個代謝作用最獨一無二的岔口上——不管選哪個方向似乎都對癌細胞有利，其結果就是「產量愈高，回饋愈多」。草醯乙酸的選擇多到令人眼花撩亂（請見後圖），譬如加上氮就能變成「天門冬胺酸」，這種胺基酸是合成核苷酸的必要元素，也能經由尿素循環形成尿素（克雷布斯一九三二年首次提出）。草醯乙酸也可以先變成四碳蘋果酸，再藉由蘋果酸脫氫酶抽掉二氧化碳和二氫，形成三碳的丙酮酸再加上物超所值，力量強大的NADPH，用於生合成。丙酮酸則可進一步變成代謝廢物乳酸，送出胞外，癌細胞產生的乳酸大多都是麩醯胺酸透過這種方式形成的。不僅如此，丙酮酸同樣

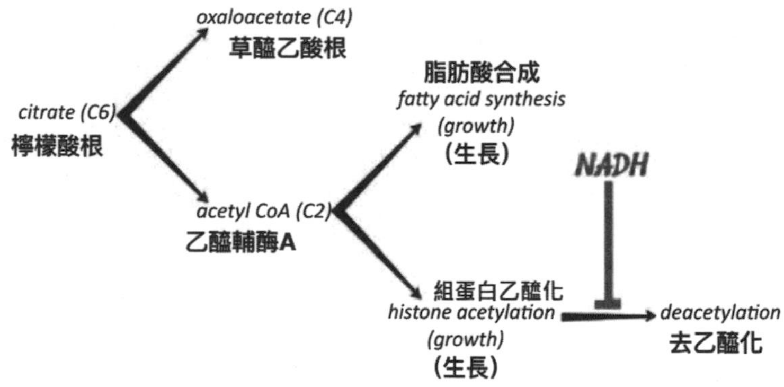

圖 36 粒線體持續輸出檸檬酸何以能切換表觀遺傳開關，促進細胞生長？理由是 NADH 大量存在會抑制去乙醯酶作用；在正常情況下，去乙醯酶能透過「組蛋白去乙醯化」來關閉生長訊號。是以乙醯輔酶 A 和 NADH 會產生加乘效應，大舉促進細胞生長。

可以分解產生乙醯輔酶A，我們稍早已經見證這一步會造成多大的災難了。

草醯乙酸的選擇還沒完唷。如果抽掉一個二氧化碳再綁上磷酸基，就能把草醯乙酸變成三碳的磷酸烯醇丙酮酸，站上醣合成「糖質新生」的起點；糖質新生是古老代謝架構的另一條路徑，終點是合成葡萄糖，功能或多或少和醣解作用相反。等等，等一下……葡萄糖不是用來燃燒的嗎？才不是呢！葡萄糖是製造其他醣類的起點，最有名的莫過於RNA和DNA的原料「核醣」和「去氧核醣」，甚至還能經由稍早提及的「磷酸五碳醣分路」生成NADPH。克氏循環中間產物種類繁多，用途甚廣，填滿通往葡萄糖生成的路徑，其中排名第一的就是三碳的磷酸甘油醛。磷酸甘油醛是製作甘油磷酸的起點，而甘油磷酸與脂肪酸結合即為細胞膜的主成分「磷脂」。細胞得要有膜才能持續增長呀！

甘油磷酸還肩負另一項重要使命：粒線體可以用它來產生膜電位，無須涉及克氏循環。過程大致是這樣的：甘油磷酸的二氫被移走，送給粒線體外的呼吸鏈複合體III，電子則依正常途徑傳給氧；原本的甘油磷酸即可回收再利用，再一次從細胞質NADH取得二氫，如此一再反覆。總地來說就是，這種不尋常的呼吸路徑會氧化細胞質內的NADH，將電子傳給氧，助長有氧醣解作用的威力。若循此途，整段過程雖然只能打出六個質子，仍足以製造幾個ATP，還能獲得兩大好處：首先，一如先前所討論的，製作**少量**ATP完全符合細胞朝生長發展的需求；若細胞暫時不需要能量，也能輕輕鬆鬆關掉這個循環。絕大部分的組織都能透過這道機制獲得它們需要的大部分能量，利用時間說不定長達數十年。其次是這條側枝循環可驅動轉氫酶，在粒線體內產生NADPH，支撐通過克氏循環的反向代謝流。整體說來，草醯乙酸在我戲稱「克雷布斯岔口」面臨的抉擇，大致可用底下這張圖表示。（圖37）

難怪癌細胞會巴著麩醯胺酸不放！葡萄糖能做到的，麩醯胺酸全辦得到，甚至還能把氮一併送來。麩醯胺酸本就有自我應驗的能力。我在前面提過，草醯乙酸的用處之一是製成尿素循環所需的天門冬胺酸，但尿素循環似乎是這張圖裡唯一對癌細胞毫無用處的一條路

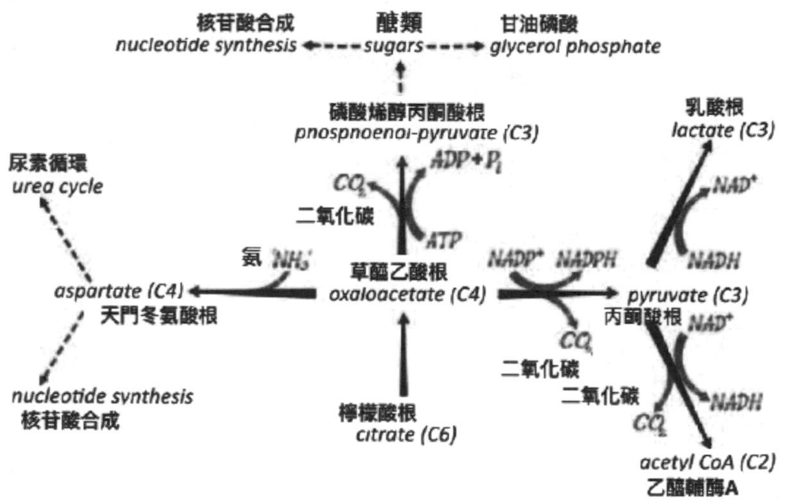

圖 37　克雷布斯岔口：草醯乙酸位於代謝的十字路口，可通往氮或醣代謝路徑，也能製造生合成所需的 NADPH 並支援抗氧防禦力。這是能量代謝極為關鍵的一處交會點，各位也能因此看出克雷布斯為何難以確認草醯乙酸的命運。

徑……當真如此？長久以來，麩醯胺酸的氮去向始終成謎：它既未搭上癌細胞的胺基酸或核苷酸，也未妥貼地合成尿素，轉為代謝廢物，卻變成有毒的氨泡泡冒出來。這幅毛骨悚然的畫面不禁令我揣想：癌細胞之所以釋出氨，難不成是想瓦解遠方的肌肉蛋白？此舉不只可行，而且和麩醯胺酸擁有「兩組胺基」的獨特之處有關。為了清除氨，肌肉會自行分解，釋出自己的胺基酸，這些胺基酸所含的氮被轉移給α酮戊二酸，形成麩胺酸，麩胺酸再接收過量的氨，重新組成有兩個胺基的麩醯胺酸。於是麩醯胺酸又一次進入血液循環，直接送還癌細胞。（圖38）

總而言之，合成麩醯胺酸雖能清除血中過多的氨，靠的卻是分解肌肉並且拿「惡病質」當擋箭牌。這是癌症帶來最深的恐懼之

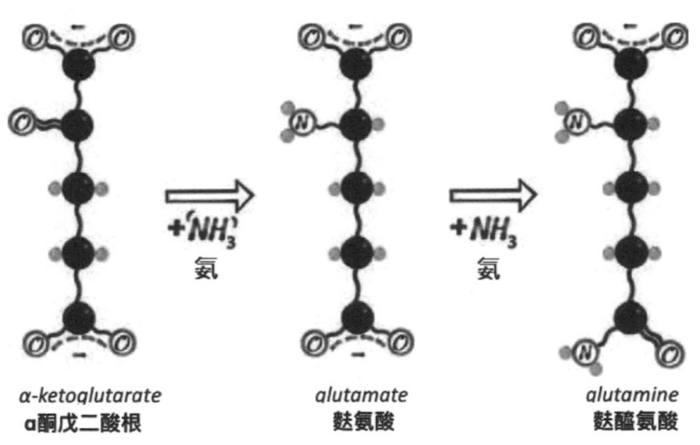

圖 38　α 酮戊二酸結合氨可形成麩胺酸。請注意第一個 NH3，也就是形成麩胺酸的氨來自胺基酸，至於形成麩醯胺酸的第二個 NH3 則直接來自氨。

一，因為它會吃掉肌纖維，猶如露天採礦恣意吞噬我們的身體，無視其他需求，一切只為滿足自私的生長慾望。癌細胞眼中只有此刻，只有當下，而惡病質能源源不絕且免費供應麩醯胺酸——這就好比國家免費供應石化燃料給最骯髒的高汙染產業。癌細胞的尿素循環基因通常帶有突變，因為如此，過量的氮不會變成尿素，而是以氨的形式隨興揮霍；偶爾轉向形成天門冬胺酸，合成RNA與DNA所需的核苷酸，但主要都在推動惡病質這個惡性循環。若要說有哪個惡性循環最為實至名歸，惡病質便是了。

癌細胞還有非常多怪式奇招能避開制式代謝流，並且沒有所謂的普遍模式；我在這段的描述可能已經非常接近一般人能理解的癌細胞代謝「典型」了。癌細胞的發展端看它能取得哪些營養，處在哪個位置，即使在單一腫瘤內亦然。比方說，有些癌細胞釋出的代謝廢物是乳酸，其他癌細胞則碰巧能利用乳酸——將乳酸轉製成丙酮酸，然後再變成草醯乙酸和乙醯輔酶A。方才我描述的一切，此刻都可能為真，唯一的例外是這些細胞仍得從他處取得氮（最有可能的是正常克氏循環流）。[7]不管怎麼說，「跟著代謝流」是癌細胞求存的不二法門。暫且不論癌細胞需要的代謝基質有多特別，它們究竟如何巧妙維持NADPH、ATP、氮和碳架平衡，驅動生長？或許唯一會讓癌細胞傷透腦筋的物質就只有從乙醯輔酶A形成的「酮」了。酮一般稱「酮體」，除了源自分解身體儲存的脂肪，亦可透過「生酮飲食」取得。我們的生理機制會把酮體與飢餓畫上等號，因此酮體存在會促使細胞關閉生長訊號；此外，酮體也是出了名的狡詐，因為它硬是有辦法從脂肪榨出醣來（也能利用三碳中間產物「丙酮」製成）。話說回來，看在癌細胞眼裡，這一道道代謝跨欄仍稱不上難以跨越的障礙。

我隱約提過，癌細胞基本上是代謝疾病；但如果大事小事都離不開代謝，那麼導致細胞癌變的真正原因究竟為何？現在你大概會說，潛在問題應該是持續不斷對著細胞催眠誤導，呼喚它**長！繼續長！**的環境條件吧。突變、感染、低氧缺氧……或者，老化導致代謝下降也可能誘發令細胞癌變的有毒環境。別忘了，老化是癌變最大也最重要的危險因子，這也是我何以花這麼長的

---

7 計畫總趕不上變化，作品經常發展出迥異於作者精心鋪陳的敘事方向。我本來想在這一章帶到史維勒的研究，最後卻遺憾地只能放進注腳（我準備的資料大概也只有十分之一寫進書裡吧）。史維勒二〇一〇年發表的論文〈不只是循環：論植物的檸檬酸循環流模式〉令我眼界大開，讓我看見克氏循環代謝流有多麼千變萬化，不僅全部跟生長有關，跟癌症也有相當程度的關聯——因為它完完全全是植物而非動物問題。植物不太需要靠粒線體製造ATP，因為葉綠體就能利用光合作用產生大量ATP了；不過植物仍需要粒線體驅動生長，因為植物需要克氏循環裡的碳架（我在這一章也提到了）。植物解決問題的方式真的跟動物非常不一樣：它們傾向加速正向流——利用去耦合蛋白或替代氧化酶解耦呼吸鏈，以產生熱能而非製造ATP的方式處理。難怪動物細胞也會用這一套。只是過多的熱可能會殺死癌細胞，甚至傷害人體。不管怎麼說，植物學家一向從生長，而非合成ATP的角度切入克氏循環，這種思路比大多數癌症生物學家早了許多年。我們必須牢記，科學新觀點通常來自最意想不到的角落；一味地砸重金研究人類癌症，反而可能錯失來自植物學家的深刻洞見。正如同發現基因剪輯技術CRISPR的竟是研究細菌免疫系統如何對抗病毒感染的專家——誰知道細菌竟然也有免疫系統？

篇幅討論克氏循環反向流的原因。我的目的不在解釋所有癌症病例，而是試圖闡明罹癌風險為什麼會隨著老化而升高。說到底，誰也逃不出歲月的手掌心。

山雨欲來

為什麼愈老愈容易罹癌？我在本章一開始就說了，答案不能往「突變隨年齡累積」的方向找。科學家早在幾十年前就知道，突變累積不只在速度方面跟不上癌變，也跟已知的任何一種癌症模式無關。當然，突變**確實能**致癌，尤其是老菸槍或年輕的癌症患者（他們大多遺傳到有罹癌傾向的基因）。癌細胞本身也會累積突變，甚至因此讓我們看見更多細節——比如涉及哪些代謝路徑，包括我們討論的克氏循環突變。但這些資訊並未闡釋年老的生物體為何比年輕者更容易受癌症襲擊，不論大鼠、人類或大象皆然。罹癌本身就是老化問題。

您幾歲了？現在是否還能像十六歲那般在街上跑來跑去？坦白說連奧運選手最後也跑不過年紀。老化不是本書主題（但我們會在下一章談及不少相關機制），所以現在各位只要思考一件事：活力。隨著年紀慢慢變老，我們的呼吸能耐也會緩慢下降，雖不易察覺卻無可抵抗，其中以呼吸鏈複合體系統內最大也最複雜的「複合體I」受抑制情況最嚴重，理由有二。首先，粒線體會產生活性氧，複合體I更是活性氧的主要來源；隨著年紀增長，活性氧散失的速度也會逐漸增加。我們會在下一章看到，抑制複合體I或多或少能代償性地控制活性氧流變快的毛病。於是這就引發第二個問題：複合體I是呼吸鏈冗長路徑的起點，也是克氏循環吐出NADH的唯一岔口。電子從NADH進入呼吸鏈，一路傳遞給氧，沿途供應動力並擠出十個質子。我們在第一章看過，這一串反應能產生三個ATP（其實是三個再多一點），所以複合體I活性若隨老化下降，就表示NADH愈來愈不容易氧化了。

想想粒線體開始堆積NADH會發生什麼事：克氏循環勢必減緩，循環的幾個步驟也可能被迫逆向進行；假使NADH氧化速度不夠快，其結果是推動反應朝反方向進行——也就是繼續生成NADH。怎麼會這樣？古老的克氏循環還原支會在低氧環境下做它該做的事：逆轉反應方向……於是草醯乙酸會變成蘋果酸，反丁烯二酸會變成琥珀酸；琥珀酸逐漸堆積，發出缺氧訊號——但細胞並非真的缺氧，這純粹是假消息；然而在細胞呼吸系統內，任何象徵「短缺」的訊號都指向同一件事：上調醣解作用，發酵葡萄糖，產生瓦爾堡效應。

在此同時，從檸檬酸到α酮戊二酸及琥珀酸輔酶A的正向流也得放慢速度。由於正向循環被卡住，前進不了，檸檬酸只得設法往細胞質疏散並分解成乙醯輔酶A和草醯乙酸。這時，細胞核內的DNA守門員組蛋白被乙醯化，啟動表觀遺傳開關，催促細胞開始生長、分裂或產生炎症反應。起初，局部發炎可能只會危害周邊組織，但如果發炎警報持續不解除，下一步就會影響食慾或更大範圍的肌肉組織，導致身體虛弱。肌肉蛋白質步步瓦解，釋出胺基酸並打包成麩醯胺酸，送往全身等著變更目的再利用。於是你開始固碳，身體其他部分的克氏循環逐步逆轉——你竟然會吸收二氧化碳、轉成脂肪儲存然後變胖，何其諷刺？生命實在不公平呀。

我的身體也許正處於這種狀態；不過就我所知，目前我還沒得到癌症。但誰知道呢？我之所以擔心這件事，是因為我的知心好友亞克蘭斯諾在二〇一九年因癌症過世，得年五十六，只比現在的我大一兩歲而已。我們曾並肩坐在皇家馬斯登醫院的花園裡——他在那裡接受治療，而且是一般人所能想像最好的治療。伊恩自己是醫生，亦從事醫學教育，是個永遠閒不下來，事事抱持懷疑態度的知識分子。伊恩教我如何寫作與思考，他旺盛的精力與笑容總能點亮整個房間，熱情洋溢，積極主動，一個會為了「好玩」而一路跑上山的男人。他完全知道自己有多少勝算，也非常清楚我們對他正在接受的治療了解多少，但這些仍遠遠不及癌症所無法預測，無法估量的部分。問題很簡單，答案卻充滿變數。在找到所有問題的答案，能無畏無懼面對確診癌症以前，我們還有好長的一段路要走。即便如此，我仍希望若是輪到我不得不面對自己的命運時，我也能像伊恩一樣勇敢堅毅，幽默豁達。

但為什麼是伊恩？為什麼不是別人？比方說那些抽菸抽了幾十年的老菸槍，或是不吃蔬菜水果卻好好活到九十歲的傢伙？統計學給的答案最公正客觀：老化本身就會提高罹癌風險。老化會扭轉代謝，使之朝有氧醣解的方向前進，促使細胞生長。但顯然這種狀態可穩定維持數十年。於是我們任憑命運安排——拿到不幸的基因，不小心多抽幾根菸，飲食不健康，嚴重晒傷，吸入過多廢氣，病毒感染……這一切無不促使細胞死心塌地，專注聽命於**增殖！生長！**並且**將代謝設定調整為放縱模式**。假如我在本章提出的論點正確，那麼我們能做的只有盡力讓粒線體維持在生龍活虎的狀態，持續運動，深呼吸，注意飲食，盡可能避免讓粒線體落回發酵窘境，要讓它能正常氧化NADH，設法讓身上的克氏循環保持正向運轉。世上沒有萬無一失，永保安康的養生法則，但規律的有氧運動和健康飲食無疑能保護並幫助我們，對抗癌症。我的建議可能有點諷刺，因為我請求各位要好好「餵養」你的粒線體，千萬別讓細胞呼吸慢下來——那正是老化致癌的潛在原因。我們之所以要維持細胞正常呼吸，理由並非細胞老了會逐漸退化，而是細胞呼吸衰退會擾亂克氏循環。瓦爾堡提出的理由不一定完全正確，但他畢竟還是說對了。「切莫溫和地步入那良夜……憤怒，咆哮，怒斥光明消逝。」*

---

*譯注：節錄自威爾斯詩人狄倫・湯瑪斯（Dylan Thomas）名作：〈切莫溫和地步入那良夜〉（Do Not Go Gentle into That Good Night）。

第六章　動力轉換

「你要怎麼解釋？」這句話猶如觀眾扔出的手榴彈，意圖讓台上的「專家」難以招架，粉身碎骨。我被這個問題K過不只一次，提問的通常是老人家，或是抽了一輩子菸，最近一次「像樣地」運動已是數十年前往事的老菸槍。我不知道他們聽不聽得進我想說的話，又或者他們只是想讓講者難堪，但顯然科學在解釋「統計學上的一致性」這方面比較拿手，對特例相對沒輒。一個最簡單卻不算答案的答案或許是「只能說您遺傳了好基因」，但這麼回答不就跟「幸運女神對您微笑」差不多了嘛。不用說，提問者心裡明白，這枚手榴彈只是狂妄自大的發洩而已。

如果把這個問題套用在你我每一個人身上，要定義「通則」和「特例」並不簡單，而這大概也是人生或生命差強人意，不會太難熬的原因吧。你我都會變老，老化是極普遍的現象。因為變老，我們不得不屈服於小病痛或大毛病；有人罹癌，有人患上阿茲海默症，有人心臟病發或腦中風，也有人受類風溼性關節炎折磨。但還有一些人平靜安詳地在睡夢中離世，身上連個靜脈曲張也沒有。誰曉得命運準備哪套劇本等在前方？當然，我們可以透過慎選飲食、勤做運動、冥想或洗冷水澡來影響命運腳本，但你我最後會以什麼方式邁向生命終點，多少還是帶點中樂透的況味。我誠心認為，如果生命並非以這種方式進行——也就是如果我們明確知道自己何時會死，因何而死，人生鐵定相當難熬。如此說來，無知也是種福氣。

不過標準答案還是有的，這個答案就刻在基因上。偉大的免疫學家梅達沃說過：我們之所以會老，是因為我們活得比命定的時間還要久。你我的壽命並非由老天決定，而是依循天擇的統計法則：在人生的某個時間點，我們會被車撞、被熊吃掉，或者遭病毒從體內痛下毒手。天擇傾向把資源集中在生命孕育下一代的時期，沒必要為了幾乎不會到來（變老）的那一天做準備，所以會不斷磨利並調整基因，讓我們在年輕時達到巔峰狀態；然而隨著年紀愈來愈大，天擇的力量也逐漸減弱，各種各樣的基因開始變異作亂，似乎也不會隨著年老而逐漸清除（如果突變效應顯現得早，也許在年輕時就被天擇消滅了）。天擇顯然無法剷除某個要到一百五十歲才開始作亂的基因——因為沒有人能活到那麼大歲數。按梅達沃的說法，七老八十才造反的基因也同樣適用這套法則，因為就歷史記錄來看，能活到如此高齡的人不會太多。儘管說服力稍弱，四、五十歲就惹麻煩的基因或許還是能這樣解釋（譬如亨丁頓舞蹈症）。這種觀點被後人奉為圭臬，認定老化與老年病其實等於「揭穿基因假面」，而這些延遲發作的基因變異最後紛紛要了我們的命。這份見解巧妙並簡潔說明我們為什麼會變老，以及為什麼會在老年時遭受不同疾病侵襲：天擇之力普遍隨著年紀增長而式微，但我們仍誓言對抗這一手由基因變異或等位基因（舊稱「對偶基因」）組成的爛牌（這副牌賜予每個人獨特的悲慘組合），不輕言屈服。

這些都是事實。若要描繪一幅可作為現代醫學基礎的演化生物學圖像，那麼這便是了。不同的等位基因使我們傾向發生不同的老化疾病，這些疾病基本上會影響特定器官或系統，導致該器官或系統出毛病。等位基因的影響會因為其他數百種（或甚至數千、數百萬）基因變異而抵消或放大，這些變異通常只是某條DNA上的一個字母改變了，也就是「單核苷酸多型性」（SNP）。人類DNA大概平均每一千個字母就會出現一個單核苷酸變異，也就是說，整個人類基因體大概有四百萬到五百萬個字母差異（組合方式不同），但僅有少部分確實會影響特定疾病的發病風險。透過「全基因體關聯分析」（GWAS）這門技術，我們可以找出特定單核苷酸變異與某特定疾病的風險傾向與關係。我總覺得，基因體就像一只巨型萬花筒，我們每個人都有自己獨特且閃閃發亮的基因變異模式，形塑你我的獨特性和專屬的死亡方式。

然而凡事都有例外，這個觀點本身也有一些重大瑕疵。首先是「命定的時間」或壽命。以最普遍的解釋來說，壽命是一種按客觀時間計算年齡的方式，取決於生物體活過一定年歲的可能性，而統計學上可能影響這段時間長短的風險因子包括體型、生活方式、受傷生病或感染傾向等等，不一而足，這些全都寫在我們的基因裡。也就是說，假如我們當真活得比預期年歲還要久（多虧種種社福奇蹟），總有一天也還是會被體內幽靈毫不留情地折磨，從內而外吞噬殆盡。要想翻轉年老的折磨，就必須對抗數以百計、千計或百萬計的單核苷酸變異，這項任務的艱鉅程度不下於薛西佛斯推滾巨石上山：嚴格說來不是不可能，卻是極可怕的挑戰。

因此，當科學家在一九九〇年代發現有幾個基因能延長一些簡單生物的壽命至兩、三倍時（如線蟲、蠅類，後來還包括小鼠），世人無不震驚莫名。請容我略過細節不談，但我想提醒讀者注意幾個普世觀點。首先，老化這種現象其實不如梅達沃要我們相信的那麼難對付。幾個基因的小小變化雖能喚起一整群幽靈，但這群幽靈已無法從內部吞噬我們，甚至可能集體撤退——至少暫時如此。其次，基因變異引發的大規模效應不完全取決於等位基因是否罕見或不尋常——熱量限制也能產生相同效果，只是在獼猴或人類等大型動物身上較不明顯，但我想強調的重點依然不變：生理變化能輕易改寫遲發型基因變異看似無解的影響。第三，我們經常在成功躲避獵食者的動物族群身上看見某種共通點——比方說，牠們都住在島上。壽命擁有驚人的可塑性，可以在數代之內翻倍或三倍成長，而那些不好對付的幽靈似乎全部消失在地平線外。若要用簡單一句話說明老化「既頑固難對付，又充滿彈性」的矛盾，那麼或許是：度量壽命的單位不該是年歲，而是**生物**時間；稍後我們也會討論，這個單位的量詞或許不應以「年」計，而要以「流」來衡量。

老化之所以無法完全以基因決定論來闡釋，另一個問題出在「可遺傳性不足」，或稱「遺失遺傳率」。所謂「遺傳度」或「遺傳率」是指不同個體的生理差異（表現型）能歸因於遺傳的比例：假如某種特徵（譬如身高）的遺傳度是1，那就代表人與人的身高差異完全由遺傳變異決定；如果遺傳度是0，那麼每個人的身高差異都得歸咎於環境。絕大多數的生理特徵都是先天混合後天，所以遺傳度都在0和1之間。學界大多透過雙胞胎來研究遺傳度，理由是一般假定同卵雙胞胎的基因完全相同；但嚴格來說並非如此。誠如接下來會看到的，許多發生在家族內的複雜病症——譬如癲癇，其遺傳度可能介於0.4到0.6，說不定還更低。儘管如此，假如雙胞胎之一有某種病症，不論兩人成長環境是否相同，另一人大概有一半的機率會表現相同病徵。為了讓各位多少能掌握這個概念，我舉身高作例子：身高的遺傳度落在0.8左右。

在這個基因體學盛行的年代裡，遺傳度顯示不足的問題看起來更嚇人。全基因體關聯分析研究的是多基因變異的附加風險。如果某種疾病依雙胞胎研究得知其遺傳度是0.5，且已知的遺傳風險因子即代表全部的遺傳風險，那麼，這些遺傳因子的總風險機率應該就是0.5；但事實上，在所有已知風險中，基因變異的占比通常不到百分之十——該疾病的所有已知基因遺傳度幾乎都「不見」了，數據完全對不上。不只癲癇如此，絕大多數的複雜病症也都有類似情形。其實這某種程度是統計學造成的偏誤：會影響整體罹病風險的遺傳變異說不定有成千上萬個，但每一種變異的影響都很小，以致在研究規模較小的時候「集體被消失」；如果把它們造成的效應全部加總，或許就能找出消失的遺傳度跑哪兒去了。說不定真的就是這麼回事。此外也可能是「遺傳度」這個概念本身有問題：因為我們已經知道，光是稍稍改變生理狀態，數千種原以為很難對付的遲發遺傳效應竟可迎刃而解。所以「遺傳度顯示不足」的問題是否或多或少也取決於生理狀態，跟代謝流稍微扯上關係？

這個想法應該不算太奇怪，因為在做全基因體關聯分析的時候，幾乎總會漏掉一小撮基因，坦白說就是被埋進背景值；它們貢獻不多，卻很會惹麻煩。由於這撮基因數量太少，研究人員多半假設它們對統計的影響微乎其微——但這個假設本身就有問題，理由是跟其他基因比起來，這撮基因對代謝流、對生物時間的衝擊可大了。不僅如此，它們還會以難以捉摸且無法預測的方式和其他基因體作用。光這一小撮基因就能解釋同卵雙胞胎在遺傳上何以不必然完全相同：它們是粒線體基因。

醫學雙柱

近半個世紀以來，最大力主張粒線體對人體健康至關重要的人物就是華萊士。華萊士主修遺傳學，一九七五年在耶魯取得微生物學與人類遺傳學博士學位。他從一開始就透過細胞培養直攻「氯黴素」的抗藥性研究（氯黴素會干擾粒線體，也會影響細菌生理）。有些粒線體帶有一個等位基因突變，抗藥能力由此而生，細胞亦能平安長大；惟抗藥性強弱並非單憑粒線體基因決定，還需要細胞核基因相助，不過粒線體和核基因不相容的問題也常削弱兩者的合作效應。為了研究這兩套基因如何作用，華萊士取來不同物種的細胞核與粒線體基因（譬如小鼠細胞核配倉鼠粒線體），自製「混種」細胞。

華萊士發現，混種細胞的抗藥性會隨著物種之間的距離遞減：如果細胞核和粒線體都來自同一物種，抗藥能力運作良好；若兩者分別來自親緣關係相對較遠的物種（譬如小鼠和倉鼠），混種細胞大多會失去抗藥能力。後來，這種「同源但互有歧異的物種雜交，導致功能退化」的現象被視為「種化」的可能機制之一，換句話說就是「物種起源」的驅動力。「復活猛瑪象」或許就是個好例子：有人想用大象卵細胞結合冰凍在北極苔原下數萬年的猛瑪象基因體，重新做出這種已絕種的毛絨絨動物。大約在六百萬年前，亞洲象和猛瑪象在演化路上分道揚鑣，所以牠們的親緣關係就跟我們和黑猩猩差不多：關係很近，但還沒有近到能讓粒線體與細胞核順暢合作的程度。即使科學家有辦法一個字母一個字母成功重建猛瑪象基因體，但除非連粒線體基因也能一併重置，否則猛瑪象基因體不可能在亞洲象卵細胞內順利運作。太難了。我想表達的重點是，亞洲象和猛瑪象之所以「合不來」，原因在於兩者的粒線體基因發生趨異演化。這些細節在華萊士博士論文研究初期就算還未完全揭露，也已初現端倪。

華萊士本人深受物理思維影響，認為「能量乃萬物重中之重」。對於任何一位剛起步的年輕科學家來說，「選題目」或許是最重要的決定：你這一生打算研究什麼？想知道什麼？怎麼做才能真正走出自己的路？數十年後，華萊士回想自己當年的抉擇，他的思考脈絡堪稱典範：「既然製造最多能量的是粒線體，那麼它絕不可能只是微不足道的小角色；如果粒線體有DNA，那麼這些DNA肯定會突變，也一定會改變細胞性狀，並且可能造成疾病。所以我想答案很明顯了：

我想研究粒線體能量，還有它們在疾病中的角色。」

但當年即使是華萊士也沒能猜到真相。若要細數他的科學發現，差不多就等於重溫粒線體研究最精采的一段歷史。一九八〇年，華萊士率先證明人類粒線體DNA完全來自母系遺傳。[1]其實在他之前就已經有人建立「粒線體遺傳為單親遺傳」的概念，即「父親的粒線體基因通常不會傳給子代」；但華萊士採用一套全新方法證明子代的粒線體基因絕對來自母親這一方（他用「限制酶」把粒線體DNA序列切成一截截有利鑑別的片段）。不僅如此，他還證明粒線體基因確實也會突變，進而造成癲癇、失明和神經肌肉退化等病症。目前已知至少有三百種疾病與粒線體基因突變有關，另外還有數百種肇因於載錄粒線體蛋白的核基因發生突變，說有多悲慘就有多悲慘——但這竟然只是粒線體形塑你我人生的冰山一角。

大多數的粒線體基因突變不一定明顯有害，且不易判別。細胞核基因一般成對存在（父母各給一份副本），粒線體基因卻是一大包，而且每個細胞裡基本上都有成千上萬份副本（一顆成熟卵子大概將近五十萬）。這表示如果只有幾個副本發生突變，其效應極可能被其他無數個正常副本掩蓋過去。然而實際情況可能更教人摸不著頭緒：同一種粒線體基因突變通常會因為突變量不同，有可能和不同的核基因（或身體其他組織）作用抵消，或者和同細胞內不同的粒線體DNA互相作用而產生不同的結果，並且絕大多數都會呈現非常扭曲且複雜的行為，使得粒線體疾病相當難以捉摸，時至今日仍深奧難解。其實，粒線體複雜的集體行為在我們大多數人身上已先行排除了——至少在生命早期是如此，因為女性生殖細胞株曾發生過一場「淨化行動」；不用說，率先指出這一點的人正是華萊士。所謂「淨化」是指每顆卵細胞會打包近五十萬份幾乎完全相同的粒線體DNA副本（非常接近「同源選殖株」狀態）；[2]而大部分明顯有害的突變似乎都在打包過程中被「封印」了。這也是粒線體疾病的直接致病率只有五千分之一的原因，粒線體基因的演化速度比核基因快上十倍的理由也在這裡（大多數動物更高達五十倍，包括人類）。粒線體的基因副本數比核基因副本多太多了，所以也會累積更多突變；雖然多數有害突變都被生殖細胞株給清除了，仍有大量變異成功熬過這一關。

話說回來，「多數粒線體基因變異並非明顯有害」的這個事實，讓我們對人類起源及史前階

1 偶爾也有遺傳自父系的案例，不過這種情況在其他物種較常見，人類則相當罕見，不值一提。

2 我和波明安可夫斯基共同指導的博班學生科納吉歸納出幾種非常漂亮的數學模式，說明女性生殖細胞株如何選擇最好的粒線體：這些粒線體從多個不同的生殖細胞被逐步轉移至某一個尚未成熟的卵母細胞，然後貢獻這些粒線體的所有生殖細胞便步入計畫性死亡；總之最後大概會生成近百萬個卵母細胞，這也解釋了大量始基生殖細胞會在女性胎兒出生前即死亡的現象。科納吉的研究顯示，人類的粒線體疾病只跟獲選轉入初級卵母細胞的粒線體有關。深入思考天擇選擇優質粒線體的方式，或許能讓我們洞悉女性生殖細胞株發展的驚人過程：生殖細胞何以複製增殖至八百萬個未成熟卵母細胞，而這些卵母細胞又為什麼大多會在胎兒出生前死亡，以及「凍卵」何以能保存長達數十年等等。男性生殖細胞株完全沒有這一大段故事，理由很簡單：因為男性不會把粒線體傳給後代。這是埋得最深的性別差異，說不定也是性別只有兩種的原因吧。

段能有個大致且簡單的理解。一九九〇年代，華萊士依循人類族群粒線體變異的可辨軌跡，一路追蹤到有「粒線體夏娃」之稱的遠古女性身上——她是所有現代人粒線體ＤＮＡ的共祖，大約生活在距今十六萬年前的非洲大陸。各分支族群之間的粒線體ＤＮＡ差異會隨著時間逐漸累積，科學家可以利用這些差異追蹤人類從非洲移往歐亞大陸，最後踏上澳洲和美洲的軌跡。從這個二維觀點出發，再比對今日基因體庫的豐富多變，基因體和考古學證據讓人類發展的輪廓更加立體清晰。值得討論的是，粒線體變異或許是一種全新的適應方式，讓早期人類更能適應多變的地球環境——從極地苔原到遼闊的熱帶莽原，從炙熱沙漠到熱帶雨林，並且顯然也適用於其他物種。每顆卵母細胞大約擁有近五十萬份粒線體ＤＮＡ副本，這種發生在女性生殖細胞株的極度增幅現象，代表不同的卵母細胞可帶有彼此互異且經過選殖、近似同源的粒線體株系。每一株粒線體基因系最後各自成為不同個體的一部分，讓我們每個人都擁有一套屬於自己的、稍稍與眾不同的粒線體ＤＮＡ，並且能和多變的核基因體分庭抗禮。華萊士主張，粒線體變異有助於適應不同的氣候和飲食——聽來頗有幾分道理，惟證據仍曖昧不明。

上述觀點使粒線體看起來和其他有機體稍有不同，滿符合它們「源自二十億年前自由生活的細菌」的形象。當然，現在粒線體已完全融入宿主細胞，而它們的功能也是細胞之所以存在的中心要義：供應能量、進行生合成，這也是本書反覆強調的重點。由於供能與生合成必然會在代謝中心形成張力——即我所稱「克氏循環陰陽之力」，粒線體儼然成為生理壓力測壓計，負責協調並發送訊號，或甚至安排細胞死亡：細胞何時該自我了斷？若時候未到，那麼細胞要到何時才無力承擔同時進行這兩種重要卻截然不同之功能的重責大任？不出所料，粒線體果然在一些與老化有關的複雜疾病中位居要角，從癌症到糖尿病、失智統統有份。我們在前一章反覆思索癌細胞究竟是哪兒出錯了，但華萊士的見解完全超出這個層次，直指西方醫學兩大支柱。

華萊士認為，維薩留斯與孟德爾乃西方醫學最重要的兩大知識支柱。維薩留斯出身法蘭德斯地區，這位十六世紀醫師以《人體結構》為解剖學奠定基礎，透過一張張一見難忘的插圖——未著寸縷的人物襯著文藝復興式背景，誇張擺弄各種姿勢——呈現各式各樣的肌肉骨骼狀態。這些插圖宛如一記重擊，激起的漣漪延續數百年不散。維薩留斯毫不畏戰，勇於挑戰古老解剖觀點：整整一千四百年來，無人膽敢質疑或忤逆古羅馬醫學家蓋倫，但維薩留斯不僅勇於表達異見，而且他原則上都是對的。今天，你在任何一家醫院都能見到維薩留斯的精神遺產：走進醫院大門，指引前往各科別診間的指標赫然在目——神經內科、腎臟科、心臟科、眼科、免疫風溼科、腸胃科、婦科……不一而足，沒有人比維薩留斯更熟悉這些源自拉丁文臟器的科別名稱。今日醫學仍以解剖學為基礎，世人對解剖學的依賴程度大到盲目而不自知，使我們看不清老化在許多器官或系統引發的病症皆有其相似之處。

西方醫學的另一支柱是孟德爾。這位奧地利僧侶為遺傳學打下根基——然而一直要到他過世二十年後，才有人重新發現他的重要貢獻。孟德爾遺傳學屬於教科書等級的知識：基因成對存在，親體或父母雙方各給一份，條列於細胞核內的染色體上。我們從雙親遺傳到不同的等位基因，有些可能傾向使我們罹患某些疾病。華萊士特別提出一項跟遺傳有關的推論：某臨床特徵若依孟德爾規則傳給子代，那就是遺傳；如果不是，那麼這項特徵必然是環境影響的結果。該論點後於「遺傳度」扎根成形，成為今日極複雜的全基因體關聯分析的基礎。只不過，誠如我們稍早讀到的，這類研究多半排除粒線體基因以及它們不符合孟德爾定律的遺傳模式；因此全基因體關聯分析常把粒線體的影響跟環境因素混在一起，殊不知粒線體也會影響疾病遺傳度。華萊士認為，我們需要一套更全面整合的觀點，類似中國的氣——氣某種程度相當於能量或生命力，能在體內傳送流轉。華萊士的描述方式很美：「生命是結構與能量的角力遊戲。」

請容我再多說幾句。粒線體猶如「通量電容器」，但不是電影《回到未來》裡布朗博士發明，裝在迪羅倫號時光機上的那台，而是堪稱名符其實的玩意兒：粒線體能把通過克式循環的代謝流轉成膜電位。「膜」本身就是電容器，這層隔開兩側帶電溶質的薄膜能產生強大的跨膜電場。改變代謝流能增強或減弱電場力，不論是合成ATP、活性氧逸流或產生強大還原劑NADPH，無一不受其影響。因此膜電位有一個可變的動態範圍，像琴弦一樣能發出高低音。電場從膜發出共鳴，透過共振捕捉在附近活潑躍動的分子群；這種共振行為會隨著膜電位增強、減弱而漸強或漸弱。膜電位的動態範圍受代謝流支配，也能回饋，促使代謝流循正向或反向路徑通過克氏循環。我們在第五章看過，若是膜電位過高（ATP未適量消耗），克氏循環就必須減緩或甚至改成反向流動。循環流會直接透過琥珀酸和檸檬酸向細胞核發出訊號，影響數千個基因的活性，調控細胞的表觀遺傳狀態。這是一種發生在膜電位振鳴、克氏循環代謝流和細胞表觀遺傳狀態之間微妙且持續的交互作用。依我之見，光是不同個體間最細微的通量電容差異，就能解釋世間如恆河沙數的年華老去方式。

果蠅，近親繁殖禮讚

但我們該如何分辨核基因和粒線體基因的作用？一如研究同卵雙胞胎能為複雜疾病的遺傳度指出一條明路，「遺傳性狀相同」的果蠅也能讓我們直探粒線體流的關鍵意義。

我這兒說的是「黑腹果蠅」，一種愛吃醋的果蠅，喜歡腐爛發酵的醋味。從穆勒首度證明X光能誘導果蠅基因突變的那一刻起，這種小生物就成為遺傳學偉大見解的重要來源。穆勒還發現一種保存突變的聰明把戲，他稱之為「平衡」染色體：這些染色體夾帶多段「倒轉序列」，也就是穆勒先把他感興趣的突變序列剪下來，再反向插回染色體；如此能防止同源染色體在有性生殖時重組互換，盡可能讓同一條染色體上的基因以完全相同的順序完整保留下來。為了確認結果符合設計，操作者也會在平衡染色體放入幾段具特定表徵的突變基因（譬如毛背或捲翅等容易在子代身上辨認的性狀），證明目標基因依然相連。然後就是最後一道安全閥了：這些帶有平衡染色體的果蠅必須近親交配，確保牠們帶有的基因盡可能幾近相同。各位應該可以想像，在小果蠅身上玩遺傳把戲確實可行：牠們的壽命不過短短數月，腦子跟針頭一樣小，也不像其他大型動物可能引發道德爭議。從道德規範來看，果蠅甚至算不上動物，但是朝夕相處的研究人員可能會喜歡上牠們的滑稽行徑。譬如雄果蠅會跳康加舞追求雌果蠅，時刻多半在清晨或黃昏，然後再睡上一整天；果蠅還喜歡醉醺醺的感覺，怪不得牠們靠腐爛果實維生——酵母菌會幫牠們把果肉發酵成果蠅酒——並取得蛋白質。我得承認，我對果蠅有種強烈的「惺惺相惜」之感。

我原本對這一切所知不多，後來是因為卡繆成為我在倫敦大學學院的實驗室鄰居，我才開竅的。她在墨爾本的博論主題是果蠅遺傳學與粒線體功能，現在滿腦子都是研究計畫和想法——而且和我一樣熱中粒線體。卡繆對「母親的詛咒」特別感興趣，於是我們開始合作探討這類疾病。之所以稱為「母親的詛咒」，追根究柢是因為粒線體只會來自母親。從遺傳學來看，我身上的粒線體就只傳到我個人為止，我兒子身上的粒線體全部來自他們的母親。這種遺傳模式可追溯至粒線體夏娃或更早的生物體，說不定二十億年前第一個複雜細胞誕生時就已經是這樣了。[3]其結果是，唯有能在女性或雌性體內運作良好的粒線體ＤＮＡ才會被天擇保留下來，男性（或雄性）壓根不列入考量。我的粒線體ＤＮＡ是好是壞完全不重要，反正它哪兒也去不了。以人類為例，如果男性女性的代謝需求毫無差異，那麼男性的健康條件應該跟女性差不多，母系遺傳疾病也不會是問題；但事實並非如此。男性的靜態代謝率平均比女性高出百分之二十，另外還有燃燒醣類更甚於燃燒脂肪的輕微傾向差異；因為如此，男性的肌肉、體脂肪比例也和女性不同。類似的兩性差異在其他多數物種身上也很常見。這表示有些突變原則上在女性身上並不明顯，或甚至是有利的，對男性則恰恰相反。男性——更確切地說是男孩——比女性（女孩）更容易罹患粒線體疾病，這個事實正好支持前述觀點，也和「母親的詛咒」概念一致：男性繼承了專為女性調整性能表現的粒線體，使得粒線體在男性身上更容易出錯。有些人甚至主張，這就是女性通常比男性長壽的原因。

然而粒線體疾病並不常見，兩性的發病率雖有差異但不會太明顯。看來天擇已經找到彌補的辦法：細胞核基因能改善雄性的粒線體性能表現，不過還是得經過好幾代量身調整，修正雄性體內的粒線體DNA才辦得到。為了讓這套補償方案見效，核內的特定等位基因必須要能隨機抵消粒線體DNA累積的突變效應，是以兩者必須一起傳給後代——意即兩者必須共存於同一種群內才行。如此說來，若是跟親緣關係極遠，不具備這種代償核基因的遠系族群結合生育，說不定就

3 解決了一道演化難題後，通常會帶出另一道難題——這個例子正是如此。單親遺傳讓選擇粒線體基因成為可能：粒線體總是成群傳遞繼承，因此必須盡可能讓整批粒線體系出同源，故動物必須慎選雌性生殖細胞株；如果讓這群「高品質」同源粒線體隨機混入一顆來自父親的粒線體，怎麼看怎麼不妙，因此精子最後僅象徵性地帶了幾顆粒線體，而且最後通常會被受精卵「合子」排除在外。單親遺傳解決了選擇和確保粒線體品質的問題，卻也因此自食苦果——母親的詛咒就是這麼來的。

能讓母親詛咒暴露現形。可是劃分近親、遠親的界線又該切在哪裡？跨種結合確實會因為粒線體基因與細胞核基因不相容而導致「遠交衰退」，＊若父母雙方來自同一物種內的不同支群，是否可行？能夠和不同文化背景的人相識相戀也是人性的一部分，我一向為此感到開心；但我們必須先搞清楚，粒線體疾病的高發病風險會不會削弱這份遠交優勢？（我個人是不覺得啦，但這個問題要思考的層面太多太廣了。）

卡繆的研究就從這裡開始。她先用平衡染色體培育出好幾個不同的果蠅株系，每一株都擁有一組特定，來源為全球各地天然種群的粒線體基因體（我必須特別強調：卡繆選擇的都不是有害的突變基因，單純只是一般種群找得到的基因變異），但每隻果蠅的細胞核基因體全都一模一樣。換句話說就是，這群果蠅差不多就像同卵多胞胎——核基因完全相同，惟粒線體ＤＮＡ互有差異。如此能讓我們做出粒線體與細胞核不相容的條件，探討核基因如何「修正」細胞核環境並與粒線體基因作用，讓兩套基因體不相容的情況不再是變數。以這個例子來說，我們感興趣的不相容問題是「母親的詛咒」：卡繆和我推測，如果核基因能代償性地修正特定粒線體變異，那麼切換粒線體ＤＮＡ表現說不定能揭開詛咒的真面目，導致雄性動物衍生出新的問題；早先已有其他學者指出，最有可能發生的毛病是不育，或至少生育力降低。我們做出的基因體不相容果蠅確實也有幾個株系出現雄性生育力下降的問題，一如所料。

各位可能在想：這拉拉雜雜一大堆到底跟老化有什麼關係？老化問題我們連碰都還沒碰，就已經被初步研究結果嚇退好幾大步——但這對科學研究來說始終是個好兆頭。生化學家暨科幻作家艾西莫夫曾說：發現新東西的時候，科學家不會大喊「找到了！」通常會說「有點意思……」所以我和卡繆著手測量不同組織的呼吸效率，還有氧從呼吸複合體撿走游離電子，組成活性氧（或稱自由基）的比例。我們用一台「銜尾蛇呼吸計量儀」測量並取得數據，同步掌握活性氧在細胞呼吸期間形成的速度有多快（姑且稱為「活性氧逸流率」）：某一系果蠅的雄性生育力明顯降低，這些雄果蠅睪丸的活性氧逸流率似乎比較高，而且都發生在呼吸鏈複合體I。具體概念逐漸成形，我們也把全部的數據都存進一個名為「睪丸壓力大」的檔案夾裡；至於這項實驗非原創的初步結論是：不相容的粒線體的確會對睪丸生理造成壓力，導致雄性不育。

要治療這毛病應該不難，降低壓力即可。我們試了一種叫「N乙醯半胱胺酸」（NAC）的抗氧化劑，結果它對雄果蠅沒什麼影響，卻**把同一系的雌果蠅全部殺死了！**就只有這一株的雌果蠅全部死光，其他株系的雌果蠅頂多有點虛弱，但似乎還撐得住。這回我們沒說「有點意思」，我們嚇呆了——眼前完完全全就是那種會帶你踏上科學未知之境的意外發現：餵果蠅吃某種抗氧化物，結果雄果蠅不痛不癢，而身上帶有某一型粒線體的雌果蠅全部死光，其他雌果蠅則幸運逃過一劫。別忘囉，這些果蠅的核基因完全相同，僅粒線體DNA不一樣（但也只是幾個單核苷酸

＊譯注：與雜種優勢相反，指不同種群結合的後代產生不利後果的現象。

多型性變異而已）。

這告訴我們：不同個體對同一種藥物的反應可能出現極大差異（譬如本例的抗氧化劑），粒線體DNA的幾處微小差異竟然在雄性與雌性身上引發截然不同的效應。人類與果蠅都有粒線體基因，遺傳方式也一模一樣，所以同樣的道理也能套用在人類身上。目前我暫時把焦點放在NAC，因為它也能揭露許多跟老化有關的可能機制；但各位千萬不要以為這只是特例。我們早就在其他療法發現極大的個體差異，譬如高蛋白飲食。有些飲食法在某些人身上管用，在另一群人身上則否；如果各位老覺得這點很奇怪，答案有一部分就在這裡：粒線體功能的細微差異會在接受相同處置的果蠅身上造成非常不同的反應，人類大概也差不多。我說的只是「細微差異」喔。實驗發現，果蠅粒線體DNA發生單核苷酸變異的數量與實際生理表現無關；也就是幾處小小不同可能造成災難般的後果，但五十幾個單核苷酸變異卻不會產生任何影響——問題不在變異多寡，而是粒線體基因和部分核基因的不愉快互動經驗。如果把範圍放大來看，這代表個體之間的特定差異可能比族群之間的平均差異更重要：「種族」根本毫無意義。

拿捏平衡

所以，到底是什麼殺了雌果蠅？目前原因尚未明朗，但我們確實在雄、雌果蠅以及雌果蠅大量死亡和全員無恙的株系之間，測量到極大的差異。抗氧化劑NAC會抑制呼吸，尤其是呼吸鏈複合體I；生理狀態大受影響的果蠅呼吸效率幾乎不到對照組的**三分之一**，若單單比較雌果蠅，亦僅達其他生存株系的一半。也就是說，抗氧化劑害這些果蠅無法呼吸。怎麼回事？

答案似乎和活性氧流有關。最教我們震驚的是，活性氧流一般鮮少發生變化，特別是鳥類強大的飛行肌（胸肌）——這個部位的活性氧流幾乎維持不變，即使細胞呼吸受NAC抑制的狀況下亦然。這點實在出人意料。活性氧是呼吸產物，所以按理說，抑制呼吸對活性氧流應該或多或少會造成影響，實情卻非如此：即使呼吸效率變差，活性氧逸流的速度仍維持不變。於是我們懷疑，難道整個情況應該反過來思考——呼吸受抑制的真正原因，有沒有可能是為了讓活性氧流維持在正常範圍內？

如果粒線體膜電位屬於高能電場，活性氧流就相當於危險火花。照理說，電位勢能愈高，活性氧流就愈強，對周圍環境的傷害程度就愈大。「制衡」意味著防止系統超載，所以必須降低電壓避免爆炸。若系統過熱，情況危急，那麼當下最好的辦法也許是抑制呼吸，降低電位差；若電壓正常，系統卻依然受損且持續過熱，那麼你最好加強抑制力道，讓膜電位差降到極低的程度。這種做法表面上看似合理，但是對咱們的果蠅來說，牠們的細胞呼吸實際上卻被抑制到瀕臨死亡的程度，彷彿細胞瘋了一樣。

話說回來，把穩定維持活性氧流看得比複合體I呼吸更重要，這點並非不可能。我們在討論癌症時已經知道，細胞產生ATP的方法不只一種；雄果蠅雖然帶著比較適合雌果蠅的粒線體DNA，牠們的呼吸表現坦白說並不會太差。這個破綻帶我們繞回同一個問題：即使呼吸作用在複合體I受到抑制的狀態下仍然堪用，是什麼殺了那些雌果蠅？

NAC抗氧化的方式很特別，它會提高抗氧化關鍵「穀胱甘肽」這種含硫小型胜肽的濃度；在果蠅伙食中添加NAC能提高全身組織的穀胱甘肽濃度，一般來說有益果蠅身體健康。但提高組織穀胱甘肽濃度顯然會殺死某些雌果蠅，其他果蠅卻不受影響；既然這些果蠅唯一的不同點只有粒線體基因，最主要的缺陷肯定跟呼吸作用有關——給予NAC放大了果蠅株系之間的差異。為了解這究竟是怎麼回事，以及這一切何以和老化有關，我們必須思考穀胱甘肽和活性氧在細胞裡實際扮演的角色。但首先，在我們縱身跳進兔子洞之前，容我提醒各位：前一章討論癌症時，我們已經知道抑制呼吸不單單只會減少能量供應，還可能逆轉克氏循環流，進而影響數千個基因的活性。既然NAC會抑制呼吸，代表它對組織的表觀遺傳狀態（啟動或關閉某些基因）**肯定也有**極嚴重的影響。我實驗室的兩位學生羅德里蓋茲和伊翁旺正在研究這個部分。雖然沒辦法透露更多細節，但我想簡單講述一些概念，讓讀者了解我們認為的實際情況大概是怎麼回事。

一般正常、還原態的穀胱甘肽帶有一個硫基（-SH），也就是一個硫原子接在一個氫原子上。這個硫基能把氫傳給其他分子（譬如「過氧化氫」等活性氧），產生水和氧化態的穀胱甘肽。氧化態的穀胱甘肽會以「雙硫鍵」與自己的一部分鍵結，形成「穀胱甘肽二硫化物」。（圖39）

$$2GSH + H_2O_2 \longrightarrow GSSG + 2H_2O$$

穀胱甘肽　過氧化氫　　穀胱甘肽二硫化物　水

圖 39

請注意，這裡的兩個穀胱甘肽分子各自獻出一個氫給過氧化氫，形成兩分子的水再加上一個氧化態穀胱甘肽合成物「穀胱甘肽二硫化物」——也就是兩個穀胱甘肽各以一個氫原子換得和自由基直接反應的機會，這個反應涉及一顆不成對電子。當然，穀胱甘肽也可以把氫原子傳遞出去，重新合成維生素C或維生素E等其他細胞級抗氧化分子。正因為如此，穀胱甘肽通常被視為細胞最重要的抗氧化堡壘。

若要將穀胱甘肽二硫化物回收再利用，則需要兩個氫原子（二氫）才能換得兩分子穀胱甘肽，而細胞內最強大的還原劑NADPH（各位或許還記得，我在第五章提過有P的NADPH比沒P的NADH強大許多）可提供反應所需的二氫。於是眼前又多了一項考量因素：假如細胞沒辦法產生足夠的NADPH，肯定無法將所有穀胱甘肽二硫化物還原成穀胱甘肽。細胞產生NADPH的方式不多，我們在前幾章提過「磷酸五碳醣分路」、「蘋果酸脫氫酶」和「粒線體轉氫酶」三種。不論直接或間接，這些路徑皆離不開克氏循環流，因此各位馬上就能看出來：所有危及克氏循環流的呼吸缺損，都會反過來影響穀胱甘肽的再合成作用，表示細胞內會有極大比例的穀胱甘肽維持在氧化的穀胱甘肽二硫化物狀態。是以這個「穀胱甘肽循環池」可作為相當靈敏的細胞健康指標：若氧化度偏高

（即穀胱甘肽二硫化物占比較高），則相當於送出「基礎代謝狀況不佳，危及細胞整體活動」的強烈訊號——細胞生病了。這正是我們在瀕死果蠅身上看見的景況：牠們的穀胱甘肽循環池偏向氧化狀態，死亡果蠅體內的穀胱甘肽二硫化物濃度略高於穀胱甘肽。

穀胱甘肽的影響不僅於此。穀胱甘肽也會在蛋白質內重建硫基，而氧化態的硫基也傾向和穀胱甘肽二硫化物一樣，形成雙硫鍵。雙硫鍵把蛋白質的不同部位拉在一起，改變結構，進而活化或不活化蛋白質功能（方式還未完全釐清）。各位可以把雙硫鍵當成某種簡單的蛋白質開關，只是細胞內肯定有數百或上千副相同的蛋白質，各自處於開或關的狀態——於是這形成某種加權訊號，類似舉手表決的直接民主程序：以穀胱甘肽循環池為例，「舉手」與否取決於穀胱甘肽的可利用量；若決議贊成，則可將蛋白質內的雙硫鍵回復成硫基。穀胱甘肽猶如混入群眾的滲透分子，不斷輕聲耳語「回家吧，別鬧事」。但不好意思，穀胱甘肽的可利用量必須由NADPH再生程度來決定，所以最終仍逃不出克氏循環流宰制。

最後我必須再說明一項細微差異。氧化態的穀胱甘肽不只有「穀胱甘肽二硫化物」這一種形式，前面提到的兩種變化也能組合出另一種存在方式：穀胱甘肽的氧化態硫基可以跟別種蛋白質的氧化態硫基透過雙硫鍵結合——這個過程稱為「S－穀胱甘肽化」。這個鍵結過程相當於另一種訊號，顯示胞內小世界又出狀況了。我之所以提及S－穀胱甘肽化，是因為這個反應的已知效應之一是抑制細胞呼吸；雖然我們還沒證明這一點，但我和我的學生都認為這大概就是導致果蠅死亡的原因。這個推論不無道理。在正常情況下，絕大部分的活性氧流似乎都來自複合體I的鐵硫簇分子；當電子傳遞逐漸停滯，電子會從這些鐵硫簇分子逃脫並直接與氧作用，形成更多超氧化物和過氧化氫，增加活性氧流。如果其他方法都行不通，眼下唯一的應變方法就只剩「限制能直接跟氧起作用的反應型鐵硫簇總量」，減產呼吸複合體I。這似乎就是S－穀胱甘肽化的作用。[4]但細胞必須為此付出極高的代價——抑制最有效率的呼吸形式。複合體I每傳遞一份二氫就能打出十個質子，而非六個。徹底擊中要害。

4 生物學總是比我們以為的還要複雜。我費了好一番工夫才看出其中的關聯性，因為我已經先做假設了（我前面幾本書都提過這個假設，手上也有一些支持這個假設的實驗數據）：活性氧流上升是一種向粒線體基因示警的局部訊號，暗示呼吸產能不足；而細胞的整體反應是增加呼吸鏈作用單位，因為提升呼吸產能應該能解決或修正這個問題。但我在這一段描述的情形跟我原本的假設完全相反。有沒有可能兩者皆為真？不無可能。現在我終於明白了：一切只是時機問題。如果問題純粹出在呼吸產能，那麼提升呼吸產能確實能解決問題；但如果是呼吸機件部分受損（譬如粒線體基因突變），那麼提升呼吸產能幫助不大，再加上電子傳遞依舊受阻，活性氧流也會提高，終將導致穀胱甘肽循環池逐漸偏向氧化態——這種變化並非發生在幾分鐘之間，而是一段時間，以我們人類來說可能長達數年。倒向氧化態的穀胱甘肽循環池會使蛋白質S－穀胱甘肽化，進而抑制複合體I的呼吸作用。這項改變確實能解決活性氧流的問題，且效果持久，因為細胞的反應型鐵硫簇變少了；不用說，呼吸產能也會因此受限。諷刺的是，這一切全都能從我二〇一一年發表的論文附圖裡看出來，我卻到現在才真正搞清楚自己在想什麼。

現在來整理一下果蠅告訴我們哪些事實。我們知道NAC會抑制部分果蠅株系的呼吸作用，其他株系則不受影響。我們知道所有株系體內的穀胱甘肽濃度都升高了，代表NAC確實發揮效用，促進穀胱甘肽合成。我們知道死亡果蠅體內的穀胱甘肽循環池存在較高比例的氧化態穀胱甘肽。我們知道穀胱甘肽氧化是呼吸複合體I受抑制的訊號，通常會降低活性氧流。我們知道肌肉組織的活性氧其實少有波動，故抑制複合體I顯然能提高活性氧流，使其回到正常範圍內。我們知道果蠅實驗株系之間的唯一差別是粒線體DNA，所以問題肯定出在細胞呼吸。我們知道細胞呼吸只要一出問題就會擾亂克氏循環流，因為如果NADH無法被細胞呼吸氧化，克氏循環就不會轉動，被迫叫停。最後我們還知道，要重新產生還原態穀胱甘肽就不能沒有強力還原劑NADPH，而NADPH同樣依賴克氏循環流。歸結以上資訊，我們推測：細胞呼吸的某種重大缺陷會妨礙還原態穀胱甘肽再生，於是發訊號暗示活性氧流出了問題；果蠅選擇以持續抑制細胞呼吸的方式回應並修正問題，卻因此墜入極度危險的惡性循環深淵。

總而言之，抗氧化劑NAC會放大各果蠅株系在細胞呼吸上的微小差異。果蠅細胞抑制複合體I的呼吸作用以維持正常活性氧流，導致少數株系因此一命嗚呼。若只針對影響最大的株系來看，雄果蠅似乎還應付得過去，雌果蠅卻傷亡慘重。為什麼會這樣？我懷疑是雌果蠅的克氏循環流限制更多，因為「製造卵細胞」是一項代謝成本極高的大工程；因為如此，抑制呼吸會使雌果蠅付出比雄果蠅更大的代價。不管怎麼說，需求壓力愈大，呼吸作用受抑制的情況就愈明顯，付出的代價也益發嚴重，終而導致死亡。我之所以嘮嘮叨叨這麼一堆，是因為如果把這一段的題目改成「老化」，我大概會寫出幾乎一模一樣的內容。

古老的老化問題

我在本章開頭提出一個想法：老化不該以「年」計，應該以「流」計算生物時間。這個概念有個最簡單的版本，各位或許不會太陌生——動物的生命長度大都以「心跳次數」為底，而所有動物一生的心跳次數差不多都是十億下，從小鼩鼱到大象皆然：前者的平均壽命約一年半，每分鐘高達一千三百下；後者則以每分鐘二十八下的速度穩重跳動七十載。各位說不定會很高興知道一件事，那就是人類是個例外：人的心跳平均一分鐘六十下，大概能跳七十年，所以總數是二十億。

生物時間的概念多少有幾分真實，不過大概無法在動不動就說「如果人的心跳次數有限，那我可不想把我的任何一次心跳浪費在運動上」的人身上獲得印證：因為如果他們願意做運動，心臟說不定能跳得更久（心搏速率也會隨之下降）。我想說的是，代謝率——活著的速率——和壽命牽連甚廣：我們消耗資源的速度愈快，就愈快用盡燃料。小型動物的代謝速率一般都比較快，所以壽命也比較短；大型動物代謝率低，也較長壽。[5]這個相對鬆散的原則其實有許多例外，但絕大多數都能用非常簡單的概念來解釋：不論代謝快或慢，動物都會設法控制災損——魔鬼就藏在這個細節裡。這是非常古老的概念，約莫可回溯至一個世紀以前，但當時許多斬釘截鐵的預言如今都證明是錯的。比方說：細胞傷害其實不會以DNA突變的方式隨年紀累積。突變確實會累積，不過一如我們在前章討論癌症時看到的，突變累積的速度不足以驅動老化。多突變累積的概念也常和突變扯在一起（尤其是粒線體DNA），但它們同樣跟老化速度沒有太大或太有意義的關聯。[6]「自由基老化論」同樣破綻百出，委婉地說就是「概念簡單，證據薄弱」。該理論陳述：自由基——就是前面討論過，從呼吸鏈逃脫的活性氧——會攻擊鄰近的膜系統、蛋白質和DNA，因此抗氧化物能降低自由基傷害，延年益壽。可至今無人提出「抗氧化物能延長壽命」的確切證據，更有多篇研究結論恰恰相反：抗氧化物會縮短壽命，而原本以為會加劇細胞傷害的「促氧化物」反而能延長壽命。自由基老化論打從建構之初就錯了。

不過，若再考量活性氧扮演信號物質和內源性抗氧化酶的作用，有時愈是微妙之處反而愈見真實。譬如活性氧**的確會**傷害細胞，但這些傷害常被渲染，誇大到危言聳聽的地步；其實從細胞生理機能來看，活性氧也常扮演一些微妙又難以理解的角色。除了自由基，導致細胞受損的原因還有很多，譬如蛋白質展開、交聯，或純粹累積過多（即「機能亢進」）等等。每個細胞大概有數千萬蛋白質分子，做出一副完美的蛋白質需要投入時間和能量；若時間或能量有限（生活步調愈快，你能揮霍的時間和能量就愈少），有些蛋白質的功能遲早會逐漸失常。問題是，蛋白質功能失常當真這麼重要？答案跟每個人的生活條件和環境背景有很大的關係。你想活多久？你需要消耗幾成的生理資源去追求伴侶或繁殖後代？你願意花多少代價清理生活累積的廢物，或打從一開始就著手預防？每個人的回答肯定都不一樣，這也說明壽命和代謝率何以並非絕對相關；然而，如果像某些過時且遺傳概念不明的觀念派別那樣徹底忽視代謝率，或許才真的是無視唯一能左右壽命長短，最簡單卻也最重要的幾項決定因素：打造細胞結構與機件需要多少時間？細胞能負荷多大的工作量？細胞汰舊換新的期限為何？世人普遍認為「活得愈快，死得愈早」，但這不僅並非永恆不變的法則，更是殘酷且難以輕鬆迴避的熱力學現實。從整體來看，自由基確實會加速細胞損傷，然其重要性猶待討論。

世人過度關注自由基多姿多彩的化學反應，卻鮮少留意它們在生理學上的重要意義，這才是

5 大型動物的代謝率何以較低，著實教人費解。代謝率某種程度跟熱散失率有關，後者又以體表面積劃分級數。一群總體積等於一頭象的老鼠所產生的熱，約莫是一頭象的二十一倍；如果象也製造這麼多的熱，大概早就融化了吧。代謝率部分也跟偉斯特等人提出的「碎形幾何理論」有關（讀者也可以參考我在《性、能量、死亡》對這套理論的評論），此外也和體積效益有點關係。加拿大重量級比較生化學家霍查卡就提出內臟（譬如肝）的能量需求會隨體積遞減，唯目前還未能完整解釋背後因素。

6 突變小鼠若是帶有有問題的粒線體DNA聚合酶，容易引發粒線體基因突變。粒線體DNA聚合酶雙突變體小鼠（基因的兩份副本都容易出錯）通常帶有大量粒線體突變，老化速度快，壽命也不長；而單突變體小鼠雖同樣累積大量粒線體突變，卻一切正常。這顯示粒線體突變的數量不必然跟老化速度有關，而且這群小鼠的活性氧流動率亦頗為正常。

問題所在。活性氧是非常關鍵的生理訊號，以致細胞無所不用其極也要讓活性氧流維持在非常狹窄的範圍內。「氧化還原基調」——也就是維持胞內電子供需平衡——對於確保胞內化學反應正常，維持體溫或酸鹼值等生理恆定而言至關重要。感染或生病時，血液酸鹼值或體溫等生理數值可能暫時超出正常限度（譬如發燒），但這些都是跟發炎或免疫活化有關的壓力反應，所以會盡可能以最快的速度回復至正常範圍內。還記得嗎？我們在研究果蠅時就發現，儘管——或者該說**因為**——呼吸受抑制，活性氧流鮮少產生波動。氧化還原基調會「轉動」控制細胞呼吸的各種「旋鈕」，來調節與平衡生理機能。

我們在第五章提過，抑制呼吸複合體I會減緩NADH氧化，推動代謝流反向通過大部分的克氏循環步驟。於是，琥珀酸、檸檬酸等克氏循環中間產物會溜出粒線體，進入細胞質，抓穩缺氧誘導因子$HIF_{1\alpha}$等轉錄因子，繼而啟動能促進生長和炎症反應的基因，甚至致癌（等我們上了年紀）。這表示基因活性的某種表觀調控可能與老化或衰老狀態有關。有些研究人員把這種生理變化視為一種會在「超過生理有效期限」時啟動的準作業程式，我覺得這是過度解讀，因為光用「細胞呼吸隨年紀增長而逐漸受抑制」就能解釋清楚了；但呼吸**為什麼**會隨著老化而受抑制，才是我們在第五章沒回答到的問題。

這個問題最合理也最籠統的答案是：不論是蛋白質展開、交聯，或活性氧導致細胞氧化，或醣化作用（葡萄糖等醣與蛋白質、脂質作用，使後者附上「甩不掉」的醣分子尾巴），都會造成一定程度的細胞損傷。這類小損傷顯然不會嚴重到妨礙細胞複製，細胞依舊能維持呼吸或克氏循環流。細胞呼吸效率斐然，只要擁有正常的氧化型克氏循環就能推動生合成並產生ATP。為了合成胺基酸、脂肪酸、醣、核苷酸等物質，我們必須從克氏循環取得合成這類分子所需的碳架；克氏循環就如同馬路上的「圓環」，每一處交匯點皆有進有出，惟整體來說仍以「正向」運作；若要產生ATP，有些中間分子甚至得乖乖繞完一整圈才能派上用場。現在請各位想想這一路下來可能會有哪些影響：就從乙醯輔酶A和草醯乙酸生成檸檬酸開始好了，這是標準克氏循環的第一步。接下來，部分檸檬酸釋出並進入細胞質，合成脂肪酸，而這一步會降低檸檬酸和下一個中間產物（α酮戊二酸）的相對濃度——所有離開克氏循環，用於生合成的中間產物全都適用這套法則。若以整個循環來看，離開循環的中間產物愈多，剩下的兩種物質（檸檬酸與α酮戊二酸）濃度差就愈近；差值愈小，循環流就愈有可能漸漸停滯或反轉。所以從本質上來說，要同時進行生合成和ATP合成原本就不是容易的事。[7]

7 這個問題似乎能透過「上調補給反應路徑」來解決——也就是添加特定中間產物，透過部分克氏循環稍微改造一下，最後再將其移除即可。換句話說就是把克氏循環當作「圓環」而非封閉循環使用，讓代謝流從不同交匯點進出。但事實上，這麼做反而會使問題變得更嚴重。請回頭看看第五章二四四頁的圖35。麩醯胺酸轉成α酮戊二酸，這時α酮戊二酸與琥珀酸輔酶A的濃度差變大，但α酮戊二酸和檸檬酸的濃度差則會變小。後者會推動反向流，這點也可以從圖上看出來。事實上，芬特等人的研究顯示，α酮戊二酸與檸檬酸的濃度比確實會影響克氏循環流的流動方向，但不論正向或反向，終點都是檸檬酸。

然而正向流也得仰賴其他多種反應物支持，其中最有名的當屬NAD^+和NADH。從檸檬酸走向α酮戊二酸必需抽出一對氫（二氫）並傳給NAD^+，形成NADH。只要有充足的NAD^+可取用，且NADH量不會太多，克氏循環流就能妥貼地朝正向運轉；但要想維持NAD^+／NADH平衡，細胞必須持續將NADH的二氫送進呼吸鏈燒掉，然後重新產生NAD^+。這道過程特別仰賴呼吸複合體I，因為它能抽掉NADH的二氫，再生NAD^+。所以現在各位應該可以想像，若是複合體I受到抑制，要讓活性氧流保持在正常範圍內可就難了；NADH不再像往常一樣有效率地氧化，也會逐漸堆積。這一切全都有利於反向克氏循環流發展，即促使α酮戊二酸變成檸檬酸。換言之，正向克氏循環流雖能供應生長所需的碳架和ATP，前提是呼吸作用必須順暢且有效率——你我年輕的時候確實如此。

我常常在想，生合成與能量供應的妥協與平衡某種程度可用「缺陷原則」來解釋：擁有漂亮尾巴的公孔雀或名稱極富想像力的「柄眼蠅」之所以性徵明顯，得歸咎於生長資源或能量的相對分配率：身體最強健的個體擁有能兼顧生長與供能的呼吸系統，牠們的克氏循環大多處於正向運作狀態，且能走完整個循環；至於體質稍差的個體則無法同時維持生合成與能量代謝，因此必須做出選擇。雄性動物尾巴發育不良、眼距較窄或羽毛顏色黯淡，皆暴露了克氏循環運作不良的問題，而這多半代表粒線體基因和核基因載錄的蛋白質互動不佳——這個訊號顯示的意義既誠實又簡單：唯有健全的細胞呼吸方能達到生長與供能的完美平衡。

呼吸鏈一旦受損就會導致活性氧流增加，而這些活性氧分子大多來自複合體I的鐵硫簇，使動物最後僅剩「抑制複合體I」這招才能讓一切重獲控制，[8]但問題是，誠如我們在討論癌症時看到的，抑制複合體I會使粒線體氧化NADH的速度變慢，促進反向克氏循環和啟動與生長、全身炎症反應有關的表觀調控——也就是邁向衰老的代謝流模式。於是，愈來愈多ATP經發酵產生，導致電子被送進其他路徑（譬如經由甘油磷酸分路進入呼吸複合體III），每氧化一組二氫只能送出六個質子，而非十個，最後整體效應就是活力減弱、體重增加，愈來愈難產生「即起即行」的爆發力，並且開始出現一些慢性、低程度發炎現象，這裡痛那裡痛的。哎，老囉！不過勉強算是好消息的是，這種逐漸衰弱的狀態可能穩定維持數十年。請注意，上述這一切跟世人崇尚的自由基理論差距頗大：活性氧流並不會隨年齡增加而驟升，造成強大的氧化傷害；實情正好相反。活性氧流幾乎不會改變，反而是細胞自己抑制了呼吸作用，導致細胞呼吸逐漸趨緩並喪失功能……從內在步步走向窒息。

8　植物和構造簡單的小型動物不需要抑制複合體I，因為它們可以利用替代氧化酶或不成對電子抄近路繞過呼吸鏈，產生熱而非ATP。以這種方式散熱會迅速氧化NADH並降低活性氧流，加速克氏循環流。不過對絕大部分的動物來說，「過熱」是一種必須非常小心應付的狀況，而且最後搞砸的可能性通常大過重新控制活性氧流。

你我都是獨立個體

老化這事令我想起表演團體「蒙提派森」在《萬世魔星》裡荒謬的一幕：布萊恩力勸群眾不要盲從，強調人人都是獨立的個體；這時眾人齊聲附和：「對，我們都是獨立個體！」唯有一人哀哀地說：「我不是。」同樣的，你我差不多都會以同樣的方式變老，我們都是群體的一部分。但誠如我在本章開頭提到的，每個人都會屈服於各自的老化毛病，阿茲海默症、癌症或心臟病等皆有可能，因為你我都是獨立個體；然「可遺傳性不足」卻帶來陰霾，告訴我們這些毛病的已知遺傳風險僅有小部分能透過目前找出的核基因變異來解釋。所以，這些與年紀有關的疾病到底是怎麼和老化扯上關係的？

前面那批果蠅為這個問題的答案點亮一盞明燈。你我都有自己專屬的一套能制衡核基因體的粒線體基因組合，同卵雙胞胎也不例外。果蠅實驗顯示，兩組基因體之間看似極微小的不相容都可能引發毀滅性後果——某些果蠅會被抗氧化劑NAC殺死，其他果蠅卻能逃過一劫，而這完完全全由牠們的粒線體基因體來決定（因為這群果蠅全是核基因相同的多胞胎手足）。NAC造成的緊迫跟老化沒什麼不同，它會抑制呼吸複合體I；對於原本就傾向製造多一點活性氧的果蠅（即兩組基因體碰巧不太相容的果蠅）來說，效應尤其明顯。稍微不相容的基因體會降低電子傳遞給氧的效率，啟動缺氧或低氧狀態的表觀調控，這種調控的背景條件跟老祖宗在泥濘中處理硫化氫、動物感染或發炎，以及最終的老化和癌變幾乎完全相同。不相容的粒線體會導致細胞窒息。

個體年輕時，些許的粒線體與核基因不相容也許不會造成明顯影響，但這種影響會隨著年齡增長，因壓力緊迫或細胞損害而增幅放大。這類效應的共同根源是抑制細胞呼吸，進而改變克氏循環流與表觀調控，最後加速老化；不過就實際情況來說，仍須考量粒線體使用方式或飲食等其他多種因素：多用粒線體（有氧運動）並不會加快它們折損的速度，反而能促其轉變重生，讓動物體獲得更多資源去修復細胞損傷；懶散怠惰則會帶來相反效果。吃太多同樣無益粒線體健康。別忘了，在癌細胞內部或性成熟過程中，那些促進生長的生化路徑會因為ATP過多而遭關閉——所以我們需要更多源自克氏循環的碳架，還有象徵「氫原子之力」的生合成強力推手NADPH。假使我們坐著不動或吃太多，粒線體的有氧呼吸能力就會因此萎縮，加重老化損害；但好消息是，就算無法返老還童，我們依然可以透過改變生活方式來改善或增進健康，讓自己的生物年齡更年輕。

話說回來，不論我們過得多好、多注意健康，若運氣不好仍然有可能被遺傳變異倒打一耙。這些遺傳變異與時間年齡關係不大，跟生物年齡關聯較深，其中又以這類變異因應ATP產能萎縮，各組織基因活性轉變的方式最為密切。不同的組織依其天賦職責會表現不同的基因區段，而基因活化時，不同的單核苷酸多型性變異，各組織不同的能量與生合成需求，以及弱化的粒線體應付這些需求的能力等等也都會影響基因表現。於是這反而得看粒線體基因如何與組織表現的特定核基因配合互動。不同組織的粒線體蛋白質大概會有四分之一彼此互異，意謂同一套粒線體基因必須在不同的核基因環境下努力工作——這就帶我們回到第四章提過的「組織共生」概念。形形色色的動物組織會透過互補的克氏循環模式支援彼此發揮功能，但自私的癌細胞卻利用這種微妙平衡滿足私慾，終而摧毀其他細胞。可惜多數組織不如癌細胞懂得變通：它們堅持自己的代謝模式，死守其他組織供應的養分，幾乎沒有餘裕隨年齡改變自己的克氏循環流。

就拿大腦對葡萄糖的死忠與依賴來說好了。雖然腦細胞也能靠其他物質（譬如酮體）維生，甚至還能過得很好，它們仍獨鍾葡萄糖。研究人員曾利用正子斷層掃描研究大腦代謝過程：在色彩鮮明的底片上，大腦被「點亮」代表該區域湧入大量以放射質標記的葡萄糖，象徵這部分的神經網絡「充電」完成。但為何是葡萄糖？心臟大多時候都以脂肪酸為燃料（每公克脂肪酸供應的熱量更高），只會在緊急時刻切換為燃燒葡萄糖，長期以來不也都運作得很好？大腦在絕大部分的狀況下都戒絕脂肪酸和胺基酸，不會把它們當作能量來源，原因可能跟神經元瞬間激發，大腦必須突然切換動力模式有關：因為它們必須把神經細胞粒線體的膜電位一舉拉到最高點。

為了解膜電位何以如此重要，各位不妨想想另一處同樣「嗜葡萄糖」的組織：胰小島β細胞。這群細胞之所以對葡萄糖上癮，理由是它們的職責乃偵測高血糖（通常在飯後）並分泌胰島素因應，而胰島素會促進全身吸收與代謝葡萄糖。讀者是否想過，β細胞何以能偵測高血糖？答案只能用微妙來形容：**β細胞是否分泌胰島素，依粒線體膜電位而定**。葡萄糖濃度愈高，膜電位愈高，胰島素的分泌量就愈高。粒線體真不愧是通量電容器。現在各位明白糖尿病的問題出在哪兒了吧：胰小島粒線體的呼吸機件受損（通常肇因於對葡萄糖反應不佳），降低膜電位上限，進而削弱β細胞分泌胰島素的能力。即使血糖夠高，一旦胰島素分泌量降低，大腦就不容易吸收到葡萄糖。持續高血糖會引發惡性循環，終而使得組織產生胰島素阻抗。胰島素阻抗效應對大腦影響尤其嚴重，理由是大腦極度依賴葡萄糖；腦細胞沒辦法直接改用其他燃料，也無法像癌細胞那樣轉換克氏循環流，甚至還得在齒輪磨損的情況下假裝沒事，繼續運作。大腦愈難取得葡萄糖，生病的風險愈高；因為如此，第二型糖尿病患者罹患阿茲海默症的機率硬是比其他人高出一倍。

紐約哥倫比亞大學的艾莉雅戈梅茲和許恩嘗試重建阿茲海默症的潛在病理架構，並提出一種新觀點：他們認為腦神經退化可能與名為「粒線體相關膜系」（MAMs）的細胞腔室有關。[9]粒線體相關膜系功能很多，首要之務或許是扮演「鈣離子守門員」的角色。這套膜系統一打開柵門，鈣

---

9 MAMs 是範圍遼闊的胞內膜狀系統「內質網」的一部分。內質網負責合成、打包、摺疊蛋白質分子，將蛋白質與其他分子（譬如脂質）送往胞內各處。內質網的另一個重要角色是將各種離子隔離包覆在網狀系統內，然後在收到荷爾蒙等訊號時，釋出離子（譬如鈣離子）使其進入細胞質。某些細胞的內質網會與粒線體相連，透過多種跨膜蛋白複合體密切合作——這就是粒線體相關膜系 MAMs。內質網與粒線體互聯交流的方式很多，現在學界也開始探討這套膜系統與阿茲海默症的關係。

離子旋即湧入粒線體，逐步增強「帶頭酵素」丙酮酸脫氫酶的活性。丙酮酸脫氫酶主控克氏循環流，擴大解釋的話就是粒線體膜電位也歸它管。以下簡單說明粒線體相關膜系的反應過程。

神經元一受到召喚就得瞬間從零加速到六十，燃燒葡萄糖能在最短時間內依循生化教科書最經典的路徑，一口氣拉高呼吸速度和ATP合成率：葡萄糖迅速分解成丙酮酸，丙酮酸脫氫酶裁掉丙酮酸的二氧化碳和二氫，做出乙醯輔酶A；乙醯輔酶A再被送進克氏循環，準備燒掉——這整套系統都得在神經元激發的瞬間同步完成充電。粒線體相關膜系引入的鈣離子洪流能活化丙酮酸脫氫酶，加速啟動過程，於是克氏循環瞬間躍進，摘掉二氫並將其塞進呼吸鏈（通常是複合體I），同時泵送質子並開始給粒線體膜充電。所以當鈣離子一出現，膜電位急遽上升，ATP合成速度也一下子變成兩倍。這道加速過程在你瞥見草叢後方有老虎時顯然相當管用，因為它能在關鍵的數秒鐘內將粒線體膜電位從空轉模式一舉拉高至一百二十到一百六十毫伏特。我們會在結語時討論神經元膜電位與意識的關聯，但現在先來看看阿茲海默症患者的腦細胞究竟出了什麼問題。

請各位先想想阿茲海默症是怎麼回事。在一般情況下，神經元必須吸收葡萄糖才能正常激發，但胰島素阻抗使它們很難順利取得葡萄糖。[10] 粒線體相關膜系為了補足葡萄糖，遂敞開柵門，容許更多鈣離子進入粒線體，進一步活化丙酮酸脫氫酶以拯救神經功能。但鈣離子過量本身就會造成傷害，於是這套膜系統逐漸腫脹受損；而粒線體相關膜系功能失調也和阿茲海默症的其他病徵有著神祕難解的關係，最簡單的例子就是阿茲海默症患者大腦的類澱粉蛋白斑塊。類澱粉蛋白的前驅物是一種在粒線體相關膜系內部組裝加工的長鏈蛋白，膜系統受損會導致加工出錯，進而形成斑塊。其他與阿茲海默症有關的早老素、神經鞘脂質、蛋白酶元E4、膽固醇等蛋白質或脂質也受這套膜系統的活性左右，途徑各不相同。不過此刻讀者無須在意細節，因為眼前的根本問題是「大腦必須燃燒來自完整正向克氏循環的葡萄糖」（諷刺的是，這大概是整本書唯一一個進行最正宗、最經典的克氏循環之處）。如果神經元或共生組織受損，大腦很難輕易切換代謝流模式或改用其他燃料。說到底，人類是否罹患阿茲海默症部分依飲食、運動等因子而定，我們一生面臨的高血糖風險都跟這些行為有關；但即使生活方式會增加罹病風險，我們依然仰賴粒線體與細胞核這兩套基因體的慈悲眷顧，望它們積極處理胰臟和大腦的生理需求，將高濃度葡萄糖轉變高膜電位能。

10 高血糖會抑制神經細胞吸收葡萄糖，機制未明，但葡萄糖的確可能直接毒害蛋白質。過去有好長一段時間，研究人員認為胰島素不會影響大腦吸收葡萄糖，因此大腦不會產生胰島素阻抗；然而近期許多研究指出，神經細胞確實也會發展胰島素阻抗，而且程度嚴重到令阿茲海默症一度被稱為「第三型糖尿病」。莫雷拉發表的這篇〈甜蜜粒線體——阿茲海默症的發病捷徑〉正好抓住問題的癥結點。

認識自己

從根本上來說，我在本書描繪的老化意象其實就是表觀遺傳。老化並非基因突變累積所導致的結果，而是基因活性改變的後果——這就是表觀遺傳。但「表觀遺傳」這個詞容易誤導，我從兩個層面來剖析。其一是「表觀」讓人覺得這種調控方式在本質上是可逆轉的，然而站在老化的角度顯然有困難：我們或許可以改變生活方式，減少些許生物年齡，但最多也只有這樣了。別以為切換表觀遺傳狀態是很容易的事。細胞培養瓶裡的細胞即使擁有和「神經細胞」完全相同的基因體，仍可維持「腎細胞」或「肝細胞」才有的特徵長達數十年；同理，衰老的細胞一樣很難改變。於是這就帶到我說的另一項誤解：表觀遺傳「狀態」聽起來好像是靜止的，事實上並非如此。細胞在顯微鏡下看起來或許不會動，但細胞狀態卻是每秒數十億代謝反應的集合。[11]各位是三十兆細胞組成的集合體，因此你「最近一次」靜止狀態乃是由一千億兆（10^{23}）次化學反應促成的，這個數字已超出我們的理解範圍。我現在五十多歲，所以我的皺紋和腰痠背痛都是出生至今10^{32}次反應累積而成的結果，約莫是可知宇宙恆星數的十億倍，但其中有多少反應運作不順、效果不彰，我連想都不敢想。我能活到現在簡直是奇蹟，而這裡說的反應就是本書第一頁討論到現在的「代謝流」，分分秒秒，日日年年——持續不斷且驚人穩定的生命洪流。

端坐代謝渦流中心的正是克氏循環，與粒線體有著密不可分的關係；而粒線體膜電位勢必牽扯到活性氧流，也和我們燃燒二氫，供應細胞每秒一千億兆次反應的能力有關。克氏循環通常不成循環，而是圓環——每個出入口都有能量物質流進出，自在通往四面八方的神奇圓環；至於克氏循環中間產物的相對濃度比則是最有用的即時讀數，反映細胞穩態時的健康狀態。但穩態不等於靜止，反而比較像颱風眼、漩渦中心或恆星表面，是一種由持續旋轉所產生和維持的穩定狀態。當漩渦停止轉動，穩態即瓦解滅亡。

但細胞總有一些反應漩渦會出錯，傷害蛋白質等分子機件。這些機件不見得都能有效替換，而且替換或修補機件經常害細胞累得半死——幾乎可說是細胞最耗能的一項任務，所以最後常常拖垮呼吸機件，通往氧原子的電子流亦橫遭阻斷。活性氧逸出呼吸鏈，細胞不得不稍微抑制呼吸以校正這種情況，於是NADH氧化愈來愈沒效率，克氏循環失去正向動量，琥珀酸等中間產物開始堆積並溢出粒線體；琥珀酸一進入細胞質即活化HIF$_1\alpha$等缺氧誘導因子，這些因子遂改變數千基因的行為表現，將細胞推向衰老或死滅。「返老還童」之所以困難，理由很簡單：除非代謝流自己選擇停下來，否則任誰也無法阻止它流動。代謝機件再怎麼修補也不可能修到跟原來一樣好。

11這個數字來自新一代科學家的明日之星薩維耶的研究。她重新思考生命發生之初的代謝起源，並於最近加入我們倫敦大學學院的行列。她估計每秒發生十億次代謝反應的對象其實是細菌細胞，而不是你我身上更為複雜的真核細胞。我們的細胞每秒鐘大概可以達到兩百億次反應，但這個數字變動很大且較不確定，所以我選擇一個比較保守的估計值，但這個數字還是大得嚇人。

我在前面提過，代謝率和壽命不必然相關，因為生命體或細胞投入修補及限制傷害的氣力各有不同。最令人吃驚的例子或許是蝙蝠和鳥類吧：這些擁有飛行能力的動物與牠們在陸地上動作慢吞吞、體型或靜態代謝率差不多的表親相比，前者的壽命竟長了十倍有餘。馬德里大學巴爾哈的近期研究指出，這些長壽動物會限制複合體I的活性氧流，方法非常簡單：下調擁有最多鐵硫簇的某種次單元蛋白質。[12]蝙蝠與鳥類不抑制呼吸複合體I活性，而是限制活性氧流：單憑這個小動作就能維持或增強牠們的有氧呼吸能力，也不會讓原本的氧化還原基調失衡，依然穩穩地維持電子供需平衡。牠們可以火力全開，卯足全力轉動正向克氏循環、燃燒NADH並運作得更加持久——此舉反而推遲了因老化而啟動的表觀遺傳調控，延緩衰老。不用說，牠們的選擇並非毫無代價。限制活性氧流可能無法明顯且有效防止細胞堆積受損的蛋白質機件：別忘了，活性氧只是被貼上過度渲染的標籤，它造成的實際損害比我們以為的還要小。即便如此，快速的生活步調仍會提高分子機件汰換率，造成更多損傷。長壽動物必須投入更多資源控制並限制細胞損傷，付出「子代減少」（以固定時間計算）的最終代價。於是這又帶我們回到標準的演化生物學。

即使有些變化相對簡單，甚至在好幾代之內就可能發生，它們依舊是天擇的結果。但人類很難修改自己的壽命，因為我們的生理限制早就寫進遺傳基因，也設定好了——單憑人類一己之力，你我不太可能透過混合配對，在數代之內改善生理表現；儘管如此，我們還是可以藉行為影響代謝穩態。為了做到這一點，我們必須認識並了解自己。切記：你的粒線體跟我的粒線體不一樣。我們各自擁有截然不同的粒線體DNA，這套基因體與燦爛多變如萬花筒的核基因體互相協調制衡。有些粒線體DNA與長壽有關，說不定能降低活性氧流——譬如日本人身上有一種常見的遺傳變異，使他們罹患老年疾病的風險只有全球平均值的一半，活到上百歲的機率則高出一倍。不管怎麼說，粒線體功能差異必然會對克氏循環流、基因活性和老化速度造成影響，而我們的生活方式、飲食、運動或生活習慣（如吸菸）則會放大或抹平這些差異；但是，對我最有用的做法不一定也適合你，說不定效果完全相反。諷刺的是，人類汲汲營營地探索，試圖理解可能控制老化的基因，卻對左右你我「樂活」的關鍵「粒線體基因」置之不理。粒線體引導代謝渦流持續旋轉循環，生物方得維生續命。

希臘德爾斐的阿波羅神廟入口上方刻著三句箴言。第一句是「認識自己」：古希臘人或許不曾想像，這些在基因之間律動飛舞的無形代謝流將你我定義為人類，賦予我們個體意義；但他們

12巴爾哈主張，這個機制可能和細胞的計畫性老化有關：源自複合體I的活性氧流是刻意計算後的結果。我同意「刻意計算」的看法，但說明細胞計畫性老化的證據仍不夠具說服力。依我之見，活性氧流代表呼吸能力與生理需求的相對關係，在必要時能促進細胞迅速切換呼吸能耐。我這套說法是以同事亞倫探討「粒線體究竟為何保留自己的基因」為基礎，亞倫主張粒線體保留基因是為了控制細胞呼吸。這無疑是一道預言：為了限制細胞應付快速變遷的生理反應（譬如適應多變的環境或對抗感染），生命必須在演化上付出代價。但這又是另一回事了。

深諳生死之道，我們每一個人都必須學習這門課題。箴言第二句是「凡事勿過度」。想想看，改變表觀遺傳狀態是多麼困難的一件事：必須時時刻刻、年復一年維持改變後的新模式——若無法持續，任何改變皆屬枉然，我們會一下子跌回衰老的停滯狀態。「過度」是無法堅持一輩子的。你的身體一定會受損，粒線體也是。如果各位想保有青春活力、想減少生物年齡（「變年輕」就甭想了），讓表觀遺傳切換至有氧程度更高的狀態，或甚至活得好、死得也好——那麼就好好吃東西，用適合你的方式保持活力。你必須維持良好生活習慣，數十年如一日，如此才能在上了年紀以後依然精力充沛，多活好些年。

至於第三句箴言的意義就有些含糊了。一般譯作「妄立誓則禍近」，我個人解釋為「不要執著於必然」，因為沒有一件事是說得準的，至少就科學來說是如此。科學並非古老事實的集合，而是探索未知，描繪無盡延伸的神祕海岸線的方法。在寫作本書的過程中，我始終秉持這個信念，將這顆躁動不息的星球所萌發的第一波生命悸動與演化的輝煌巔峰連在一起，最後再延續至你我自身的消亡。我的所述所論不可能完全正確。儘管海岸線在迷霧中忽隱忽現，細節稍有扭曲偏差，遠方仍是一塊令人興奮激動，有望重塑代謝與基因關係的新大陸：不論等在前面的是什麼，必定充滿生機，欣欣向榮。你我皆非孤島，我們都是這塊大陸的一部分，彼此相連，傳承自這顆星球最初的生命。希望現在各位能用稍微不同的方式看待自己了。讓我們懷抱這個信念，伴著無盡開展的景象，繼續完成這趟邁向最後疆界的旅程。

結語　自我

笛卡爾說：「我思故我在。」這是人類有史以來最響噹噹的名言之一。但「我」到底是什麼？就前述定義來看，人工智慧也會思考，所以它們也有「自我」，也有「本體」囉？但人類大多覺得人工智慧沒有任何近似人類「情緒」的東西，譬如愛或恨，恐懼和喜悅，身心合一或超然忘形等精神上的獲得或滿足，或口渴飢餓等身體上的苦痛。問題是，就連人類亦不知情緒為何物：你如何用物理解釋「感覺」？神經元放電何以使我們對天地萬物有感？這就是「意識的難題」。意識，這個看似擁有身心二元性，由身體組成、最深層的自我。你我大致能理解，極複雜的平行處理系統何以能完成堪稱智慧的絕妙技藝，卻無法概略回答這樣的超級智慧能不能感受悲傷或喜悅。試問量子力學如何闡釋舒適與安慰？

而我又為何大費周章，在一本討論克氏循環的書裡提出這種問題？答案是代謝流——代謝流年復一年，時時刻刻都必須跟上或對應我們的意識流。除此之外，還有什麼能賦予我們最根本、最深刻的存在？這本書探討了生物化學的動力面，還有持續不斷，使我們「活著」的能量物質流。我主張這種「流」最早源自深海熱泉內，一種構造與細胞極為相似的電化學流反應堆，在那裡，質子流跨越障礙，穿過膜，哄騙氫氣與二氧化碳互相作用，產出生物界代謝中心「克氏循環」的中間產物，這些中間產物再化為胺基酸、脂肪酸、醣和核苷酸等生命模塊。整套代謝路徑就這麼憑空出現，不需要基因也沒有遺傳資訊；這種現象或許神祕難解，卻是近期實驗結果給出的答案。符合熱力學和動力學的條件組合傾向支持並成就生命最深處的化學反應。這個結果令我惶惶不安，卻也只能接受。

這股能自我組織、成長、形成原始細胞的化學之力，源自化為生命物質的同一種氣體流，進而賦予基因和遺傳資訊各種意義與脈絡。我認為最初的基因不過是一串隨機組合的RNA字母，在深海熱泉孕育的原始細胞內聚合發生。這些基因打從一開始就在原始細胞內自我拷貝複製，隨著細胞生長而擴散，以更快、更強健的方式再製新生。基因從來就無法取代細胞深處的化學反應。基因保留這些反應，以其構築自身。四十億年來，基因盡責地在每個細胞裡以難以理解的疾速（每秒數十億）重建這套深奧的生命化學反應。打從一開始，通過克氏循環的能量物質流便注定化為膜電位。流是一種動態。在細胞膜嗡嗡低鳴的膜電位也沒閒著，和電子、質子等組成生命的基本粒子和諧共舞。電子、質子帶有電荷，電荷移動即產生浸滲全身的電磁場——顯然，建立細胞電磁場的正是代謝流。那麼「感覺」是否也跟電荷起舞這種轉瞬即逝的細胞狀態有關？

想想還滿開心的。但這只是我從科學衍生的簡單發想，還未有任何深入思考。都林是一位對量子生物學相當感興趣的生物物理學家，他的人生經歷跟別人不太一樣：他有好幾年都在研究氣味與嗅覺，探討感知「量子振動狀態」的可能性。都林初次來倫敦大學學院找我的時候，我以為他要跟我聊這些；我對這個領域所知不多，不太想表達意見，結果他根本不是為了量子振動來找我：他想聊粒線體。我能猜到他想說什麼，而且他要說的肯定讓我們倆無比激動。都林熱愛挑戰，無畏無懼，他挑戰科學未知，挑戰「已知」（也因此激怒不少人），但都林也把他對新視界的渴望和他擅長的領域結合在一起（他對「電子自旋共振」這類生物物理學的基礎方法有著極嚴謹和深入的認識）。我鮮少認識如他這般思路清晰的人：光從論文就能看出他的條理分明，還有諷刺詼諧。「關於意識，我們唯一能肯定的大概只有一件事……就是意識可溶於乙醚、氯仿和其他幾種溶劑。」有趣的是，這些麻醉物質能瓦解意識狀態（但麻醉消褪即可恢復意識），不只人會這樣，就連構造簡單的動物或草履蟲這類單細胞生物也一樣。都林據此推論，意識並非高等動物複雜神經系統的湧現特質，而是某種更基本的，在細胞層次運作的狀態。這表示我們可以透過簡單的實驗模式——譬如果蠅——來研究意識。誠如都林所言：「雖然我們不知道果蠅『有意識』到什麼程度，不過牠們被氯仿或乙醚麻倒之後，幾乎可說是完全失去意識了。」

全身麻醉的作用機制至今未明，《科學》期刊將其與癌症、量子重力、高溫超導現象並列為科學界四大未解難題。人類的操作技術經常勝過智識理解，以麻醉的例子來說就是我們知道如何微調並控制麻醉效果，卻幾乎不明白麻醉實際上是怎麼運作的。問題出在連結：我們還沒找到特定分子結構與生物活性之間的關係。撇開常見的受體受質、鎖孔－鑰匙作用機制不談，幾種大小不同、形狀各異的分子都能達到全身麻醉的效果；不過最莫名其妙的大概要屬「氙」吧。氙沒有「形狀」（電子分布呈現完美的球形）也不具化學反應性，即所謂「惰性氣體」；但都林告訴我，氙的**物理性質**非常活潑，能加速電子在兩導體之間的傳遞速度（譬如能產生強烈白光，近似日光的「氙氣燈」），因此氙原則上可以藉由加速電子傳遞而產生全身麻醉的效果——但電子傳遞又是怎麼跟麻醉扯上關係的？

全身麻醉劑的少數共同點之一是「脂溶性」。它們會蓄積在膜內，故麻醉強度主要依麻醉劑濃度而非結構而定。麻醉劑也會蓄積在粒線體膜內，如此說來，麻醉劑是否也會加速電子傳遞給氧的速度，促進細胞呼吸？都林的研究顯示真相說不定正是如此。電子自旋共振可作為氧化反應訊號：麻醉激發膜共振（這也是在麻醉狀態下唯一有變化的訊號），但是對麻醉劑具抗性的突變果蠅則沒有這種變化。更有意思的是，都林還測到跟細胞呼吸電子傳遞有關的無線電波：由於所有的蛋白質皆由掌性胺基酸組成（而且都是左旋），電子穿過整串呼吸鏈的傳遞動作會將所有蛋白質全部鎖在同一種自旋態；當電子抵達氧並與之作用，固鎖狀態解除，稍早的自旋共振就能以無線電波的形式釋放，也偵測得到。這部分的細節不重要，各位只要知道「大腦活躍時，無線電波會增強；麻醉時，無線電波會減弱」就行了——這種現象再次指出麻醉會影響細胞呼吸。都林為何以難搞出名，想必各位現在也看出來了：他的研究不偏不倚跨在科學的已知疆界上。他自己也承認，「大腦發出無線電波」聽起來有夠像科幻小說情節，但實情似乎就是這樣。

咱們再回頭講氙氣吧。前述種種狀況都代表氙會蓄積在跨粒線體膜蛋白質的疏水袋裡，將傳遞鏈上的電子直接扔給氧；但這個作用不能太強，因為扔過頭會出人命（麻醉過量一向是全身麻醉的最大風險）。好，就當有這麼回事好了，然後呢？電子傳遞給氧的過程一般會伴隨泵送質子、合成ATP，但如果有一部分的電子直接跳上氙橋捷徑，直奔氧的懷抱，那麼氧就會和平常一樣繼續跟呼吸鏈末端的細胞色素氧化酶綁在一起，電子也不會脫逃成為自由基；這時，呼吸鏈短路勢必會影響膜電位，影響程度應該也測得出來（雖然不容易測量）……總而言之就是：粒線體膜電位改變是否真有可能影響我們的意識狀態？

我在前幾段提過電磁場。科學家很久以前就知道大腦會產生電場（瞧瞧腦電圖就明白了），然而對腦波的理解就跟對麻醉一樣：我們非常清楚該如何解讀癲癇或睡眠的腦波圖形，卻不太明白腦波究竟是怎麼形成的。套一句神經科學家柯恩說過的話：「對於腦波訊號從哪兒來，代表什麼意義，我們知道的實在少得令人震驚。」腦波顯然是電壓改變所致，而這樣的改變竟然大到足以牽動一整片神經元（而不是單一細胞），讓這群神經元同時激發；但這張神經網絡仍是由一個個行為相近的神經元組成的。問題來了：從細胞層次來看，這種電壓改變是哪裡的電荷造成的？一般人大多直覺認為是細胞膜電荷（或動作電位）改變的結果，但如果都林推測正確，那麼答案會極可能跟粒線體膜電位有關：不光是因為電子傳遞給氧會牽動意識，更因為粒線體膜電位是神經細胞膜電位的兩倍——粒線體內膜皺褶（嵴）是一片總表面積極大的帶電生物膜。

電荷移動必然產生電磁場，顯然粒線體也一樣：它們不僅把電子傳遞給氧，甚至還戲劇化地參與質子跨膜迴流，讓呼吸複合體與ATP合成連成一氣，環環相扣。華萊士又一次站在這個領域的最前端：他曾嘗試測量單一粒線體內的電磁場強度。不過電磁場之間的交互作用還涉及一些範圍更廣的物理原則，譬如各獨立電磁場會互相干擾（抵消）或透過相位連結，合成更強的電磁場，使得作用距離更遠，範圍更大。一般來說，神經細胞粒線體嵴的平行內膜應該能產生較強的電磁場，不僅能放大訊號，還能和較弱的細胞膜電磁場隱約產生作用，調節神經活性。腦波（腦電圖）有沒有可能就是這樣來的？我認為是的，不過如此一來，腦波就會變成一種「偶發現象」（或「副現象」）並因此進入非物質領域，反映腦細胞不受外力干擾的潛在活動狀態；但目前已經有證據強力支持「電場可以，也會直接影響大腦功能」的說法。比方說，切下一段神經元軸突，讓軸突兩端相隔一公釐——這已遠遠超出迅速傳遞化學物質的距離，但動作電位依然能躍過這道「鴻溝」，彷彿距離不存在似的。這種現象用電場理論三兩句就能解釋清楚，不過這也表示神經元產生的電場確實具有驅動力，絕非學界長期以為的「力場太弱以致無法改變物質的物理（實質）狀態」。

近年，這類見解持續拓展科學疆界，但發生生物學家勒文等人又進一步證明電場能控制小動物的生長發育（譬如渦蟲等扁形動物）；我覺得二十一世紀的生物學焦點會是生物場學。總而言之，就當粒線體電場的確會產生驅動力吧，但這又能揭露哪方面的意識祕辛？首先，這件事或許能告訴我們，大腦為何如此鍾情於葡萄糖燃料。還記得嗎，鈣離子經由粒線體相關膜系湧入粒線體會活化丙酮酸脫氫酶，讓克氏循環流與ATP合成幾乎呈倍數增長。這股鈣離子之力顯然有其效用，甚至還能將粒線體膜電位一舉催到最大值——也就是達到動態範圍上限，讓整個共振樂團發出最大音響。生物學界至今都在研究組成這個樂團樂器（機件）的物質，但專注傾聽的時刻即將到來：我的想法是，這個共振樂團奏出的音響即是情感，是情緒。電場具有化零為整的力量，能將胞內流動的各種分子結合在一起，組成有心緒、有感覺的「自我」。阿茲海默症或許正是細胞和粒線體電場支離破碎，共振音響漸漸走調衰微所致。

讓我們先把多細胞生物複雜的神經系統放一邊去，想想草履蟲這類原生動物。草履蟲的粒線體膜也有電場，且看牠們在顯微鏡下的驚人行為：移動，探索，進食，互相追逐或逃離獵食者，或在歷經大災難後掙扎存活，重新長出身上呼呼擺動的部分。草履蟲的行為神奇又複雜，而且全都發生在我們觀看的當下：牠們如何協調或調整所有動作？各位是否認為，這全都是鎖孔－鑰匙的受體受質分子機制，受特定基因指使的蛋白質交互作用完成的？誰在統整這一切？誰來協調這所有活動，使之成為「自我」？一旦「電場」概念在腦中扎根，你很難想像還有其他可能；不過這麼一來，我們就得面對另一個問題了。我認為，不論是單細胞生物或人類，神經系統的胞內電場大多來自細胞深處的粒線體；但這些細胞內電場**為什麼**會跟「生命體」這個擁有生命及種種潛能的完整自我產生關係呢？畢竟它們只是細胞的一小部分而已呀。這個由克氏循環流產生的粒線體電場為什麼能和自我奮鬥相提並論？

為了解箇中緣由——也就是粒線體電場何以和細胞的偶發或突現狀態綁在一起，各位必須明白：粒線體以前是細菌。約二十億年前，它們被其他細胞吞入，成為後者的一部分。我在《生命之源》那本書探討過這層關係意想不到的結果，不過現在各位只要知道，你我細胞內的粒線體膜電位跟細菌的原生質膜電荷相同，這層原生質膜包住細胞，區隔亦連結細菌本體和外在世界。就細菌的自我來說，這層膜就是它的已知界限。除此之外都是幽暗一片。

我來舉個例子，讓各位明白膜電位對細菌來說究竟有多重要。海洋中噬菌體的數量大約是細菌的十倍。讀者或許看過這種病毒成群結隊攻擊細菌的圖片：噬菌體長得有點像迷你版登月小艇，構造相當特別又十足機械化；它們先用作家威爾斯筆下的「火星人三腳架」固定在菌體柔軟的表面，再透過高壓注射方式將自己的DNA注入細菌細胞。大量噬菌體成排攻擊細菌活生生就像異星入侵的畫面。可憐的細菌幾乎無力招架，但它們也有自己的防禦武器——就是學界近年才開始研發利用的「CRISPR」（常間回文重複序列叢集）基因剪輯系統。假如受攻擊的細菌（嚴格來說是它的祖先）以前也被這種病毒攻擊過，這隻細菌就能透過CRISPR認出病毒DNA，發動反擊，在病毒開始複製前就先把病毒DNA剪成碎片。不過CRISPR作用的時限很短，如果有太多噬菌體同時發動攻擊，那麼細菌就只剩下一個選擇：死亡，而且要死得夠快才能保全其他同胞。但細菌要怎麼做才能快速死亡？答案是它會在細胞膜（原生質膜）扯開大洞，直接癱瘓膜電位系統；細菌幾乎立刻斃命，不給病毒任何機會完成複製，感染其他細菌。雖然這隻細菌壯烈犧牲了，但活下來的同胞至少能保留它一部分的基因，延續下去，這種行為跟我們為保護家人而犧牲的抉擇極為相似。

膜電位瓦解對細菌來說是什麼「感覺」？我始終對此非常好奇。說到底，哼哼共振的膜電位無疑是生命力的象徵。如果細菌「覺得」膜電位瓦解就像死亡，瞬間抽走生命力，那麼調節膜電位電場又會是什麼感覺？能殺死細菌的不只病毒，細菌本身的耗損——譬如大量光線曝晒導致原生質膜受損，或鐵原子太少導致光合作用系統無法正常運作，或鄰近同胞排出有毒物質等等，也會使細菌受傷。藍綠菌死亡潮（藻華）就是這麼來的，機制是前面提到的瓦解膜電位，導致細胞死亡；在死亡之前，細菌想必還有一段維生機制漸趨脆弱的「瀕死狀態」。然而膜電位不只是合成ATP和固定二氧化碳的基本要素，它還能提供細菌鞭毛所需的動力，讓細菌能四處游移，尋找更好的生活環境；膜電位也能輔助胞內胞外物質泵送，維持生理恆定。最驚人的是，細菌甚至需要膜電位協助才能找到分裂中點，讓自己一分為二，產生子代。繁殖是生物最神聖的行為，若是少了膜電位，生物就連最簡單的繁殖任務也無法完成。生物與電磁場可謂生死與共。但「感覺」有何不同，又怎麼可能不同？劃定細胞邊界的電磁場和代謝作用關係密不可分，且意義極為重要。它們是細胞「活著」的象徵，也是意識流最基本的形式。

想像你縮小成克氏循環的一個分子……琥珀酸吧。你所在的細胞大如城市，差不多是倫敦、東京或紐約這種大都會等級的都市。那麼你和城裡相距二十英里的另一個琥珀酸分子要怎麼聯絡？要怎麼做才能定義你們是同一實體、同一自我的一部分？而且你扮演琥珀酸的時間也不會太久，下個瞬間就會變成蘋果酸，然後是草醯乙酸，或者也可能變成胺基酸或醣。你在宛如萬花筒幻變的代謝過程中只存在短短一瞬間，每秒鐘至少變形十億次。你身負哪些訊息根本毫無意義，但你仍是整體、自我的一部分。你和同伴攜手相連，不間斷地通過克氏循環，時時刻刻根據你和其他分子的數量比例調整代謝平衡。你注定要化為電子流，泵送質子，形成膜電位，打開或關閉基因。質子瞬間消失在膜內膜外，平衡兩側電位，與力量滲透細胞各處的電磁場合而為一。依附在細胞內面的水分子同步震盪，讓所有代謝分子齊聲高唱交響樂章。至於外在世界的變化——食物分子、電子、質子、氧氣、熱或光——全都經由代謝流轉換，進入細胞電磁場翩翩共舞，改變心境氛圍，改變某隻細菌當下的生命狀態。你曾經是某種魔法的一部分，是生命之流，穿過生生不息的大地上的某個細胞；你是湧現的變化，是無數湧現鍛造而成的自我。你是生命，一瞬之生。

尾聲　啟示

動作激發形式，
以下墜的狂喜揭現——是的，
動作使形式愉悅，
以自身的速度供養。然而

動作卻耽誤了形式，
受黑暗拖累延緩；其實是
動作背叛了形式，
受安逸之矻所惑，直到

理查・霍華德

動作欺騙形式，
轉移我們的注意力——使我們以為
動作成就了形式。
難道我們錯了？這又有何干？假使

動作否定形式？
即使放棄自我
獻身於生而復死，死而復生的過程，
動作亦將付諸形式，形式油然而生。

〈正向克氏循環〉氧化型循環

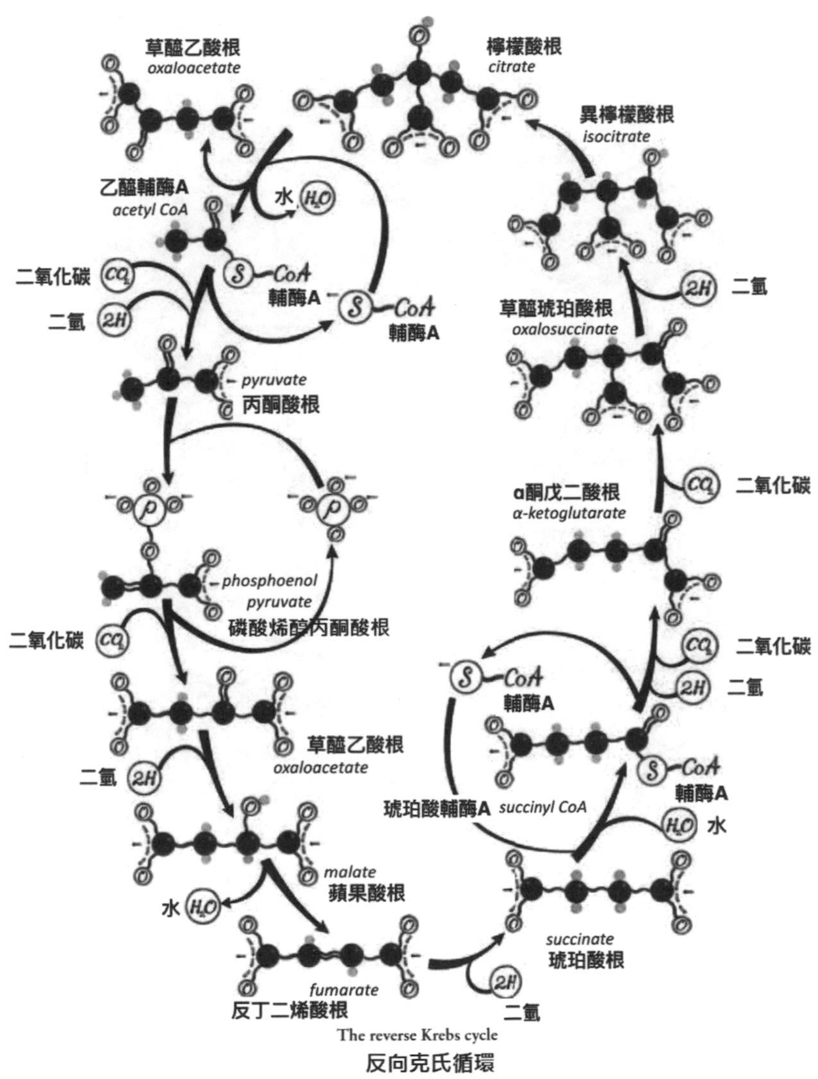

The reverse Krebs cycle
反向克氏循環

〈反向克氏循環〉氧化型循環

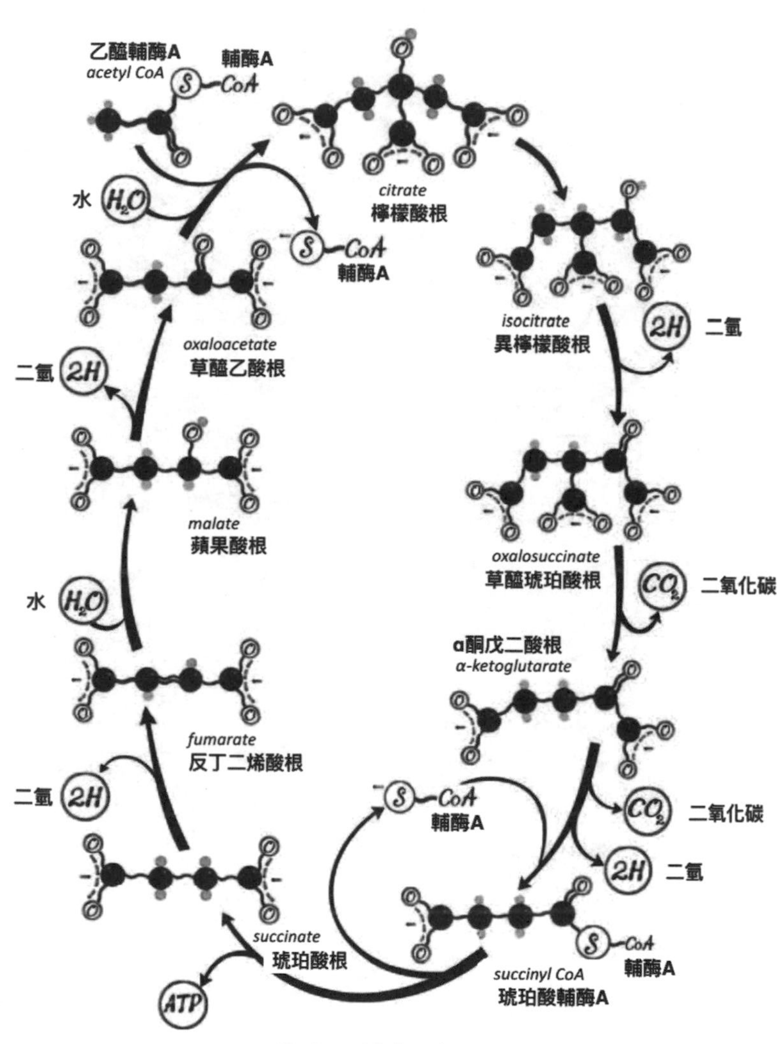

The forward Krebs cycle
正向克氏循環

附錄一 紅蛋白作用機制

「紅蛋白」即鐵氧還原蛋白，名列生物界最古老、最根本也最重要的蛋白質之一。鐵氧還原蛋白看似多功，但這些功能都有一項共同點：無與倫比的「電子傳遞」本領。它能把電子傳給其他分子（最有名的就是二氧化碳），透過光合作用和其他形式的自營代謝反應完成固碳。我在主文部分描述得有點複雜，懇請各位再仔細瞧它一眼。看看底下這張圖：黑球代表碳原子，小灰球是氫原子，氧原子為標記O的白球，至於R則代表該分子的其餘部分（你想選哪個分子都行）。鐵氧還原蛋白的位置在白箭頭上方，能將電子由二氫轉推至二氧化碳，延長碳架長度。（圖40）

這是怎麼回事？各位或許正絞盡腦汁想破解這道謎題。其實以現代生化學來說，要完成上述反應還需要幾個步驟，而且每個步驟都有自己的化學工具，譬如ATP、輔酶A和鐵氧還原蛋白。這些

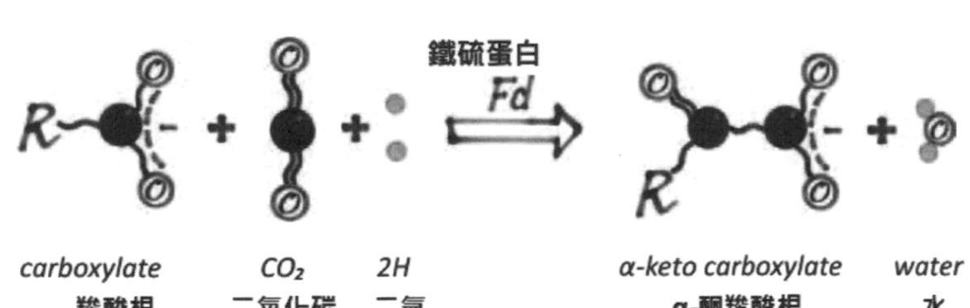

圖40

步驟可謂當前代謝研究重心，有必要逐一拆解討論。

請各位先依循我舉的例子逐步思考：二碳的乙酸如何被活化，進而和二氧化碳反應並形成三碳的丙酮酸？換句話說，前段提到的R在這個例子裡相當於甲基（$-CH_3$），所以第一個步驟大致如下。（圖41）

這一步有個問題：乙酸的羧酸基（$-COO^-$）不太容易起反應。要讓它和二氧化碳作用，首先得活化它。於是羧酸基先被ATP活化，加上磷酸基便形成乙醯磷酸，也就是箭頭最右邊的產物。ATP實名「三磷酸腺苷」，所以ATP把一個磷酸基送給乙酸之後便留下ADP「二磷酸腺苷」。ADP可藉由呼吸作用變回ATP。

得到磷酸後，羧酸基就比較甘願交出團內不愛起反應的氧原子，讓它在其他地方和別的分子相連。所以磷酸基常被稱為好的「離去基」，意思是只要周圍有其他分子能取代離去基（磷酸基），離去基會大大方方讓出位子，毫不留戀。這個例子還有另一個叫「輔酶A」的分子。我不想把輔酶A的結構畫出來，因為它太複雜了，故我直接用「$CoA-S^-$」示意這個分子的作用端是硫原子。各位在下個步驟會看到，硫原子搭了一座橋，接上輔酶A。（圖42）

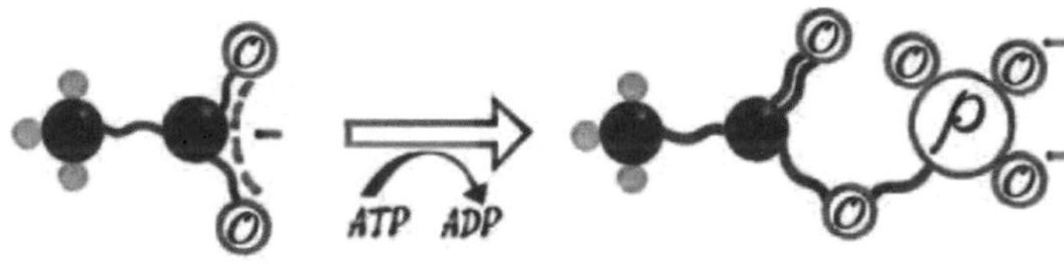

acetate
乙酸根

acetyl phosphate
乙醯磷酸根

圖 41

這一步的重點是，箭頭右邊的碳直接與硫對接，不像乙醯磷酸那樣夾了一顆氧原子在中間礙事。這讓碳原子更願意反應，所以在最後的步驟裡，輔酶A取代二氧化碳，生成三碳的丙酮酸。（圖43）

各位或許還參不透鐵氧還原蛋白到底在這兒忙什麼？它為反應加了兩個電子，但這些電子最後跑哪兒去了？最簡單的解謎線索是想想「輔酶A脫離並讓位給二氧化碳」時發生了什麼事？輔酶A之所以能揮揮衣袖不帶走一片雲彩（對，它也是個好離去基），原因是它能一次撿走兩顆電子，與碳鍵結，跟磷酸一樣以穩定的分子狀態全身而退。這一步會讓碳少

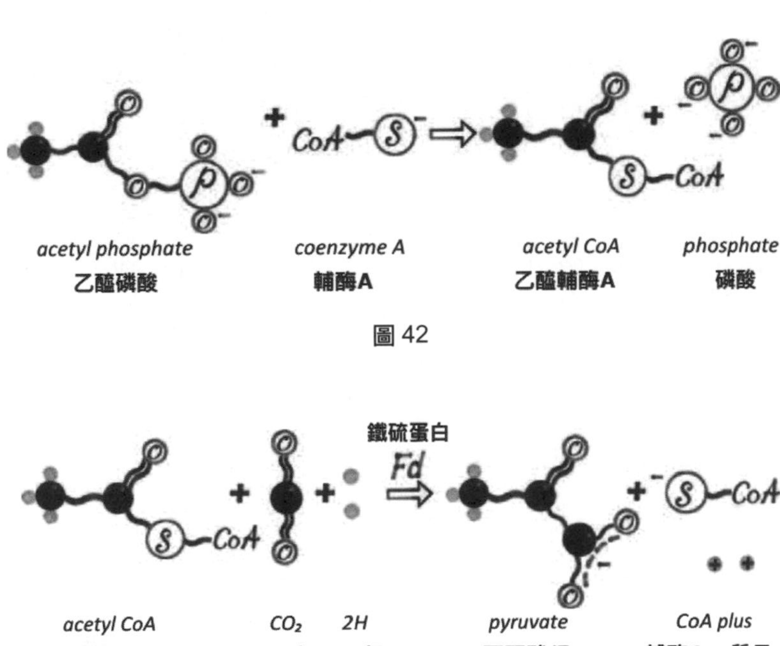

圖42

圖43

掉兩個電子，逼得碳不得不馬上從其他地方補回來，否則以下這個反應永遠不會發生。（圖44）

黑色彎箭頭代表電子對的移動路徑，在這個例子是形成碳硫鍵（C-S）的一對電子。電子對完全移至輔酶A表面，使其帶負電，留下被奪去一對電子的碳原子（故碳原子帶正電）。圖中的乙醯輔酶A只顯示一個負電荷，理由是另一顆電子原本就屬於硫原子，所以硫原子僅多接收了一顆電子。

如果逆反應並未馬上發生（折回起點），帶正電的碳該上哪兒去找它需要的電子對，恢復穩定狀態？它不能找二氧化碳，因為問題差不多：二氧化碳的鍵結結構十分穩定，不愛起反應。話說回來，二氧化碳也承受不小的電子壓力，理由是氧原子喜歡把電子往自己身上拉，導致氧變成微帶負電的狀態（不是完全帶負電）——我們用希臘字母「δ」表示這種「微微」的狀態，所以二氧化碳的兩個氧原子可如下圖標示為「δ^-」，碳原子為「δ^+」。（圖45）

基本上，這種輕微電極化的現象也能引發極端後果，譬如整副電子對被其中一顆氧原子拉走，形成上圖箭頭右側那種結構不穩定，反

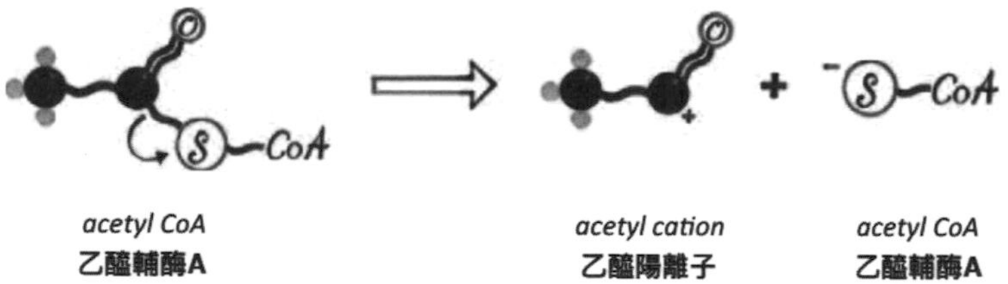

S—CoA
S—CoA

acetyl CoA
乙醯輔酶A

acetyl cation
乙醯陽離子

acetyl CoA
乙醯輔酶A

圖 44

應性較明顯的分子。

現在各位應該能夠想像，乙醯陽離子或這裡的活化二氧化碳，兩者都偏正電，根本不可能靠近彼此一步；然而來自鐵氧還原蛋白的電子對倒是有可能讓這兩個偏正電的碳原子各送出一個電子，組成新的碳碳鍵（C-C）並形成丙酮酸。（圖46）

上頭這一串化學反應其實並非實際反應過程。我無意訴諸貼近真實，只想呈現問題點，也就是這個反應為什麼不會自然發生，需要好幾個步驟循序完成。這種情況說不定非常接近生物酶面臨的現實：所有參與反應的分子極可能都是「剛

δ-
δ+
δ-
O
O
O
+
O
–
CO₂
二氧化碳
'activated' CO₂
活化的二氧化碳

圖 45

鐵硫蛋白
Fd
2e
2電子
acetyl cation
乙醯陽離子
'activated' CO₂
活化的二氧化碳
pyruvate
丙酮酸根

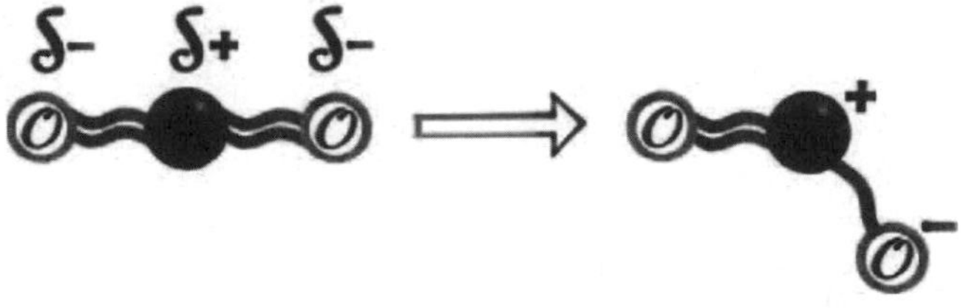

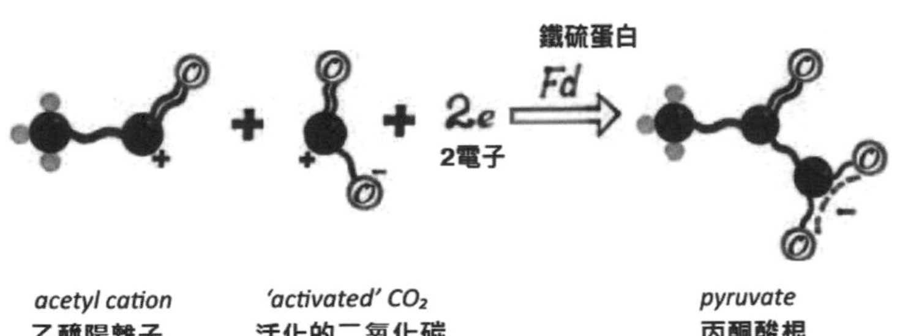

圖 46

剛好」處於可反應狀態，意即電子經由鐵氧還原蛋白被傳給兩個碳原子的瞬間，輔酶A也剛好抓走它和乙醯鍵結的一對電子，下台一鞠躬。

還有一點要注意的是：這個例子的第一道反應式有產物「水」，然而水在接下來的拆解步驟似乎不見了。事實上，「水」從頭到尾都不曾以穩定、完整的分子態被製造出來。回頭看看第一張圖，各位會發現水分子的氧實際上來自羧酸基，最後投向磷酸基並隨著乙醯磷酸脫離主反應。同樣出現在第一道反應式，來自二氫的質子，則與帶兩個負電的氧結合，形成水。因此當氧原子最後加入磷酸基，組成新的磷酸根離子，這對質子又再一次發揮功能，平衡電荷。整個反應大致如下。（圖47）

生物體內的化學反應經常出現這種情況，「水」理所當然就在那裡——磷酸的一個氧原子再加上兩個質子，如圖中虛弧線所示——不過它不管在哪兒都不會以獨立分子的形式存在。生物學把水變不見了。

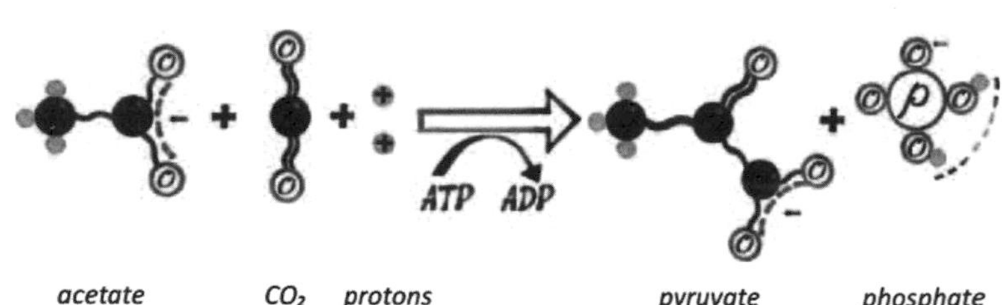

圖47

附錄二　克氏直線反應

在第三章裡，我們從依附在礦物表面的二氧化碳開始一路追蹤，追到仍附著在礦物表面的二碳乙醯基為止。這個乙醯基跟乙醯輔酶A的地位差不多，而乙醯輔酶A不僅是整個代謝作用最重要的分子之一，也是「乙醯輔酶A路徑」的最終產物。第三章圖例描繪的步驟其實跟乙醯輔酶A路徑有幾分相似，即某個分子的甲基與一氧化碳作用，形成乙醯輔酶A；但我之所以沒畫出完整的乙醯輔酶A，理由是它構造真的很複雜，所以我選擇用相同分子型態的「生物前版本」——即附著在礦物表面，活化且即將產生反應的乙醯基——來表示。

但乙醯輔酶A不光是乙醯輔酶A路徑的最終產物，更是反向克氏循環的關鍵組成分子。不過比起封閉循環，我在第三章著墨較多的反而是克氏直線反應——也就是像乙醯輔酶A路徑一樣且不斷重複的直線式化學反應，反應物的碳架也從二碳增加到至少四碳或甚至六碳。在附錄二我想從乙醯基黏上礦物表面為起點，逐步拆解反向克氏循環的前半部。我曾說過，反向克氏循環的後半部就是重複前半部的所有步驟，所以這後半部我就留給各位自行想像了。如果您願意拿出紙筆，驗證一下您能走到第幾步，那就更好了。試試看吧，很好玩的！

這類反應的起始步驟其實都很相似。先來瞧瞧乙醯基出現在一氧化碳附近時會發生什麼事好了（若您不記得一氧化碳打哪兒來，可翻回第三章找找）：乙醯基奮力一蹦，黏上一氧化碳（跟費托合成差不多），這回生出的是丙酮酸——講究一點的說法是「丙酮醯基」。這個丙酮酸或丙酮醯基也同樣依附於礦物表面。（圖48）

我怕各位不認得這個丙酮酸，所以把最後一個步驟先畫出來，呈現丙酮醯基以完整「丙酮酸」之姿脫離礦物表面的模樣（希望各位現在已經認識也喜歡這傢伙了）。（圖49）

從反應機制來看，發生在礦物表面的這道反應（乙酸或乙醯基變成丙酮酸或丙酮醯基）跟克氏循環的其中一個步驟差不多，只是比較簡單而已。克氏循環會陸續需要ＡＴＰ、乙醯輔酶Ａ和鐵氧還原蛋白加入，才能迫使乙酸起反應。想知道原因？麻煩回頭參考附錄一，複習ＡＴＰ能促進或活化哪些作用（ＡＴＰ把一個磷酸基送給乙酸，讓氧原子能脫離乙酸，再由輔酶Ａ取代氧原本的位子，進入下一個步驟）。不過礦物表面反應不需要ＡＴＰ幫忙。乙酸（乙醯基）直接在礦物表面形成時已處於活化態，隨時都能與二氧化碳結合，取其電子。乾淨漂亮。

接下來幾個步驟其實各位已經看過了，惟形式稍有不同，因為丙酮酸的第一個碳——緊鄰羧酸基，俗稱α碳——跟氧以雙鍵結合。這種鍵結方式非常容易起反應。以下是為什麼那個「瘋眼穆迪」氧原子這麼活潑，有著自己一套蠻橫霸道的反應。（圖50）

我來說明一下。丙酮酸有兩種狀態，其中一種反應性較強，存在時間相對較短。強反應態被

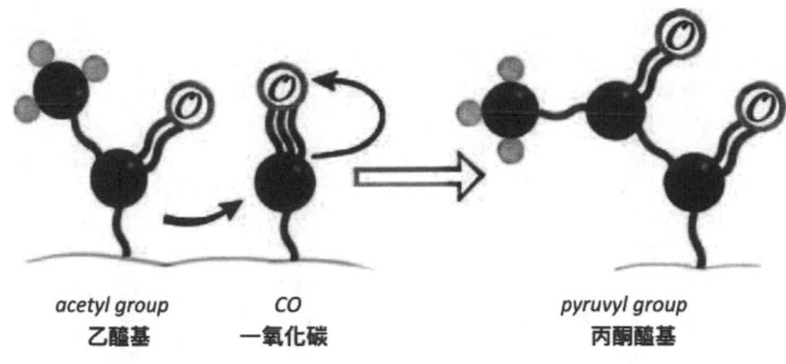

acetyl group
乙醯基
CO
一氧化碳
pyruvyl group
丙酮醯基

圖 48

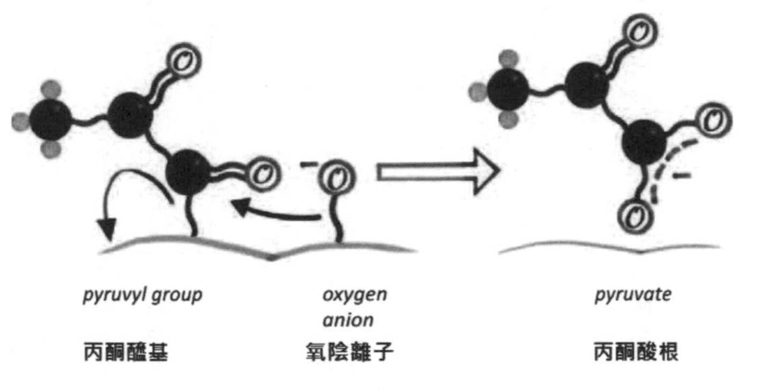

pyruvyl group
丙酮醯基
oxygen anion
氧陰離子
pyruvate
丙酮酸根

圖 49

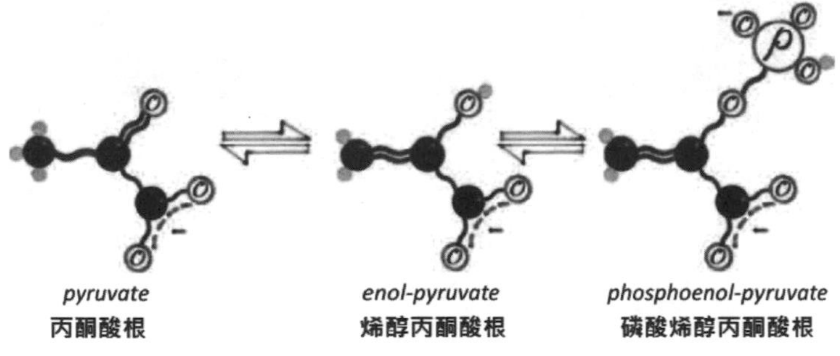

pyruvate
丙酮酸根
enol-pyruvate
烯醇丙酮酸根
phosphoenol-pyruvate
磷酸烯醇丙酮酸根

圖 50

冠上「烯醇」二字，也就是我們在細胞代謝分叉點看到的「磷酸**烯醇**丙酮酸」。事實上，「渴求電子」的氧原子會盡可能把雙鍵內的其中一對電子往自己身上拉。這種情況一般來說是不允許的，因為碳原子將因此變成不穩定的偏正電狀態；然而烯醇可以把一個質子從甲基閃移給氧原子（請參考上圖中間的分子結構），形成碳碳雙鍵，即「烯」類，同時在α碳掛上醇基（-OH）。最後，磷酸**烯醇**丙酮酸的磷酸基會進一步穩定這個結構（上圖右）。

若烯醇丙酮酸無法取得磷酸基，那麼如果它旁邊的分子（酶或礦物表面）也能幫忙從甲基偷來一個質子（如下圖），烯醇丙酮酸就能繼續穩定存在一陣子。我決定不要在這裡畫出丙酮酸的招牌柴郡貓笑臉，繼續用比較傳統的方式強調羧酸基其中一個氧原子的負電性，這樣各位應該會比較容易理解它們在礦物表面的反應過程。（圖51）

圖中的幾道彎箭頭代表質子從礦物表面捕獲一對電子。這對電子原本屬於丙酮酸的某個氫原子，後來移動位置，形成烯

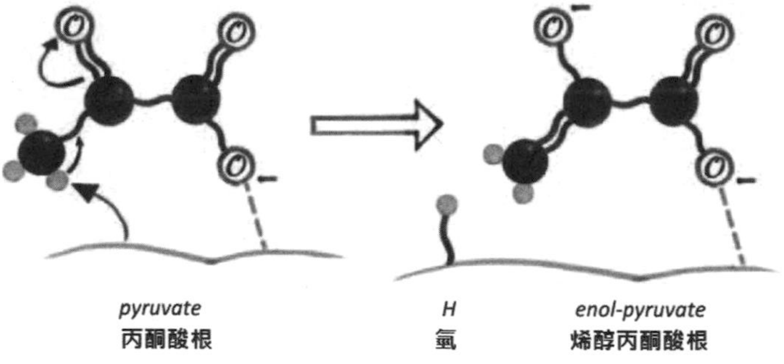

pyruvate
丙酮酸根

H
氫

enol-pyruvate
烯醇丙酮酸根

圖 51

醇丙酮酸的雙鍵，再藉由氧原子抓來的另一顆電子（氧最愛抓電子了）穩定分子結構。依附在礦物表面的質子其實是以「氫陰離子」（H^-）的形式存在，有點像NADH的氫原子。氫陰離子在酸性環境中很容易跟質子作用，形成氫氣（H_2），一下子就變成泡泡消失了。

烯醇的反應性來自「變形」，其中碳碳雙鍵尤其容易和其他分子起作用。一般來說，碳碳雙鍵的反應性並不特別強：如果雙鍵中的一對電子與其他分子作用，參與反應的那顆碳原子就會偏正電。但烯醇之所以容易起反應，精確來說應該是偏負電的氧可以瞬間重建碳氧雙鍵；不過，要是氧撿來一個質子變成醇基，就不容易恢復雙鍵了。總而言之，烯醇會跟礦物表面結合，一旦結合就能和表面上其他分子起作用（譬如我們才剛看過的一氧化碳）。下圖是烯醇丙酮酸依附在礦物表面後，與一氧化碳產生反應並形成四碳草醯乙酸的過程。（圖52）

請注意，上圖我同樣以傳統方式呈現羧酸基的負電性，目的是強調它和礦物表面的電子反應（接下來我會交替使用這兩種圖

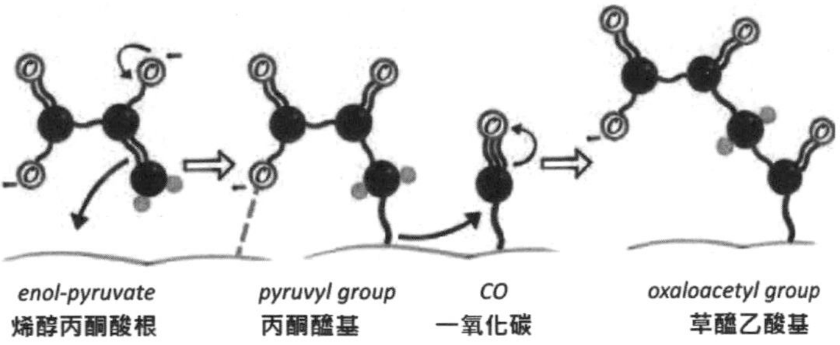

圖 52

例說明）。稍早講到丙酮酸的時候，我們順帶得知草醯乙酸可以選擇繼續附著在礦物表面，也可以脫離表面，以草醯乙酸分子的形式自由存在。（圖53）

現在萬事俱備，只欠東風——我們將透過一連串重複反應，合成代謝作用最最低調保守的乙酸、丙酮酸、草醯乙酸等三種分子，而這個重複反應只需要讓二氧化碳依附在能傳遞電子的礦物表面就行了。最後這幾道步驟直接帶我們來到起初推動這一串反應，令聖哲爾吉和克雷布斯埋頭苦思的那個分子「琥珀酸」，並且仍舊以雙鍵氧原子為中心，步步推進。首先，礦物表面送來另一對電子給草醯乙酸的α碳，讓氧原子順利奪取與碳共用的電子對。（圖54）

別忘了，目前我們處在微酸環境，意即有大量質子可供取用。這裡我就略去質子的移動路徑了，但請各位牢記，兩個質子加兩個電子就等於兩個氫原子；一個安在α碳上，另一個給氧，最後形成四碳的蘋果酸（上圖右）。

最後，我們要來看看以氫氧根離子（OH^-）形式失去醇基的環節。前面提過，這道反應**比較容易**在酸性環境發生，理由是氫氧根離子能馬上和質子作用，形成水，有助於中和酸性；而水分子也比較容易在水性環境形成，因為只要移除部分結構就行了（當然，氫氧根離子必須立刻從別處補上電子對，才能繼續以氫氧根離子的形式存在）。現在我要把反向克氏循環的兩個步驟連在一起——跳過反丁烯二酸，從蘋果酸直接變成琥珀酸。一來是反應機制太枯燥，我能察覺各位的耐性快要磨光了；二來則是因為以作用機制來說，這比解釋電子對如何從礦物表面移至α碳要簡單多了。（圖55）

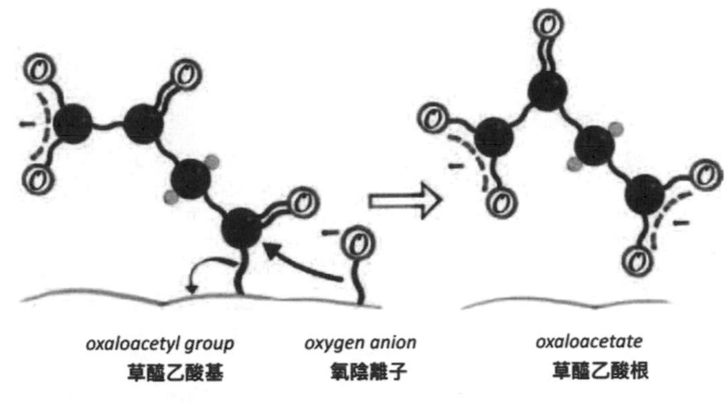
oxaloacetyl group
草醯乙酸基
oxygen anion
氧陰離子
oxaloacetate
草醯乙酸根

圖 53

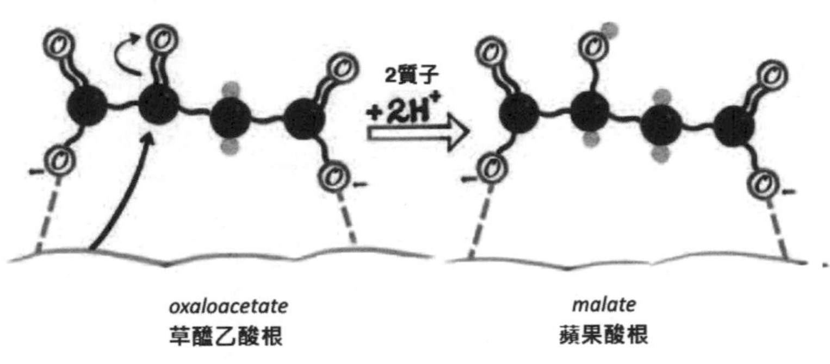
2質子
+2H+
oxaloacetate
草醯乙酸根
malate
蘋果酸根

圖 54

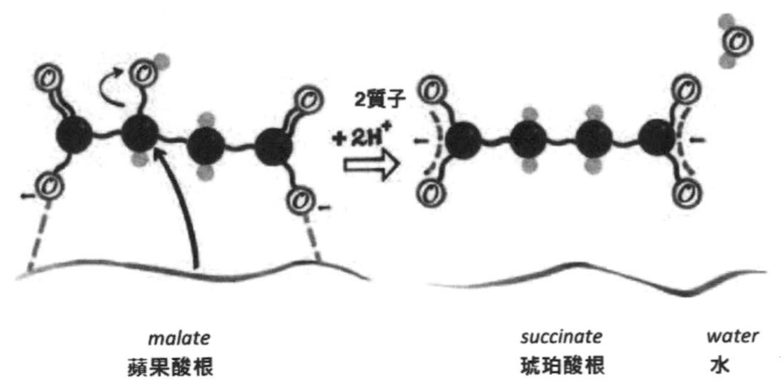
2質子
+2H+
malate
蘋果酸根
succinate
琥珀酸根
water
水

圖 55

好，結束！讓我們來複習一下：這趟短短的旅程從二氧化碳和一層普通礦物表面開始（情況同第三章），小跑步通過反向克氏循環前半段——先變出乙酸，然後一路奔向琥珀酸。我想就停在琥珀酸這裡吧，因為循環後半段就是持續重複相同步驟直到形成烏頭酸，然後在最後一步多繞一下，完成整個反向循環（請參考一四八頁圖15）。我這並不是在推測「生物前化學」確實能做出檸檬酸，或完成整套反向克氏循環，但剛開始幾道步驟確實跟我們按「第一原理」——即目前對羧酸基反應性和礦物表面行為的理解——再加上一些革命性實驗結果所做的預測一模一樣。

縮寫表

2H，二氫。兩個氫原子，即兩個電子加兩個質子。可以從分子的任一部位取得並轉移給另一分子。

ATP，三磷酸腺苷。「通用能量貨幣」，有一條由三個磷酸串成的尾巴。切掉一個磷酸基就會變成二磷酸腺苷（ADP）再加上一個無基磷酸（Pi）同時提供能量，驅動細胞內的多種反應。ATP合成酶能把ADP接上Pi，重新生成ATP。

CoA，輔酶A。帶有「硫醇」（-SH）官能基的複雜分子。硫醇容易起反應，所以會跟乙酸（醋酸）結合形成乙醯輔酶A，乙醯輔酶A是所有代謝反應最重要的分子之一。

CO_2，二氧化碳。幾乎所有的生化有機分子都是利用這塊「積木」並經由光合作用，或於深海熱泉與其他氣體作用（如氫氣）而形成的。

-COOH，羧酸基。克氏循環主要分子的共同特徵，有些分子甚至帶有兩到三個羧酸基。羧酸基的質子（H^+）很容易解離，留下羧酸基（$-COO^-$）這樣的結構。

DNA，**去氧核醣核酸**。遺傳物質，形式為著名的雙股螺旋結構，由長達數百萬彼此互補的字母（鹼基／核苷酸）銜接的兩條長鏈交織而成。將螺旋拆開，兩股各自成為模板，可精準拷貝整條序列。

Ech，**能量轉換氫化酶**。一種膜蛋白，利用質子流產生動力，將氫氣的電子轉移給鐵氧還原蛋白，後者再續傳給二氧化碳。在生命發生之初，某種「生命前」版本的 Ech 或許正是固定二氧化碳的推手。

Fd，**鐵氧還原蛋白**。即「紅蛋白」，一種含硫帶鐵，擁有「將電子轉給二氧化碳以合成有機分子」此獨特力量的蛋白質。負責轉移電子的分子形式縮寫為「Fd^{2-}」。

FeS cluster，**鐵硫簇**。小型無機分子，種類繁多，通常僅含幾個原子，結構與礦物相似。最典型的是四鐵四硫簇狀物（Fe_4S_4）。

GSH，**穀胱甘肽**。此為還原型（帶氫原子），氧化態是GSSG穀胱甘肽二硫化物（兩個穀胱甘肽分子的氫都被抽掉了）。穀胱甘肽是重要的細胞抗氧化劑。

GWAS，**全基因體關聯分析**。以統計方式研究整個基因體內單一DNA核苷酸變異與特定疾病的風險關係。

H^+，**質子**。所有原子核內都有的正電粒子。氫核僅由一個質子組成。

H_2，**氫氣**。由兩個氫原子共價鍵結組成。

MAMs，粒線體相關膜系。胞內膜狀系統「內質網」的一部分。粒線體與內質網透過 MAMs 密切合作。

NAC，N－乙醯半胱胺酸。可透過飲食補充的抗氧化劑。攝取過量會中毒。

NADH，菸鹼醯胺腺嘌呤二核苷酸。最重要的二氫載體之一。NADH是載有二氫的形式，一旦將二氫傳遞出去就變成氧化態的NAD^+。NAD^+會從克氏循環中間產物撿取二氫，然後把電子傳給呼吸複合體I。嚴格說來，我應該說NADH帶在身上的不是二氫，而是兩個電子和一個質子（也就是「氫負離子」）；但由於NADH附近總是有質子存在，因此傳遞一個氫負離子再加上附近的質子，就等於傳遞二氫。

NADPH，菸鹼醯胺腺嘌呤二核苷酸磷酸。生合成使用的二氫載體。$NADP^+$為送出二氫後的氧化態。NADPH與$NADP^+$的比例非常偏離反應平衡狀態，因而讓NADPH擁有更多力量，比NADH更有辦法將二氫塞給其他分子。請注意，NADPH和NADH一樣，兩者實際上傳遞的都是氫負離子（兩個電子和一個質子），不過NADPH附近也同樣不缺質子，因此加起來就等於傳遞二氫。

pH，水中質子濃度的對數指標。水（H_2O）分解成氫離子（H^+）和氫氧根離子（OH^-），中性（pH7）代表兩者濃度相等。若氫離子較多則為酸性（pH<7），氫氧根離子多則為鹼性（pH>7）。

RNA，核醣核酸。基因的「作業用拷貝版」，由核苷酸串成的單股鏈狀分子。RNA可摺疊成多種複雜形狀，既能催化反應（如「核酶」），也能作為遺傳分子（某些病毒和假設的早期「RNA世界」即以RNA為遺傳物質）。

ROS，活性氧。氧的「活化型」，細胞呼吸的副產物，主要是氧從呼吸鏈的鐵硫簇抓來一個不成對電子所形成的自由基或其他相關分子。

-SH，硫醇基。由硫原子與氫原子組成，化學性質相當活潑。輔酶A、半胱胺酸、許多蛋白質和抗氧化劑穀胱甘肽都有硫醇結構。

SNP（讀音 snip），單核苷酸多型性。DNA特定位置的鹼基變異，不同個體之間或有不同。每個人身上都有上百處單核苷酸變異，造就你我在遺傳上的獨特性。

延伸閱讀

本書既不是教科書，也非研究論文，所以並未以綜合整理的方式列出參考條目。不過，各位既然能讀到這裡，勢必被捲入文獻漩渦，巨量資料龐雜到令你難以招架，千頭萬緒，說不定該從哪兒開始，怎麼起頭都不知道，所以我列出一些對我影響最大的論文和書籍，另外再添幾句簡單描述（這些純粹是我個人的想法，但不寫出來總覺得不吐不快）。希望這些筆記能激起您的興趣，讓您多讀幾份原本可能不會多看一眼的參考資料。我把這些資料按正文出現的主題整理出來。

前言　生命這玩意兒

雷文霍克和謎一樣的細胞

Clifford Dobell, *Antony van Leeuwenhoek and his 'Little Animals'* (New York, Russell & Russell, 1958).

一本由一位聲名卓著的原生生物學家撰寫的有點過時，但讀來愉快的雷文霍克傳記。都貝爾（Dobell）為了讀懂雷文霍克與皇家學會的通信而特地去學荷蘭文，字裡行間盡是喜愛，而且都貝爾可能是第一個真正搞清楚雷文霍克當年到底看見哪一種原生生物的傢伙。初版發行的一九三二年適逢雷文霍克三百歲誕辰，我手上這本一九五八年版還有細菌光合作用研究先鋒 Cornelis van Niel 寫的序文。

Brian J. Ford, *Single Lens: The Story of the Simple Microscope* (New York, Harper & Row, 1985). 顯微鏡學大師福特（Ford）以豐富的歷史脈絡為基礎，重現九件皇家學會圖書館老標本的精采故事。他用虎克（Hooke）與雷文霍克設計的單眼顯微鏡觀察雷文霍克留下的九份標本，重建他們倆當年實際觀察到的鏡中世界。

N. Lane, 'The unseen world: reflections on Leeuwenhoek (1677) "Concerning little animals"', *Philosophical Transactions of the Royal Society B* 370 (2015), 20140344. 我自己也嘗試評論雷文霍克的發現對今日生物學家的影響，算是簡單的歷史回顧。這篇是為了《自然科學會報》（*Philosophical Transactions of the Royal Society*）三五〇期週年紀念所寫，該會報是目前仍持續發行最古老的科學期刊。

生物學資訊悖論

Paul Davies, *The Demon in the Machine: How Hidden Webs of Information are Finally Solving the Mystery of Life* (London, Penguin, 2019). 一本頗具說服力的巨著。作者是物理學家暨思想家，投

入多年心力探討生命組成，並且透過本書重新思索資訊起源，以及資訊在生命中所扮演的角色。不出所料，我並不完全贊同他的觀點，但我發現我們都在各自的領域追尋意義（不論是電學或資訊遺傳，又或者兩者根本是同一種東西）。

Erwin Schrödinger, *What Is Life?* (Cambridge, Cambridge University Press, 1967). 永恆經典之作，二十世紀極具影響力的科學書籍之一，時至今日仍值得一讀。雖然書裡有不少細節是錯的，然而在「洞見與清晰思路能引導科學發展」這方面，卻是無與倫比的最佳範例。作者的縝密邏輯使我想到《物性論》的盧克萊修。

L. D. Hansen, R. S. Criddle and E. H. Battley, 'Biological calorimetry and the thermodynamics of the origination and evolution of life', *Pure and Applied Chemistry* 81 (2009) 1843–1855. 這篇論文反駁薛丁格對於生命系統亂度（熵）的觀點（薛丁格認為生命系統的熵比我們認為的還要高）。活著確實得耗能，然而維持細胞既有組織結構（譬如膜或多種蛋白質）的淨能量不高，可忽略不計。

生化動力

Hopkins & Biochemistry 1861–1947. Papers concerning Sir Frederick Gowland Hopkins, OM, PRS, with a selection of his addresses and a bibliography of his publications. (Cambridge, W. Heffer & Sons,

1949). 看題目就知道霍普金斯爵士想說什麼了。作者的演講和論文有很多都與生化的動力面有關。這本論文集同樣能看見爵士對動力領域的崇敬與熱愛。

生化一致性

D. D. Woods, 'Albert Jan Kluyver', *Biographical Memoirs of Fellows of the Royal Society* 3 (1957) 109–128. 皇家學會最珍貴的紀錄：學會自一九三二年起開始收集院士訃告及生平簡述，還能免費下載（網址見後）。這篇主角是微生物生化學先鋒克呂沃爾。他那篇講生化一致性的論文是用荷蘭文寫的，我就不列出來了。https://royalsocietypublishing.org/journal/rsbm

H. C. Friedmann, 'From "butyribacterium" to "E. coli": an essay on unity in biochemistry', *Perspectives in Biology and Medicine*, 47 (2004) 47–66. 關於一個鬼點子的有趣歷史。

R. Y. Stanier and C. B. van Niel, 'The concept of a bacterium', *Archiv für Mikrobiologie* 42 (1962) 17–35. 在我看來，這篇頗具洞見的論文終結了微生物學古典時代，將主導權交給遺傳資訊。說來諷刺，半路殺出的「水平基因轉移」（lateral gene transfer）讓學界注意力再一次轉回生理學，認為這可能是一種有組織的細菌演化原則。

資訊叢林

Horace Freeland Judson, *The Eighth Day of Creation. Makers of the Revolution in Biology*, 25th

Anniversary Edition (Cold Spring Harbor Laboratory Press, 1996). 大師之作。幾位主角天南地北暢聊，故事一則比一則精采，全書猶如巨幅人物畫，傳達分子生物學啟明之際的強烈悸動與精準批判。

Matthew Cobb, *Life's Greatest Secret. The Race to Crack the Genetic Code* (London, Profile Books, 2015). 一段迷人又頗具權威的史實故事 which despite being further removed from the events than Judson，將遺傳學至今的發展與後見之明的興奮雀躍巧妙結合在一起。

F. H. C. Crick, J. S. Griffith and L. E. Orgel, 'Codes without commas', *Proceedings of the National Academy of Sciences USA* 43 (1957) 416–427. 科學史上錯得最漂亮的論文之一。該論文解釋由三個字母組成的密碼子明明可以包含六十四種胺基酸，最後為何只能做出「二十」這個「神奇數字」。克里克後來寫道：「這是個很美妙的想法，但也錯得夠離譜了！」

分子機器

Venki Ramakrishnan, *Gene Machine. The Race to Decipher the Secrets of the Ribosome* (London, OneWorld, 2018). 一場為了解開生命蛋白質工廠結構之謎而展開的競賽，最後以拉馬克里希南博士榮獲諾貝爾桂冠告終，扣人心弦。作者坦率真誠，敘述周詳，不免使我想起華生的自傳《雙螺旋》（*The Double Helix*）。

David S. Goodsell, *The Machinery of Life* (New York, Copernicus Books, 2009). 古賽爾（Goodsell）是相當厲害的藝術家，筆觸異常精準，他以自己獨特且一看便知的方式將構成生命的各種分子機器描繪地栩栩如生，唯妙唯肖。他連文章都寫得很好。有哪位生化學家不認識他的大作？

分子遺傳學典範的醫學應用

David Weatherall, *Science and the Quiet Art. Medical Research and Patient Care* (Oxford, Oxford University Press, 1995). 作者深思熟慮，滔滔雄辯，介紹支持現代醫學發展的分子遺傳學典範。

James D. Watson, Tania A. Baker, Stephen P. Bell, Alexander Gann, Michael Levine and Richard Losick, *Molecular Biology of the Gene*, 7th edn (Pearson, 2013). 分子生物學教科書經典，最初由華生一人執筆，現在則有一群專業人士負責增修。這本書大概是目前最接近分子生物基本典範的著作，而且名符其實。

奧妙的生化一致性——始終不變的市區藍圖

E. Smith and H. J. Morowitz, 'Universality in intermediary metabolism', *Proceedings of the National Academy of Sciences USA* 101 (2004) 13168–13173. 兩位作者從生化一致性一路暢聊，回溯至生命起源。

W. Martin and M. J. Russell, 'On the origin of biochemistry at an alkaline hydrothermal vent',

Philosophical Transactions of the Royal Society B 362 (2007) 1887–1925. 這篇不朽論文對我思考脈絡的影響可能更甚於其他所有資料。作者始終堅持學術與創作平衡，設法寫出撼動人心的作品。傑作。

克氏循環

Steven Rose, *The Chemistry of Life*, new edn (London, Penguin, 1999). 堪稱經典的生物化學入門書，求學時期的我總是讀得津津有味。我以本書副標獻上最誠摯的敬意。

Philip Ball, *Molecules: A Very Short Introduction* (Oxford, Oxford University Press, 2003). 最初以《看不見的故事》（*Stories of the Invisible*）為名發表。巴爾（Ball）簡介克氏循環及一些代謝生物化學，作為他宏大企圖的奠基石。巴爾出手，必有大作。

Harold Baum, *The Biochemists' Songbook*, 2nd edn (London Taylor and Francis, 1995). 經典中的經典，串起生物化學與音樂歌曲的詼諧之作，一代代修習生化的學生無不抱著它猛啃狂背，以求考試過關。舉個例子讓各位感受一下：Baum 把克氏循環跟〈叢林流浪〉（*Waltzing Matilda*）這首民謠配在一起，歌詞是：「有一天，快樂的丙酮酸闖進粒線體基質／聽說有個能幫忙脫去羧酸基的複雜脫氫酶，把它變成帶乙醯的輔酶A／……」我自己的版本則是把克雷布斯本人放進去了。

Konrad Bloch, *Blondes in Venetian Paintings, the Nine-Banded Armadillo and Other Essays in Biochemistry* (New Haven, CT, Yale University Press, 1997). 這書太有意思，資訊量滿到爆！這位傑出的生化學家為讀者解開「為什麼大部分的生化路徑無法雙向進行」之謎，解釋得一清二楚。

異想天開的生物化學

L. Orgel, 'The implausibility of metabolic cycles on the prebiotic Earth', *PLoS Biology* 6 (2008) e18. 奧格爾直言不諱，言及「金屬離子或礦物能催化完整的生物前化學反應」根本是「訴諸魔法」。這是奧格爾的最後一篇論文，在他死後（二〇〇七）才正式刊登。不過這篇論文已經被證實至少有一部分是錯的了。

第一章　發現奈米宇宙

霍普金斯的生化實驗室

F. Gowland Hopkins, 'Atomic physics and vital activities', *Nature* 130 (1932) 869–871. 霍普金斯爵士一九三二年的皇家學會演講講稿。

H. H. Dale, 'Frederick Gowland Hopkins 1861–1947', *Obituary Notices Fellows Royal Society* 6 (1948) 115–145. 戴爾爵士（Henry Dale）的動人自傳。戴爾也是生化學界先鋒，在戰後致力於捍衛科

學自由。若讀者好奇科學不應受政治干預的價值與意義，強烈建議您閱讀他在日本遭原子彈轟炸後，對美國國家科學院發表的朝聖者信託基金（Pilgrim Trust）講座演講。演講內容發表於 *Proceedings of the American Philosophical Society* 91 (1947) 64–72。

Hans Krebs, *Reminiscences and Reflections* (Oxford, Clarendon Press, 1981). 一本有趣，讀來開心的好書，在克雷布斯過世後出版。或許正因為如此，書裡的方程式有一些不尋常的錯誤。

Soňa Štrbáňová, *Holding Hands with Bacteria. The Life and Work of Marjory Stephenson* (Berlin, Springer, 2016). 英國二十一世紀上半葉最聰明、最有影響力的女科學家傳記。（但為什麼這麼貴啊？）

克雷布斯在劍橋

H. Blaschko, 'Hans Krebs: nineteen nineteen and after', *FEBS Letters* 117 (suppl) (1980) K11–K15. 克雷布斯年輕時代的有趣生活集錦。作者是克雷布斯在德、英兩地一輩子的好友。

H. Kornberg and D. H. Williamson, 'Hans Adolf Krebs, 25 August 1900–22 November 1981', *Biographical Memoirs of Fellows of the Royal Society* 30 (1984) 349–385. 評價克雷布斯科學態度的一本書，探討他何以受那麼多人喜愛，進而對他付出一輩子的忠誠。受訪者寫下自己的體會，譬如「當我發現克雷布斯不太擅長做實驗，或者很現實的時候，坦白說滿安心的，甚至有點開心……最重要的是，他的著作和行動無不散發對真理的強烈熱情，對浮誇虛偽的厭惡和不信任，以及坦率開朗的善良，這些都讓漢斯帶著一種父親的形象，讓不論是早已離開他的實驗團隊，或者還留在團隊裡的人，皆深深敬重及喜愛他。」這是何等的肯定呀。

瓦爾堡與呼吸測壓儀

Otto Warburg, The Oxygen-Transferring Ferment of Respiration, Nobel Lecture, 10 December 1931.一場動人又極具啟發的演講，瓦爾堡最了不起的成就盡列於此。可上網取得全文：www.nobelprize.org/prizes/medicine/1931/warburg/lecture/。

P. Oesper, 'The history of the Warburg apparatus. Some reminiscences on its use', *Journal of Chemical Education* 41 (1964) 294–296.一段輕快有趣的簡史，說明瓦爾堡的名字如何跟 T. G. Brodie 等人發明的儀器連在一起。

H. Krebs, 'Otto Heinrich Warburg. 1883–1970', *Biographical Memoirs Fellows of the Royal Society* 18 (1972) 628–699. 克雷布斯以此文向他的科學導師致敬。即使慷慨大度如克雷布斯，在萬般努力之下，仍無法完全以正面眼光看待瓦爾堡。

聖哲爾吉的故事

Albert Szent-Györgyi, 'Lost in the Twentieth Century', *Annual Review of Biochemistry* 32 (1963) 1–15. 生

化學界最聰明，最孜孜不倦的科學家的簡短自傳。另收錄他在二戰時期擔任間諜的功勳事蹟。

Albert Szent-Györgyi, *The Living State. With Observations on Cancer* (London and New York, Academic Press, 1972). 書中不乏一些令人著迷的文句段落，但我不得不說這真是本怪書。聖哲爾吉以合理的脈絡思考生命，但我認為他從來不曾真心接納米契爾對膜電位的見解。

Albert Szent-Györgyi, *The Crazy Ape* (New York, Philosophical Library, 1970). 這書編排得有些混亂，收錄一些革命性的小短文。

Albert Szent-Györgyi, Oxidation, Energy Transfer, and Vitamins, Nobel Lecture, 11 December 1937. 聖哲爾吉於一九三七獲頒諾貝爾獎，克雷布斯於同年發表克氏循環。聖哲爾吉在演講中陳述克雷布斯的發現和他早期的研究不謀而合。可上網取得全文：www.nobelprize.org/uploads/2018/06/szent-gyorgyi-lecture.pdf.

J. J. Farmer, B. R. Davis, W. B. Cherry, D. J. Brenner, V. R. Dowell and A. Balows, '50 years ago: the theory of Szent-Györgyi', *Trends in Biochemical Sciences* 10 (1985) 35–38. 精簡深入的生物化學史。探討聖哲爾吉將羧酸視為二氫載體的思考脈絡。

發現克氏循環

H. A. Krebs and W. A. Johnson, 'The role of citric acid in intermediary metabolism in animal tissues',

Enzymologica 4（1937）148–156.一篇關於克氏循環的非《自然》式經典論文，由強森（Johnson）撰寫，實驗也幾乎都是他做的。溫萊特（Milton Wainwrigh）曾指出世人可能不太清楚強森在這方面的貢獻。詳細描述可參考 *Trends in Biochemical Sciences* 18 (1993) 61–62, 'William Arthur Johnson – a postgraduate's contribution to the Krebs cycle.'

H. A. Krebs, 'The intermediate metabolism of carbohydrates', *Lancet* 230 (1937) 736–738. 克雷布斯獨力完成，專為醫療人員所寫的克氏循環解析。

Frederic L. Holmes, *Hans Krebs: The Formation of a Scientific Life 1900–1933*. Volume 1 (Oxford, Oxford University Press, 1991). 非凡的學術巨著，鉅細靡遺描述克雷布斯的實驗筆記（以及無數驚嘆號）。這一冊從克雷布斯的早期研究一直講到尿素循環。

Frederic L. Holmes, *Hans Krebs: Architect of Intermediary Metabolism 1933–1937*. Volume 2 (Oxford, Oxford University Press, 1993). 荷姆（Holmes）第二本科學巨著，涵蓋克氏循環並順帶提及部分實驗。不好讀，但能感受到科學帶來的悸動。

Hans A. Krebs, The Citric Acid Cycle, Nobel Lecture, 11 December 1953. 可上網閱讀全文：https://www.nobelprize.org/prizes/medicine/1953/krebs/lecture/。一段美好的歷史，包括克雷布斯認為這個循環在生合成及能量代謝演化方面的角色，以及一些想法。克雷布斯最後寫下頗具先見之明的結語：「所有生命形式皆使用同一種機制產生能量。這個事實導出兩項推論。其一：能量產生機制在演化過程中很早就出現了。其二：目前這些生命形式在地球上只出現過一次。」

H. A. Krebs, 'The history of the tricarboxylic acid cycle', *Perspectives in Biology and Medicine* 14 (1970) 154–170. 克雷布斯講古，但也包括他本人對哲學觀點和動機的奇特反思，還有比較他自己和華生早他兩年發表的《雙螺旋》的一些做法和想法。

J. M. Buchanan, 'Biochemistry during the life and times of Hans Krebs and Fritz Lipmann', *Journal of Biological Chemistry* 277 (2002) 33531–33536.兩位中間產物代謝先鋒研究學者的有趣回憶。作者也是傑出的生化學家，他是使用碳同位素研究嘌呤生合成（製造ATP所需）的先驅。

利普曼與乙醯輔酶A

G. D. Novelli and F. Lipmann, 'The catalytic function of coenzyme A in citric acid synthesis', *Journal of Biological Chemistry* 182 (1950) 213–228. 這篇論文終於能合理解釋克氏循環的第一步了。

Fritz Lipmann, *Wanderings of a Biochemist* (New York, John Wiley and Sons, 1971). 利普曼的自傳，夾雜散文和論文，全書題材不拘一格，包羅萬象，無處不見他對歷史和科學的濃厚興趣。本書收錄他描述生命起源的那篇論文，論文開頭寫道：「一開始促使我加入這場戰局的動機，是我對學界堅信『遺傳資訊傳遞系統是生命發生極初期的基本條件』隱約感到不安。」有些東西永遠不會變。

W. P. Jenks and R. V. Wolfenden, 'Fritz Albert Lipmann', *Biographical Memoirs* 88 (2006) 246–266. 美國國家科學院媲美《皇家學會院士回憶錄》（*Royal Society Memoirs*）之作。最有名也最令人難忘的無疑是結語：「在利普曼得知自己成功申請到最新一筆研究補助款的幾天後，便以八十七歲高齡辭世。」時代真的不一樣了。

米契爾與化學滲透耦合機制

Peter Mitchell, 'David Keilin's respiratory chain concept and its chemiosmotic consequences', Nobel Lecture, 8 December 1978. 米契爾思考自我的迷人故事，也藉此向他的導師凱林致敬。有意思的是，米契爾在一九五〇年代曾經想過膜蛋白結構變化的可能性，後來卻錯誤地否定自己的想法。這點非常符合本書結語：「我們看到的結果是模糊的，需要更長的時間才會逐漸清晰。」可上網閱讀全文：https://www.nobelprize.org/uploads/2018/06/mitch-ell-lecture.pdf.

Peter Mitchell, *Chemiosmotic coupling in Oxidative and Photosynthetic Phosphorylation* (Glynn Research Ltd, 1966). 米契爾極具影響力的兩本「灰色小冊」上冊，於一九六六及一九六八年自費出版。米契爾詳細解釋氧化還原迴路及其電化學，但他對於泵送機制的理解大部分是錯的。

John Prebble and Bruce Webber, *Wandering in the Gardens of the Mind* (Oxford, Oxford University Press, 2003). 引人入勝，鉅細靡遺的米契爾自傳，呈現他博學多聞，極富同情心的一面。作者

是兩位鑽研膜生物能量學及其歷史的生化學家，共同發表過多篇有關生物能量學史的調查文章（通常以涉事人物對應關係為基礎），每一篇都值得一讀。

R. E. Davies and H. A. Krebs, 'Biochemical aspects of the transport of ions by nervous tissue', *Proceedings of the Biochemical Society* 50 (1952) xxi. 這篇摘要抓住化學滲透的概念本質，比米契爾早了近十年。米契爾沒注意到這篇，但我其實並不意外，因為作者措辭太隱晦了。

A. T. Jagendorf, 'Chance, luck and photosynthesis research: an inside story', *Photosynthesis Research* 57 (1998) 215–229. 作者個人關於生物能量學的有趣故事，大多發生在米契爾提出假說前後；Jagendorf亦提及他首度成功說服並破除學界懷疑的開創性實驗。

米契爾與莫伊爾

P. D. Mitchell and J. Moyle, 'Stoichiometry of proton translocation through the respiratory chain and adenosine triphosphatase systems of rat liver mitochondria', *Nature* 208 (1965) 147–151. 米契爾和莫伊爾在一九六〇年代中期發表於《自然》的經典論文之一。雖然引用次數不及米契爾闡述化學滲透耦合的第一篇論文或他的小灰冊子，但我總覺得世人並未給予莫伊爾（以其她重要的實驗貢獻）應得且足夠的肯定。

P. D. Mitchell and J. Moyle, 'Evidence discriminating between the chemical and the chemiosmotic mechanisms of electron transport phosphorylation', *Nature* 208 (1965) 1205–1206. 兩人再度提出化學滲透假說實驗證據的簡短論文。

P. D. Mitchell and J. Moyle, 'Chemiosmotic hypothesis of oxidative phosphorylation', *Nature* 213 (1967) 137–139. 兩人反駁學界批評，包含莫伊爾實驗證據摘要。

博耶與ATP合成酶

Paul D. Boyer, Energy, Life and ATP, Nobel Lecture, 8 December 1997.可上網閱讀全文：https://www.nobelprize.org/uploads/2018/06/boyer-lecture.pdf。博耶闡述他想出ATP合成酶旋轉催化機制的過程，亦收錄他早期畫的一些草圖。沃克爵士和博耶以X射線晶體繞射共同獲得當年的諾貝爾獎，證明博耶的想法是對的。

J. N. Prebble, 'Contrasting approaches to a biological problem: Paul Boyer, Peter Mitchell and the mechanism of the ATP synthase', *Journal of the History of Biology* 46 (2013) 699–737. 作者又一篇講述生物能量學史的佳作。

質子泵送機制

M. Wikström, 'Recollections. How I became a biochemist', *IUBMB Life* 60 (2008) 414–417. 關於後續「氧化磷酸化戰爭」（Ox Phos Wars）的回憶錄，描述質子泵送機制，又以細胞色素氧化酶著

墨最多。米契爾整整有八年時間不願接受蛋白質會改變結構的想法，最後不得不讓步，承認 Wikström 等人的解釋是正確的。米契爾認為電子供體和電子受體的跨膜排列方式（氧化還原循環）是化學滲透假說的核心。雖然事實並非如此，但概念仍舊成立。

Franklin M. Harold, *The Vital Force: A Study of Bioenergetics* (New York, W. H. Freeman, 1986). 出自膜生物能量學先鋒之手，深具哈洛德（Harold）個人風格的非凡之作，明白闡述化學滲透假說。作者寫過幾本滔滔雄辯、思慮透徹又鞭辟入裡的科普書，試圖挑戰生物學界的幾個大哉問。作者天馬行空，似乎喜歡提問更甚解答。這位九十多歲的長者前陣子再次將他精煉獨到的見解集結成《聚焦生命：細胞、基因和複雜的演化》（*On Life: Cells, Genes and the Evolution of Complexity*）(Oxford University Press, 2021) 一書。

克氏循環之演變

J. E. Baldwin and H. A. Krebs, 'The evolution of metabolic cycles', *Nature* 291 (1981) 381–382. 這篇深具影響力的論文在我心中有著獨特地位，而且這篇甚至還沒提到反向克氏循環（作者十五年前就想過了）。人類總是盲目，最傑出的科學家也不例外。

H. A. Krebs and H. L. Kornberg, *Energy Transformations in Living Matter: A Survey* (Berlin, Springer, 1957). 華生奉之為生物化學教科書的唯一經典，挺意外的。本書得益於柯恩柏格（Hans

Kornberg）的微生物學觀點，從分子角度進行詳細深入的探討。

內共生與粒線體

Nick Lane, *The Vital Question: Why Is Life the Way it Is?* (London, Profile Books, 2015). 我在美國出版時加上副題名「能量、演化與複雜生命的起源」。本書是我對生物能量學形塑生命起源以及朝複雜演化的一些看法。

Nick Lane, *Power, Sex, Suicide: Mitochondria and the Meaning of Life* (Oxford, Oxford University Press, 2018). 再版時我另外寫了一篇序，被收進「牛津里程碑科學叢書」（Oxford Landmark Science），甚感光榮。這是我對粒線體比較早期的看法，不過對於米契爾和馬古利斯的背景則著墨較多。

第二章　碳路徑

核酮醣雙磷酸羧化加氧酶 RuBisCO

S. G. Wildman, 'Along the trail from Fraction I protein to RuBisCO (ribulose bisphosphate carboxylase-oxygenase', *Photosynthesis Research* 73 (2002) 243–250. 闡述 RuBisCO 得名始末。作者的熱情使這篇迷人的歷史回顧比其他領域的版本更精采，更有人性。

R. J. Ellis, 'The most abundant protein in the world', *Trends in Biochemical Sciences* 4 (1979) 241–244. 精準探討 RuBisCO 何以如此沒效率的有趣作品。作者是我所知思路最清晰的思想家，在此大力推薦他寫演化的另一本小書《科學如何運作：科學本質與自然科學》（*How Science works: The Nature of Science and the Science of Nature* Springer, 2016）。這書最厲害的是闡述「奧坎剃刀理論」（Occam's razor，尋求最簡單的解釋）對科學思維何以如此重要。

R. J. Ellis, 'Tackling unintelligent design', *Nature* 463 (2010) 164–165. John Ellis 評論利用「伴護蛋白」（chaperone proteins）來摺疊藍綠菌 RuBisCO 以增加效率的嘗試。伴護蛋白也是作者自己的發現。

勞倫斯與加州大學放射實驗室

Martin D. Kamen, *Radiant Science, Dark Politics. A Memoir of the Nuclear Age* (Berkeley, University of California Press, 1985).收錄多位當代首屈一指的物理學家和化學家令人難忘的生平記事，背景則是政治與戰爭急遽升溫的年代。引人入勝的科學傳記，也是獨一無二的歷史記錄。

Oliver Morton, *Eating the Sun: How Plants Power the Planet* (London, Fourth Estate, 2009). 輕快好讀，猶如扣人心弦小說。作者從光合作用史一路擴展到全球等級的氣候變遷對策，分析獨到，令人折服。

Angela N. H. Creager, *Life Atomic: A History of Radioisotopes in Science and Medicine* (Chicago, University of Chicago Press, 2015). 從放射性同位素的學術發展史探討冷戰時期發展相關科技的急迫性，以及學術與軍事之間的歧異鴻溝。

碳同位素早期研究

S. Ruben, W. Z. Hassid and M. D. Kamen, 'Radioactive carbon in the study of photosynthesis', *Journal of the American Chemical Society* 61 (1939) 661–663. 魯賓等人利用碳－11追蹤光合作用固碳路徑所發表的第一篇（瘋狂）論文。

C. B. Van Niel, S. Ruben, S. F . Carson, M. D. Kamen and J. W. Foster, 'Radioactive carbon as an indicator of carbon dioxide utilization: VIII. The role of carbon dioxide in cellular metabolism', *Proceedings of the National Academy of Sciences USA* 28 (1942) 8–15. 根據放射性同位素的早期成果，詳盡探討二氧化碳如何嵌入有機分子。本文概念已非常接近反向克氏循環。

S. Ruben, 'Photosynthesis and phosphorylation', *Jou* r n a *l of the American Chemical Society* 65 (1943) 279–282. 魯賓再度超前，他認為在光合作用中接收二氧化碳的分子極有可能是磷酸五碳醣。

S. Ruben and M. D Kamen, 'Long-lived radioactive carbon: C14', *Physical Review* 59 (1941) 349–354. 向全世界介紹碳－14的首篇論文。

光合作用的碳移動軌跡

J. A. Bassham, A. A. Benson, L. D. Kay, A. Z. Harris, A. T. Wilson and M. Calvin, 'The path of carbon in photosynthesis. XXI. The cyclic regeneration of carbon dioxide acceptor', *Journal of the American Chemical Society* 76 (1954) 1760–1770. 大名鼎鼎的「第二十一篇」！他們終於找到了。不過，對於科學重大突破來說，這一步來得不算太慢。人跡罕至的荒境容易迷路，如果所有贊助研究的人都能明確認知這一點就好了。

A. A. Benson, 'Following the path of carbon in photosynthesis: a personal story', *Photosynthesis Research* 73 (2002) 29–49. 本森直到數十年後才終於打破沉默，提起他和卡爾文共事的時光。任誰都能感受到他竭力避免挖苦諷刺的心情。

A. A. Benson, 'Last days in the old radiation laboratory (ORL), Berkeley, California, 1954', *Photosynthesis Research* 105 (2010) 209– 212. 本森另一份引人入勝的回憶錄。

T. D. Sharkey, 'Discovery of the canonical Calvin–Benson cycle', *Photosynthesis Research* 140 (2019) 235–252. 發現「卡－本循環」始末最精采、詳盡的整理。作者亦針對兩人之間的齟齬做了平衡的最終分析，認為本森在這件事情上並非毫無過失，表示「本森沒必要做到那種程度。他原本可以把事情做對的。」

J. A. Bassham, 'Mapping the carbon reduction cycle: a personal retrospective', *Photosynthesis Research*

76 (2003) 35–52. 巴薩姆對全名應為有點拗口的「卡爾文－本森－巴薩姆循環」的卡－本循環亦貢獻卓著。他也在 *Photosynthesis Research* 描述了這段過往。

光合磷酸化

D. I. Arnon, F. R. Whatley and M. B. Allen, 'Photosynthesis by isolated chloroplasts. II. Photosynthetic phosphorylation, the conversion of light into phosphate bond energy', *Journal of the American Chemical Society* 76 (1954) 6324–6329. 亞儂因這篇論文一戰成名。題目見真章。這一期還收了後來讓卡爾文拿到諾貝爾獎的那篇論文。

反向克氏循環

K. V. Thimann, 'The absorption of carbon dioxide in photosynthesis', *Science* 88 (1938) 506–507. 一套精簡假設。作者或多或少預測到反向克氏循環就是光合作用採取的固碳機制，時間就在克雷布斯發表循環概說的一年之後。

D. I. Arnon, 'Ferredoxin and photosynthesis', *Science* 149 (1965) 1460–1470. 科學家在一九六〇年代早期就發現鐵氧還原蛋白了。這篇論文包含亞儂令人印象深刻的整套實驗觀察，他甚至在結語調侃道：「可惜大夥兒還在積極尋找細菌鐵氧還原蛋白參與細菌光合磷酸化的證據。」反向克氏循環於隔年發表。

M. C. Evans, B. B. Buchanan and D. I. Arnon, 'A new ferredoxin-dependent carbon reduction cycle in a photosynthetic bacterium', *Proceedings of the National Academy of Sciences USA* 55 (1966) 928–934. 永遠的經典。這篇論文在發表後的近四分之一世紀仍充滿爭議，並未得到應有重視。科學之美盡現於此。

B. B. Buchanan, R. Sirevåg, G. Fuchs, R. N. Ivanovsky, Y. Igarashi, M. Ishii, F. R. Tabita and I. A. Berg, 'The Arnon–Buchanan cycle: a retrospective, 1966–2016', *Photosynthesis Research* 134 (2017) 117–131. 反向克氏循環的幾位重要科學家的研究概要整理。這篇回溯論文的發表時間正好是反向克氏循環發表五十年後。就算這套循環還不到人盡皆知的程度，至少也不再有爭議了。

B. B. Buchanan, 'Daniel I. Arnon. November 14, 1910–December 20, 1994', *Biographical Memoirs* 80 (2001) 2–20. 亞儂老友暨老同事布坎南寫的簡短傳記。（由美國國家科學院珍藏）

B. B. Buchanan, 'Thioredoxin: an unexpected meeting place', *Photosynthesis Research* 92 (2007) 145–148. 布坎南描述卡爾文和亞儂如何水火不容，以及後來本森如何銜接這段知識缺口。

同儕意見多

Don Braben, *Scientific Freedom: The Elixir of Civilization* (San Francisco, Stripe Press, 2020). 好書，重新思考「資助科學研究」這件事。同儕審查通常極為保守，傾向反對破壞現狀；比較激進的

新思維則恰恰相反。問題是我們該如何辨識並支持這類新思維？作者在另一本書透過一串名人傳記進一步充實這個問題，該書副標明顯透露作者野心《普朗克俱樂部：反骨青年、叛逆研究人員和學風自由如何無限促進科學繁榮》（*Promoting the Planck Club: How Defiant Youth, Irreverent Researchers and Liberated Universities Can Foster Prosperity Indefinitely* (Hoboken, NJ, John Wiley, 2014)）。

鐵氧還原蛋白與光合呼吸

J. Ormerod, '"Every dogma has its day": a personal look at carbon metabolism in photosynthetic bacteria', *Photosynthesis Research* 76 (2003) 135–143. 沒錯，我盜用他的句子。一位實驗家暨思想家的故事，引人入勝。作者在雪菲爾大學做壓力檢測起家，與克雷布斯在同一系所，後來才搬到挪威繼續做研究。Ormerod在這篇論文中提到，光合呼吸是有用的，因為它能氧化鐵氧還原蛋白，降低氧化壓力。

Y. Shomura, M. Taketa, H. Nakashima *et al.*, 'Structural basis of the redox switches in the NAD^+-reducing soluble [NiFe]-hydrogenase', *Science* 357 (2017) 928–932. 一篇精簡的論文。作者主張「氫－氧化菌」（H2-oxidising bacterium）能將它本身的氫化酶切換成不活化結構，藉此保護氫化酶不被活性氧破壞，熬過有氧環境。的確不無可能，但這篇論文只是再次強調反向克氏循

環有多難在有氧狀態下運作。

反向克氏循環站穩腳步

A. Mall, J. Sobotta, C. Huber *et al.*, 'Reversibility of citrate synthase allows autotrophic growth of a thermophilic bacterium', *Science* 359 (2018) 563–567. 作者群發現反向克氏循環不必然需要ＡＴＰ檸檬酸分解酶。標準的檸檬酸合成酶本身就是可逆的。不可忤逆的中心法則終於被推翻。

L. Steffens, E. Pettinato, T. M. Steiner, A. Mall, S. König, W. Eisenreich and I. A. Berg, 'High CO_2 levels drive the ＴＣＡ cycle backwards towards autotrophy', *Nature* 592 (2021) 784–788. 貝爾格（Ivan Berg）研究小組發表的另一篇論文。本文解釋大氣二氧化碳分壓較高時（譬如早期的地球環境），能將正向克氏循環往反方向推，固定二氧化碳。過去學界認為反向克氏循環僅局限於系統發生譜系的一角，現在看來，反向循環可能廣布於細菌和古菌體系內。

I. A. Berg, 'Ecological aspects on the distribution of different autotrophic CO_2 fixation pathways', *Applied and Environmental Microbiology* 77 (2011) 1925–1936. 研究固碳替代路徑的先鋒學者反思這些路徑的分布和生態學關係。以他個人的最新發現來看，這篇論文或許有點過時，但仍極具洞見。

第三章　從氣體到生命

發現黑煙囪

J. B. Corliss, J. A. Baross and S. . Hoffman, 'An hypothesis concerning the relationship between submarine hot springs and the origin of life on earth', *Oceanologica Acta* Special Issue (1981) 0399-1784. 緊接在一九七九年發現黑煙囪之後發表，首篇將「黑煙囪可能為生命起源原始環境」寫成完整概念的論文。

J. A. Baross and S. E. Hoffman, 'Submarine hydrothermal vents and associated gradient environments as sites for the origin and evolution of life', *Origins of Life and Evolution of Biospheres* 15 (1985) 327–345. 討論深海熱泉環境的劇烈化學梯度能否催生生化反應的嚴肅思辨。

Discovering Hydrothermal Vents. A wealth of interesting information on the discovery of black smokers on the Woods Hole Oceanographic Institute: https://www.whoi.edu/feature/history-hydrothermal-vents/index.html. 伍茲霍爾海洋研究所自一九六四年啟用亞爾文號，維修沿用近六十年。我通常不太提供網址，因為這類資訊經常消失，不過這傢伙老當益壯，屹立不搖。

地球早期深海熱泉系統之再分析

W. Martin, J. Baross, D. Kelley and M. J. Russell, 'Hydrothermal vents and the origin of life', *Nature*

Reviews Microbiology 6 (2008) 805–814. 兩位傑出海洋生物學家針對不同型態的熱泉系統，以及熱泉系統之於生命起源提出的概要看法。這兩位也都和馬丁及羅素合作過，各自發現了新的熱泉系統。馬丁和羅素也是研究熱泉生命起源的重要學者。

N. H. Sleep, D. K. Bird and E. C. Pope, 'Serpentinite and the dawn of life', *Philosophical Transactions of the Royal Society B* 366 (2011) 2857–2869. 非常出色的論文。作者認為地質紀錄可能限制生命起源理論的發展。

N. T. Arndt and E. G. Nisbet, 'Processes on the young Earth and the habitats of early life', *Annual Review of Earth and Planetary Sciences* 40 (2012) 521–49. 近數十年來，地質學家對「冥古代」（Hadean）的看法與過去不同。學者不再認為早期地球是沸騰岩漿和小行星撞擊造成的恐怖地獄，而是個相對平靜的水世界。

F. Westall, K. Hickman-Lewis, N. Hinman, P. Gautret, K. A. Campbell, J. G. Breheret, F. Foucher, A. Hubert, S. Sorieul, A. V. Dass, T. P. Kee, T. Georgelin and A. Brack, 'A hydrothermal-sedimentary context for the origin of life', *Astrobiology* 18 (2018) 259–293. 探討地球早期地質條件與生命起源的關係，立論客觀平衡。

羅素與瓦赫特紹澤

G. Wächtershäuser, 'Evolution of the first metabolic cycles', *Proceedings of the National Academy of Sciences USA* 87 (1990) 200–204. 將反向克氏循環視為生命前化學的首批論文之一，詳細陳述反向循環反應可能以何種方式在礦物表面發生，形成愚人金（黃鐵礦）。瓦赫特紹澤的探討方式異常傾向哲學，以波普爾測試假設的觀念列出多項假設主張和定理，頗具前瞻意義。

G. Wächtershäuser, 'Groundworks for an evolutionary biochemistry: the iron–sulphur world', *Progress in Biophysics and Molecular Biology* 58 (1992) 85–201. 一篇燒腦，極富開創性的論文，詳細記載瓦赫特紹澤早期對自營生物起源的想法。與其說是論文，不如說是一本書。文如其人，同樣出名。

M. J. Russell and A. J. Hall, 'The emergence of life from iron mono-sulphide bubbles at a submarine hydrothermal redox and pH front', *Journal of the Geological Society* 154 (1997) 377–402.羅素和哈爾（Allan Hall）一連寫了好幾篇跟鹼性深海熱泉有關的論文，前後大概十年，但我認為這一篇的初步構想最是完整，詳細交代他們倆對米契爾「質子驅動力」和反向克氏循環的想法。

W. Martin and M. J. Russell, 'On the origins of cells: a hypothesis for the evolutionary transitions from abiotic geochemistry to chemoautotrophic prokaryotes, and from prokaryotes to nucleated cells', *Philosophical Transactions of the Royal Society B* 358 (2003) 59–85. 永遠的經典。這是那種不僅會吸引年輕心靈踏進曠野，更會一頭栽入科學的雋永好文。

J. Whitfield, 'Origin of life: nascence man', *Nature* 459 (2009) 316– 319.《自然》鮮少如此明確定義科學家的成就，但這回他們甚至還把羅素的頭像P成文藝復興時代的伊拉斯謨（Erasmus），這是何等的敬意！

發現失落的城市

D. S. Kelley, J. A. Karson, D. K. Blackman, G. L. Früh-Green, D. A. Butterfield, M. D. Lilley, E. J. Olson, M. O. Schrenk, K. K. Roe, G. T. Lebon, P. Rivizzigno; AT3-60 Shipboard Party, 'An off-axis hydrothermal vent field near the Mid-Atlantic Ridge at 30 degrees N', *Nature* 412 (2001) 145–149. 一項了不起的發現。這項發現啟發整個研究領域，同時展示科學探索與科學發現的非凡價值。

D. S. Kelley, J. A. Karson, G. L. Früh-Green *et al*., 'A serpentinite-hosted ecosystem: the Lost City hydrothermal field,' *Science* 307 (2005) 1428–1434. 更多關於凱利等人對大西洋中洋脊深海熱泉「失落之城」（Lost City）的看法，探討這個頗具代表意義的系統地質、化學與微生物學連帶關係。

D. S. Kelley, 'From the mantle to microbes: the Lost City hydrothermal field', *Oceanography* 18 (2005) 32–45. 凱利於二〇〇〇年駕駛亞爾文號時不經意發現了「失落之城」。她以興奮口吻和豐富圖片描述自己的初步觀察，闡述蛇紋岩化之於太陽系他處生命系統的意義。

陸地熱源系統

David W. Deamer, *Assembling Life: How Can Life Begin on Earth and Other Habitable Planets?* (Oxford, Oxford University Press, 2019). 作者數十年來致力探討生命起源，做了不少關於脂質膜和原始細胞的開創研究（包括與莫羅維茨一同建構「脂質世界說」〔lipid world〕），也和其他學者共同開發DNA定序的奈米孔技術（與膜電位有關），近年則立場不變，轉成為陸地熱源系統的堅定支持者。我雖不同意他的看法，但他心胸寬大，和我有過多次建設性的討論。這本書反映他亟欲測試幾種彼此衝突的假設的想望。我全心全意贊同他的想法。

A. Y. Mulkidjanian, A. Y. Bychkov, D. V. Dibrova, M. Y. Galperin, E. V. Koonin, 'Origin of first cells at terrestrial, anoxic geothermal fields', *Proceedings of the National Academy of Sciences USA* 109 (2012) E821–830. 穆爾基加尼安（Mulkidjanian）是非常傑出的生物能量學家，他對生命起源有些頗驚人的想法（譬如「硫化鋅」這種不尋常，且只能在高壓大氣中發生的光合作用形式）。這篇是他和幾位頂尖系統發生學家的合作成果（包括絕頂聰明，論文產量極高的庫寧 Eugene Koonin）。雖然他們的觀點並未說服我，但穆爾基加尼安的文章永遠值得一讀。

J. D. Sutherland, 'Studies on the origin of life: the end of the beginning', *Nature Reviews in Chemistry* 1 (2017) 0012. 薩瑟蘭（Sutherland）這位了不起的化學家建構了一套令人印象深刻，能合成核苷酸等多種生命核心模塊的生物前化學，稱之為「氰硫原始代謝」（cyanosulfidic protometabolism）；缺點是這套化學機制看起來不怎麼像生物化學。這有關係嗎？我認為有關係，但是在我們認識更深、知道更多以前，一切都是主觀判斷。作者透過這篇論文陳述他自己的看法：「『生命源於深海熱泉』這種想法就應該跟那些熱泉一樣，繼續埋在海洋深處就好了。」我如果同意他的看法，就不會有這本書了。

J. Szostak, 'How did life begin?', *Nature* 557 (2018) S13–S15. 索斯塔克（Szostak）因端粒研究而榮獲諾貝爾獎，從此專注於生命起源的問題，發表多篇論文佳作。他和薩瑟蘭合作研究生命前化學，對深海熱泉的觀點不太感興趣。這篇論文提到：「令人驚訝的是許多化學中間產物都是在形成ＲＮＡ時，從反應混合物中以結晶方式析出，自我純化，並且可能在地球早期年代以有機礦物的形式累積儲存，等待環境條件改變時化為生命。」作者的想法跟我在本書提倡的「漸進發展」相去甚遠。我得問一下：最後那句話到底是什麼意思？

以生命原始代謝為本

Christian De Duve, *Singularities. Landmarks on the Pathways of Life* (Cambridge, Cambridge University Press, 2005). 我在這本書沒怎麼提到德迪夫（de Duve）的想法，但我應該多寫一點的。德迪夫和莫羅維茨皆專注於探討地球化學如何衍生出生物化學的問題。他針對硫酯的重要性和乙醯磷酸鹽的能量流提出一些看法，目前也逐漸獲得證據支持。

M. Preiner, K. Igarashi, K. B. Muchowska, M. Yu, S. J. Varma, K. Kleinermanns, M. K. Nobu, Y. Kamagata, H. Tüysüz, J. Moran and W. F. Martin, 'A hydrogen-dependent geochemical analogue of primordial carbon and energy metabolism', *Nature Ecology and Evolution* 4 (2020) 534–542. 三個團隊合力探討含鐵礦物（膠黃鐵礦、磁鐵礦和鐵鎳礦）如何催化氫氣與二氧化碳反應，形成反向克氏循環中間產物乙酸和丙酮酸。本例的電子供體為氫原子，並非一般生命體內的鐵。

S. J. Varma, K. B. Muchowska, P. Chatelain and J. Moran, 'Native iron reduces CO_2 to intermediates and end-products of the acetyl-CoA pathway', *Nature Ecology and Evolution* 2 (2018) 1019–1024. 莫蘭團隊的特別之處在於他們原本都是合成化學家，卻從生物化學的角度出發，思考並尋找發生在細胞內的相似化學反應。這篇論文愈讀愈教人熱血沸騰，內容不僅帶到他們早期的研究工作，也顯示乙醯輔酶A路徑和反向克氏循環的諸多中間產物皆以二氧化碳為原料，並利用鐵作為電子來源。

K. B. Muchowska, S. J. Varma and J. Moran, 'Synthesis and breakdown of universal metabolic precursors promoted by iron', *Nature* 569 (2019) 104–107. 本篇提到克氏循環周邊一些由乙醛酸（glyoxylate）驅動，較不受控的迴路。乙醛酸是一種二碳中間產物，會導致植物和部分細菌的克氏循環「短路」。乙醛酸循環是克雷布斯和 Hans Kornberg 共同發現的，一九五七年於《自然》發表。我不確定這條路徑有多接近生物體化學反應，但它確實包含許多目前仍相當重要的代謝中間產物。

M. Ralser, ‘An appeal to magic? The discovery of a non-enzymatic metabolism and its role in the origins of life’, *Biochemical Journal* 475 (2018) 2577–2592. 作者是代謝生化保健專家，針對「代謝路徑何以出現在基因之前」發表過多篇重要論文，並以實驗佐證醣解、五碳醣磷酸路徑、糖質新生和部分克氏循環都屬於可自發運作的化學反應。但他所做的實驗大多傾向分解而非合成，而且中間產物的濃度極低。這篇論文總結作者的研究工作和成果，包括他認為代謝路徑必須先於基因演化的思考脈絡。針對這一點，我認為他是對的。

Michael Madigan, Kelly Bender, Daniel Buckley, W. Matthew Sattley and David Stahl, *Brock Biology of Microorganisms*, 15th edn (London, Pearson, 2018). 少數嚴肅探討生命起源的微生物學教科書。考量到深海熱泉化學反應和微生物生化之間的相似性，作者支持深海熱源說也就不足為奇了。

H. Hartman, ‘Speculations on the origin and evolution of metabolism’, *Journal of Molecular Evolution* 4 (1975) 359–70. 雖是很久以前的論文，依然頗具洞見。這是從克氏循環角度思考二氧化碳代謝的首批論文之一，時間大概在反向克氏循環剛發表之後不久。

最近共同祖先的生理機制

M. C. Weiss, F. L. Sousa, N. Mrnjavac, S. Neukirchen, M. Roettger, S. Nelson-Sathi and W. F. Martin, ‘The physiology and habitat of the last universal common ancestor', *Nature Microbiology* 1 (2016) 16116. 一篇有爭議的論文。作者試圖解決糾結已久的水平基因轉移問題，並推衍最近共同祖先ＬＵＣＡ驚人的生理結構：一群持續生活在深海熱泉，介於無生物與生物的虛幻之境的簡單細胞。文中某些論點遭學界批判，不過作者倒是再次強調ＬＵＣＡ能利用質子梯度與含鐵硫的蛋白質，並以氫氣和二氧化碳維生。

R. Braakman and E. Smith, 'The emergence and early evolution of biological carbon fixation', *PLoS Computational Biology* 8 (2012) e1002455. 極巧妙的想法。作者嘗試結合系統發生和代謝流的分析結果，以「細胞必須能持續生長，因此必須擁有具功能的代謝網絡」此一規則限制並解釋生命系統最早的幾個支群。理論簡單，實踐困難，部分結論甚至有些牽強。但這項研究率先採用的分析方法勢必成為未來發展方向之一。

F. L. Sousa, T. Thiergart, G. Landan, S. Nelson-Sathi, I. A. C. Pereira, J. F. Allen, N. Lane and W. F. Martin, 'Early bioenergetic evolution', *Philosophical Transactions of the Royal Society B* 368 (2013) 20130088. 作者試圖以能量轉換機制限制並詳細解釋演化最初的幾個步驟。

乙醯輔酶Ａ路徑

M. J. Russell and W. Martin, 'The rocky roots of the acetyl-CoA pathway', *Trends in Biochemical*

Sciences 29 (2004) 358–363. 這篇論文猶如瑰寶。兩位作者指出金屬離子簇（尤其是鐵硫簇）在最原始的幾個代謝路徑中是無所不在的。

G. Fuchs, 'Alternative pathways of carbon dioxide fixation: insights into the early evolution of life?', *Annual Review of Microbiology* 65 (2011) 631–658. 目前已知的固碳路徑只有六種，弗格斯（Georg Fuchs）參與發現其中三種。弗格斯寫的這篇權威論文鉅細靡遺闡述這幾條路徑對生命發展初期的意義。基本上，這些路徑亦指出乙醯輔酶A和鐵氧還原蛋白在固碳反應的中心地位。

W. Nitschke, S. E. McGlynn, J. Milner-White and M. J. Russell, 'On the antiquity of metalloenzymes and their substrates in bioenergetics', *Biochimica et Biophysica Acta Bioenergetics* 1827 (2013) 871–881. 尼特舍克（Nitschke）原本是物理學家，後來轉向研究分子生物學。他對氧化還原蛋白的功能有著極深入的見解，另外也和羅素合作探討這些蛋白質在初始生命時期的出現時間。

莫羅維茨與反向克氏循環

Harold J. Morowitz, *Energy Flow in Biology* (New York, Academic Press, 1968). 莫羅維茨經典之作，介紹能量流與物質循環。雖然很難又都是數學，仍值得一讀。

Eric Smith and Harold J. Morowitz, *The Origin and Nature of Life on Earth: The Emergence of the Fourth Geosphere* (Cambridge, Cambridge University Press, 2016). 重量級巨著，堪稱莫羅維茨的

最後遺囑。由莫羅維茨與他的長期合作夥伴，腦袋跟他一樣聰明的史密斯合著。任何對生命起源真心感興趣的人，書架上都該留個位置給它。作者以令人欽羡的條理闡述想法，極其詳盡且不偏重任何一方。

J. Trefil, H. J. Morowitz and E. Smith, 'The origin of life. A case is made for the descent of electrons', *American Scientist* 206 (2009) 96–213. 嚴肅但深入淺出的短篇佳作。標題一語雙關，頗富趣味：不僅帶到熱力學，也影射達爾文的《人類起源》（*Descent of Man*）。

奧格爾與訴諸魔法

L. Orgel, 'Self-organizing biochemical cycles', *Proceedings of the National Academy of Sciences USA* 97 (2000) 12503–12507. 奧格爾寫這篇是為了反駁莫羅維茨，認為自組生化循環是「訴諸魔法」。在人生的最後一篇論文裡（死後發表），奧格爾似乎愛上這種措辭方式——誠如我在引言中引述的，他甚至說過這類循環是「豬也能飛上天」的化學謬論（*PLoS Biology* 6 (2008) e18）。

從核苷酸合成發想

S. A. Harrison and N. Lane, 'Life as a guide to prebiotic nucleo-tide synthesis', *Nature Communications* 9 (2018) 5176–5177. 哈里森在我的實驗室拿到博士學位，現在繼續跟著我做博士後研究。這篇精簡的論文陳述我們對「核苷酸合成」的看法（以金屬離子為催化劑，透過論文提到的生物路徑合成）。哈里森後來又以這種方式成功合成尿嘧啶（uracil），但那篇論文還沒完成，無法在此引用它。

魔法表面

G. D. Cody, N. Z. Boctor, R. M. Hazen, J. A. Brandes, H. J. Morowitz, H. S. Yodor Jr, 'Geochemical roots of autotrophic carbon fixation: hydrothermal experiments in the system citric acid, H_2O-(±FeS)-(±NiS)', *Geochimica et Cosmochimica Acta* 65 (2001) 3557–3576. 寇迪（George Cody）與莫羅維茨等人探討鐵硫礦物對克氏循環反應催化傾向的早期研究。

E. Camprubi, S. F. Jordan, R. Vasiliadou and N. Lane, 'Iron catalysis at the origin of life', *IUBMB Life* 69 (2017) 373–381. 一篇理論化學論文，想像反向克氏循環（克氏直線反應）在半導電性的鐵鎳硫礦物表面作用的詳細過程。

以甲烷菌為經緯

R. K. Thauer, A.-K. Kaster, H. Seedorf, W. Buckel and R. Hedderich, 'Methanogenic archaea: ecologically relevant differences in energy conservation', *Nature Reviews Microbiology* 6 (2008) 579–591. 陳述生物能量學在符合熱力學規則下維持生命運作的各種機制。通篇盡是珍貴的數據資料。

V. Sojo, B. Herschy, A. Whicher, E. Camprubi and N. Lane, 'The origin of life in alkaline hydrothermal vents', *Astrobiology* 16 (2016) 181–197. 我們以電子分岔和泵送機制起源為基礎，嘗試整合鹼性深海熱泉環境的生命起源和細菌、古菌演化分系概念。我們認為LUCA基本上跟甲烷菌有些類似，利用質子梯度並藉由能量轉換氫化酶與鐵氧還原蛋白固定二氧化碳。

酸鹼梯度

N. Lane, J. F. Allen and W. Martin, 'How did LUCA make a living? Chemiosmosis in the origin of life', *BioEssays* 32 (2010) 271–280. 我們努力想解決早期細胞何時，以及如何出現化學滲透耦合的問題。現在回想起來，我認為我們把太多注意力放在ATP上，不太關注對眾人關心或較有爭議的「固碳」問題。

N. Lane, 'Why are cells powered by proton gradients?', *Nature Education* 3 (2010) 18. 這是我針對這個問題及其可能解答的簡要整理，也是我以學生和一般科學讀者為對象所寫的系列短文的其中一篇。請讀者務必造訪「*Scitable*」這個實用的教育資源網站。

N. Lane and W. Martin, 'The origin of membrane bioenergetics', *Cell* 151 (2012) 1406–1416. 這篇論文集結一些頗重要的想法。若要我說，我會說這是我和馬丁激烈爭辯後的成果。個人頗感自豪。

B. Herschy, A. Whicher, E. Camprubi, C. Watson, L. Dartnell, J. Ward, J. R. G. Evans and N. Lane, 'An origin-of-life reactor to simulate alkaline hydrothermal vents', *Journal of Molecular Evolution* 79 (2014) 213–227. 一開始我們只是想打造一座「生命起源」反應爐，但大多數都失敗了。這篇算是論文集錦，包括一個最終冒出太多變數的系統重點整理。現在我們改用微流控技術了（microfluidics）。

N. Lane, 'Proton gradients at the origin of life', *BioEssays* 39 (2017) 1600217. 這是我對傑克森（Baz Jackson）的意見回覆，但傑克森不久之後就因為癌症病逝了。他在生前最後一段時間裡，對鹼性深海熱泉生命起源相當感興趣，也提出不少反論。我雖不同意他的觀點，但我也覺得其實我們不是非常了解彼此的領域和研究。很遺憾沒能與他見上一面，當面討論這些問題。

R. Vasiliadou, N. Dimov, N. Szita, S. Jordan and N. Lane, 'Possible mechanisms of CO_2 reduction by H2 via prebiotic vectorial electrochemistry', *Royal Society Interface Focus* 9 (2019) 20190073. 一篇立論詳實的論文，說明質子穿過鐵硫屏障的速度比反方向通過的氫氧離子快上兩百萬倍，因而產生非常劇烈的酸鹼梯度（一個奈米晶體的pH差值就能達到三或四度）。

R. Hudson, R. de Graaf, M. S. Rodin, A. Ohno, N. Lane, S. E. McGlynn, Y. M. A. Yamada, R. Nakamura, L. M. Barge, D. Braun and V. Sojo, 'CO_2 reduction driven by a pH gradient', *Proceedings of the National Academy of Sciences USA* 117 (2020) 22873–22879. 學界首度提出強而有力的證據，證明具有半導電性的跨屏障質子梯度確實能促進電子從一側的氫氣轉移至另一側的二氧化碳上，形成有機

分子（論文的例子是甲酸）。

深海熱泉與原始細胞誕生

T. M. McCollom, G. Ritter and B. R. Simoneit, 'Lipid synthesis under hydrothermal conditions by Fischer–Tropsch-type reactions', *Origins of Life and Evolution of Biospheres* 29 (1999) 153–166.麥柯倫（McCollom）等人從高溫高壓環境下的甲酸著手，成功製出與生命起源有關的長鏈碳水化合物、胺基酸及醇類。令人不解的是，這類反應只會在不鏽鋼反應槽內發生，玻璃製的不行。

S. F. Jordan, H. Rammu, I. Zheludev, A. M. Hartley, A. Marechal and N. Lane, 'Promotion of protocell self-assembly from mixed amphiphiles at the origin of life', *Nature Ecology & Evolution* 3 (2019) 1705–1714. 我們意外地發現，鹼性深海熱泉環境實際上有利於還未成生物的脂肪酸和脂肪醇混合物逐漸聚集，形成「原始細胞」（雙層脂膜包住的水性空間）。

S. F. Jordan, E. Nee and N. Lane, 'Isoprenoids enhance the stability of fatty acid membranes at the emergence of life potentially leading to an early lipid divide', *Royal Society Interface Focus* 9 (2019) 20190067. 細胞膜由脂質組成的原始細胞（如細菌）比較傾向黏附在礦物表面，而膜內混有異戊二烯者（如古菌）則無此傾向。真不可思議。應該和細胞膜曲度有關。

S. F. Jordan, I. Ioannou, H. Rammu, A. Halpern, L. K. Bogart, M. Ahn, R. Vasiliadou, J. Christodoulou,

A. Maréchal and N. Lane, 'Spontaneous assembly of redox-active iron–sulfur clusters at low concentrations of cysteine', *Nature Communications* 12 (2021) 5925. 我們證明，鐵氧還原蛋白（促進細胞固碳）所含的生物性鐵硫簇能在生物前的環境條件下自然形成。

T. West, V. Sojo, A. Pomiankowski and N. Lane, 'The origin of heredity in protocells', *Philosphical Transactions of the Royal Society B* 372 (2017) 20160419. 我認為這篇論文很重要，但它始終不受青睞。我們的研究顯示有機分子（脂肪酸和胺基酸）和鐵硫簇之間的正向回饋能推動某種形式的膜遺傳性，讓原始細胞自我複製的能力愈來愈上手。這也是我們現階段思考遺傳密碼起源的基礎。

R. Nunes Palmeira, M. Colnaghi, S. Harrison, A. Pomiankowski and N. Lane, 'The limits of metabolic heredity in protocells', available on *BioRxiv* (https://doi.org/I0.II0I/2022.0I.28.477904). 進一步探討原始細胞的正向回饋與自催化反應。作者認為僅有一般形式的催化反應是有用的，因為它們能平衡原始細胞生長所需的一些原始代謝路徑。

深海熱泉能量流

J. P. Amend and T. M. McCollom, 'Energetics of biomolecule synthe-sis on early Earth', in L. Zaikowski *et al.* (eds), *Chemical Evolution II: From the Origins of Life to Modern Society* (American Chemical

Society, 2009) pp. 63–94. 怎麼想怎麼興奮：從熱力學的角度來看，氫氣、二氧化碳混合物和細胞，哪種比較穩定？答案是細胞。這就是生命存在的原因。

J. P. Amend, D. E. LaRowe, T. M. McCollom and E. L. Shock, 'The energetics of organic synthesis inside and outside the cell', *Philosophical Transactions of the Royal Society B* 368 (2013) 20120255. 更多關於阿曼德（Amend）和麥柯倫研究深海熱泉系統的生命前化學熱力學現象，「教父級」的舒克（Everett Shock）亦共襄盛舉。舒克說過一句令人發噱卻又難忘的話：「靠氫氣和二氧化碳過活等於付錢吃免費午餐。」

W. F. Martin, F. L. Sousa and N. Lane, 'Energy at life's origin', *Science* 344 (2014) 1092–1093. 簡要說明生命何以指定深海熱泉為萌發之地。好一把奧坎剃刀。

A. Whicher, E. Camprubi, S. Pinna, B. Herschy and N. Lane, 'Acetyl phosphate as a primordial energy currency at the origin of life', *Origins of Life and Evolution of Biospheres* 48 (2018) 159–179. 我們選擇乙醯磷酸鹽作為生物前能量貨幣的首次實驗：它在醣磷酸化這方面表現相當不錯，換成胺基酸就變成大災難了。

S. Pinna, C. Kunz, S. Harrison, S. F. Jordan, J. Ward, F. Werner and N. Lane, 'A prebiotic basis for ＡＴＰ as the universal energy currency', *BioRxiv* https://doi.org/10.1101/2021.10.06.463298 (2021). 乙醯磷酸鹽的獨特之處是能在水中將ＡＤＰ磷酸化，變成ＡＴＰ，其他的核苷二磷酸鹽卻沒辦

法依樣畫葫蘆。真是太神奇了。這顯示ATP獨特的生物前化學性質應該是它能成為通用能量貨幣的原因。

第四章　革命

寒武紀大爆發

Stephen Jay Gould, *Wonderful Life: The Burgess Shale and the History of Nature* (New York, W. W. Norton, 1989). 這書滿好讀的，應該能吸引有志進入古生物界的年輕人。不過作者的論點不怎麼禁得起考驗，而且也把這書的中心主旨推得太遠了。

Daniel C. Dennett, *Darwin's Dangerous Idea: Evolution and the Meanings of Life* (New York, Simon & Schuster, 1995). 讀了這本書以後，我才明白犀利的哲學思考能給科學辯論帶來多大的啟示。作者甚至批評了幾位生物界大老，包括古爾德對寒武紀大爆發的看法，教人耳目一新。

M. A. S. McMenamin, 'Cambrian chordates and vetulicolians', *Geosciences* 9 (2019) 354. 一篇實用的寒武紀早期脊索動物更新版資料，卻少了所有動物出現的估計地質年代（你得自己去查引用文獻），太慘了。

J. Y. Chen, D. Y. Huang and C. W. Li, 'An early Cambrian craniate-like chordate', *Nature* 402 (1999) 518–522. 關於中國帽天山頁岩的一些新發現。相關人士隱諱表示：「這些發現會讓無脊椎過渡

到脊椎的演化爭論更加激烈。」

S. Conway Morris, 'Darwin's dilemma: the realities of the Cambrian "explosion"', *Philosophical Transactions of the Royal Society B* 361 (2006) 1069–1083. 作者以輕鬆口吻分析寒武紀何以大爆發。他因為古爾德的《奇妙生命》（*Wonderful Life*）而出名，後來忿忿不平地寫了《創造生命的熔爐》（*The Crucible of Creation*, Oxford, Oxford University Press, 1998）澄清並回應。

氧氣

Donald E. Canfield, *Oxygen: A Four Billion Year History* (Princeton, Princeton University Press, 2014). 作者是研究地球早期歷史的專家。他興致勃勃，一心想和讀者分享科學家究竟是如何探知數十億年前的大氣與海洋組成。好書。

Nick Lane, *Oxygen: The Molecule that Made the World* (Oxford, Oxford University Press, 2002). 我自己對氧進化史的看法，成書於二〇〇二年。近二十年來氣候劇變，大氣中的氧卻無太大變化；雖然我不再完全同意自己當時的看法（有些人反而認為我現在的想法才是錯的），這本書的題材仍生動有趣。

Andrew H. Knoll, *Life on a Young Planet: The First Three Billion Years of Life on Earth* (Princeton, Princeton University Press, 2003). 滿滿第一手資料的權威著作，愈讀愈來勁。作者深具洞見，巧

妙結合地質學與生物學，藉此告訴大家要想了解數十億年前的世界實在太困難了。作者無疑是古生物學界倍受景仰與喜愛的人物之一。

N. J. Butterfield, 'Oxygen, animals and oceanic ventilation: an alternative view', *Geobiology* 7 (2009) 1–7. 作者痛斥將環境劇變簡單推給氧氣出現的撿現成主張。很有意義的一篇糾正文。

O. Judson, 'The energy expansions of evolution', *Nature Ecology and Evolution* 1 (2017) 0138. 作者從生命起源到光合作用、氧和火，全面探討一連串能量革命如何在地球上變出生命。

電子分岔

W. Buckel and R. K. Thauer, 'Flavin-based electron bifurcation, ferredoxin, flavodoxin, and anaerobic respiration with protons (Ech) or NAD^+ (Rnf) as electron acceptors: a historical review', *Frontiers in Microbiology* 9 (2018) 401. 名列生物能量學發展史極重要的歷史回顧之一（不只生物能量學，還包括微生物學）。兩位作者都是該領域的頂尖科學家，他們大半個世紀都在努力解決這個問題。

瑪格麗特．戴霍夫與琳恩．馬古利斯

M. O. Dayhoff, R. V. Eck, E. R. Lippincott and C. Sagan, 'Venus: atmospheric evolution', *Science* 155 (1967) 556–558. 戴霍夫和薩根的合作題目之一，計算金星大氣成分，同時排除金星大氣含有任

何有機分子的可能性。鑑於科學家近年在金星大氣發現磷化氫氣體（這點仍有爭議），這篇讀來頗為中肯，別具意義。

R. V. Eck and M. O. Dayhoff, 'Evolution of the structure of ferredoxin based on living relics of primitive amino acid sequences', *Science* 152 (1966) 363–366. 我鍾愛的論文之一。科學演繹傑作。

R. M. Schwartz and M. O. Dayhoff, 'Origins of prokaryotes, eukaryotes, mitochondria, and chloroplasts. A perspective is derived from protein and nucleic acid sequence data', *Science* 199 (1978) 395–403. 戴霍夫逐漸站穩學界，從容處理和原核生物起源有關的所有問題。

J. Barnabas, R. M. Schwartz and M. O. Dayhoff, 'Evolution of major metabolic innovations in the Precambrian', *Origins of Life* 12 (1982) 81–91. 戴霍夫最後發表的經典之作，描繪生命之樹的盤根錯節，該文也支持馬古利斯關於粒線體和葉綠體的細菌祖先推論。

L. Sagan, 'On the origin of mitosing cells', *Journal of Theoretical Biology* 14 (1967) 225–274. 一篇以行星尺度重新定義細胞演化的精采論文。雖然作者的論點不見得全部正確，但這在科學上很常見，亦頗具啟發意義並獲得應有的關注。馬古利斯發表這篇論文時才剛跟薩根離婚，因此論文上還是夫姓。

N. Lane, 'Serial endosymbiosis or singular event at the origin of eukaryotes?', *Journal of Theoretical Biology* 434 (2017) 58–67. 我對馬古利斯之於細胞演化的學術評論。這篇是為了五十週年特輯所

寫的。馬古利斯一九六七年以探討真核生物起源為題所發表的那篇經典論文，就是發表在這份期刊上。有此機會共襄盛舉，深感榮幸。

細菌的代謝與互養共棲行為

P. Schönheit, W. Buckel and W. F. Martin, 'On the origin of heterotrophy', *Trends in Microbiology* 24 (2016) 12–25. 這是一篇很重要的論文。作者清楚闡述地球為何幾乎不可能出現其他種類的異營生物（以有機分子為食）。精簡的傑作。

S. E. McGlynn, G. L. Chadwick, C. P. Kempes and V. J. Orphan, 'Single cell activity reveals direct electron transfer in methanotrophic consortia', *Nature* 526 (2015) 531–535. 一篇文采與技術相得益彰的好文。作者指出，緊密糾結的細胞會形成一定數量（符合最佳化學計量原則），型態特定的細胞團塊，互相傳遞電子。

E. Libby, L. Hébert-Dufresne, S.-R. Hosseini and A. Wagner, 'Syntrophy emerges spontaneously in complex metabolic systems', *PLoS Computational Biology* 15 (2019) e1007169. 作者認為，獨立細胞若因突變導致部分退化，即可能產生互養共棲（syntrophy）的代謝行為。真妙。

Paul G. Falkowski, *Life's Engines: How Microbes made the Earth Habitable* (Princeton, Princeton University Press, 2015). 這書是寫給一般讀者看的，作者從生命引擎的角度——即蛋白質機件和

細菌菌落推動演化——闡述生命史。作者是該領域佼佼者，他在書裡放了許多有關光合作用以及不同群體共生的好材料。

生機黎明

J. Allen and W. Martin, 'Out of thin air', *Nature* 445 (2007) 610–612. 這短文讓人眼睛一亮，闡述氧化還原切換假說和能促成產氧光合作用的Z路徑的由來。

Nick Lane, *Life Ascending: The Ten Great Inventions of Evolution* (London, Profile Books and New York, W. W. Norton, 2009). 如果各位不太熟悉我在本書提到的「Z路徑」，不妨翻翻我在《生命的躍升》講光合作用的章節：我把主軸放在亞倫（John Allen）的「氧化還原切換」假設，花了一整章描述Z路徑的演化始末。

Nick Lane, *Building with Light: Primo Levi, Science and Writing* (Centro internazionale di studi Primo Levi, 2012). 一段不尋常的故事，故事本身會說話。化學家李維（Primo Levi）的公子倫佐（Renzo）向我邀稿。李維是了不起的作家，為人值得敬佩。大家都應該去讀他寫的《週期表》（*The Periodic Table*）。可上網閱讀全文：www.primolevi.it/en/primo-levi-science-writer。

Tim Lenton and Andrew Watson, *Revolutions that Made the Earth* (Oxford, Oxford University Press, 2013). 作者詳盡陳述地球系統（蓋亞）如何隨著環境條件改變，從某個穩定系統徹底翻轉

成另一個穩定系統，有時甚至是突然改變。蘭登（Lenton）和華森（Watson）身為洛夫洛克（Lovelock）的徒子徒孫，三代學人以博班導師、學生接續傳承，他們倆肯定非常明白自己闡述的論點。

H. C. Betts, M. N. Puttick, J. W. Clark, T. A. Williams, P. C. J. Donoghue and D. Pisani, 'Integrated genomic and fossil evidence illuminates life's early evolution and eukaryote origin', *Nature Ecology and Evolution* 2 (2018) 1556–1562. 這個來自布里斯托的團隊成員都是當今最傑出的系統發生學家，這篇論文則利用相當複雜的方法揭開早期演化的大量細節，針對藍綠菌、真核細胞、藻類和最近共同祖先ＬＵＣＡ的演化時機還有細菌及古菌的冠群做出一系列大膽推論。

T. Oliver, P. Sánchez-Baracaldo, A. W. Larkum, A. W. Rutherford and T. Cardona, 'Time-resolved comparative molecular evolution of oxygenic photosynthesis', *Biochimica et Biophysica Acta Bioenergetics* 1862 (2021) 148400. 我實在忍不住想引用這幾個人共同發表的這篇論文，這群無畏又傑出的研究人員對產氧光合作用的早期起源有著相當不一樣的看法。雖然我認為他們的想法不見得正確，但假如他們是對的，肯定徹底撼動早期演化的基礎。如此想來總令我心情激動。科學界就是需要更多這種勇於挑戰的思維。

舒拉姆難題

G. A. Shields, 'Carbon and carbon isotope mass balance in the Neoproterozoic Earth system', *Emerging Topics in Life Sciences* 2 (2018) 257–265. 各位可能覺得質量平衡很無聊，但如果加總起來不平衡，世上的一切都說不通了。席爾茲以質量平衡為基礎，重新分析有哪些因素會影響氧在大氣累積的濃度。

G. A. Shields, B. J. W. Mills, M. Zhu, T. D. Raub, S. J. Daines and T. M. Lenton 'Unique Neoproterozoic carbon isotope excursions sustained by coupled evaporite dissolution and pyrite burial', *Nature Geoscience* 12 (2019) 823–827. 席爾茲思考硫酸在新基生代氧化事件（ＮＯＥ）與寒武紀大爆發的角色，清楚推斷黃鐵礦埋藏的過程。他可能說對了。

S. K. Sahoo, N. J. Planavsky, G. Jiang, B. Kendall, J. D. Owens, X. Wang, X. Shi, A. D. Anbar and T. W. Lyons, 'Oceanic oxygenation events in the anoxic Ediacaran ocean', *Geobiology* 14 (2016) 457–468. 作者根據地質紀錄，精確分析新基生代（Neoproterozoic era）與進入寒武紀前的氧化事件的確切發生時間。詳盡到位。

G. Shields-Zhou and L. Och, 'The case for a Neoproterozoic oxygenation event: geochemical evidence and biological consequences', *GSA Today* 21 (2011) 4–11. 作者彙整新基生代晚期氧濃度升高可能和寒武紀大爆發有關的證據。真不簡單！

自主換氣

A. H. Knoll, R. K. Bambach, D. E. Canfield and J. P. Grotzinger, 'Comparative earth history and late Permian mass extinction', *Science* 273: 452–457 (1996). 這篇文章對我啟發不少。作者認為二疊紀末大滅絕的倖存者並非隨機之選，主要都是一些能自主呼吸換氣的動物。

S. D. Evans, I. V. Hughes, J. G. Gehling and M. L. Droser, 'Discovery of the oldest bilaterian from the Ediacaran of South Australia', *Proceedings of the National Academy of Sciences USA* 117 (2020) 7845–7850. 頂多幾公釐長的小型雙側對稱動物鑽過泥濘，留下生痕化石，大約介於五億五千萬年至五億六千萬年前的舒拉姆時期。

William F. Martin, Aloysius G. M. Tielens and Marek Mentel, *Mitochondria and Anaerobic Energy Metabolism in Eukaryotes: Biochemistry and Evolution* (Berlin, De Gruyter, 2020). 真核生物（包括動物）在缺氧或幾近缺氧環境生存的生化與生理對策。適用於所有氧濃度逐漸上升的環境條件。

S. Song, V. Starunov, X. Bailly, C. Ruta, P. Kerner, A. J. M. Cornelissen and G. Balavoine, 'Globins in the marine annelid *Platynereis dumerilii* shed new light on hemoglobin evolution in bilaterians', *BMC Evolutionary Biology* 20 (2020) 165. 早在我們所知的「血液」演化出現以前，「Urbilaterian」這種動物（所有雙側對稱動物的共同祖先）就已經擁有至少五種血紅素基因了。

分叉的克氏循環

Laurence A. Moran, Robert Horton, Gray Scrimgeour and Marc Perry, *Principles of Biochemistry*, 5th edn (London, Pearson, 2011). 少數幾本認真處理演化問題的生化教科書之一。莫朗（Moran）的部落格「*Sandwalk*」（取自達爾文故居的散步小徑）資訊超多，文筆幽默，棒得不得了。在此大力推薦，請各位務必拜讀。

C. Da Costa and E. Galembeck, 'The evolution of the Krebs cycle: a promising subject for meaningful learning of biochemistry', *Biochemistry and Molecular Biology Education* 44 (2016) 288–296. 一篇深思熟慮，立論平衡的好文。所有教授克氏循環的人都應該讀一讀。

D. G. Ryan, C. Frezza and L. A. J. O'Neill, 'TCA cycle signalling and the evolution of eukaryotes', *Current Opinion in Biotechnology* 68 (2021) 72–88. 我是在寫完這本書之後才讀到這篇論文的。若能早點發現，我一定會在書裡多聊聊這篇文章。作者主張，克氏循環中間產物對宿主細胞及內共生物「原粒線體」（proto-mitochondria）的互動串連極為重要，進而發展成基因體大而複雜的真核細胞。他們的想法肯定是對的。

L. J. Sweetlove, K. F. Beard, A. Nunes-Nesi, A. R. Fernie and R. G. Ratcliffe, 'Not just a circle: flux modes in the plant TCA cycle', *Trends in Plant Sciences* 15 (2010) 462–470. 一篇分析多種克氏循環流的有趣文章，也是史維勒思考「植物為何需要代謝流快速通過克氏循環以利生長，更甚供

能」的系列論文之一。因為植物能透過葉綠體產生ＡＴＰ，故粒線體大多被視為負責生合成的胞器。

第五章　走進黑暗

致癌基因與腫瘤抑制基因

Robert A. Weinberg, *One Renegade Cell: The Quest for the Origins of Cancer* (Science Masters Series) (New York, Basic Books, 1998). 經典之作，呈現正常細胞如何被自私的癌細胞和多種基因的偶然組合推上變節之路。

D. Hanahan and R. A. Weinberg, 'The hallmarks of cancer', *Cell* 100 (2000) 57–70.《*Cell*》這類期刊的高ＩＦ值（影響指數）就是這麼來的。這篇文章被引用超過四萬次，十一年後的續篇（'Hallmarks of cancer: the next generation', *Cell* 144 (2011) 646–674）更高達近六萬次引用。差不多是當代對癌症最接近普世標準的觀點了。

Pan-Cancer Analysis of Whole Genomes. 'A collection of research and related content from the ICGC/TCGA consortium on whole-genome sequencing and the integrative analysis of cancer', *Nature Special* (5 February 2020). 這本專刊的論文大多可公開取得，包括一篇同名旗艦文獻。但我總是有種他們在促銷自家期刊的感覺，這本跟之前的ＥＮＣＯＤＥ特輯很像。大數據科學容不下矛

盾。但這樣還算科學嗎？

Robin Hesketh, *Betrayed by Nature: The War on Cancer* (New York, Palgrave Macmillan, 2012). 這書很有意思，作者以嚴肅但幽默的方式探討癌症科學，深入淺出說明癌症遺傳基礎，適合想多了解這個領域的讀者。作者稍微帶過我在本書提到的代謝觀點，甚至暗示瓦爾堡說不定會很高興我們終於發現「代謝擾動是癌細胞的一項特徵（即使不是全部，大部分皆如此）」。我覺得這種沒營養的恭維大概會讓瓦爾堡直接發飆吧。

突變引發癌症的反證

P. Rous, 'Surmise and fact on the nature of cancer', *Nature* 183 (1959) 1357–1361. 這篇算是對癌症的體細胞突變論的大力抨擊，同年作者獲頒諾貝爾獎（研究病毒的致癌角色）。文中也對瓦爾堡的多篇論文表達相當程度的不滿，雙方觀點大相逕庭。當然，科學界在這半個多世紀以來風向不變，但他這篇文章的最後幾句話讀來仍教人不太舒服：「最嚴重的是，體細胞突變論影響了許多研究人員，讓那些相信這套論述的人像打了鎮靜劑一樣。每個人都應該再一次為自己對癌症的無知感到憤怒。」

S. G. Baker, 'A cancer theory kerfuffle can lead to new lines of research', *Journal of the National Cancer Institute* 107 (2015) dju405. 一篇觀點平衡的好文。作者從勞斯（Peyton Rous）切入，觸及多項

無法以體細胞突變論解釋的證據（包括核轉移和組織移植）。他甚至引用物理學家波耳的名言「真高興我們發現矛盾了。這表示我們就快要有點進展了。」

T. N. Seyfried, 'Cancer as a mitochondrial metabolic disease', *Frontiers in Cell and Developmental Biology* 3 (2015) 43. 另一篇指出體細胞突變論何以很難解釋癌症的文章。讀者不一定要接受替代假說，也能看出主流觀點是有問題的。

A. M. Soto and C. Sonnenschein, 'The somatic mutation theory of cancer: growing problems with the paradigm?', *BioEssays* 26 (2004) 1097–1107. 作者指出不少問題並提出一套名為「組織場論」（TOFT）的替代假說，文中提到的概念彼此不衝突。事實上，觀念無法一體適用並不代表觀念本身完全是錯的。

Robin Holliday, *Understanding Ageing* (Cambridge, Cambridge University Press, 1995). 這書寫得極好，提供相當全面且完整的老化觀點，包括一些不支持體細胞突變堆積會導致衰老或老化相關疾病（譬如癌症）的證據。

C. A. Rebbeck, A. M. Leroi and A. Burt, 'Mitochondrial capture by a transmissible cancer', *Science* 331 (2011) 303. 這篇論文有點怪，瘋瘋癲癲的。作者竟然表示狗、狼和土狼的某些癌症會經由咬傷傳染；而且為了在宿主體內順利生存，腫瘤細胞還會竊用宿主的粒線體。

瓦爾堡

H. A. Krebs, 'Otto Heinrich Warburg. 1883–1970', *Biographical Memoirs of Fellows of the Royal Society* 18 (1972) 628–699. 我在第一章提過，克雷布斯以紳士風度讚揚瓦爾堡的偉大成就，同時委婉陳述這位指導老師不太討人喜歡的一面。

A. M. Otto, 'Warburg effect(s)—a biographical sketch of Otto Warburg and his impacts on tumor metabolism', *Cancer & Metabolism* 4 (2016) 5. 作者大量提及瓦爾堡當年對癌症的想法，風格生動，見解獨到。值得關心癌症議題的讀者找來讀一讀。

Martin D. Kamen, *Radiant Science, Dark Politics. A Memoir of the Nuclear Age* (Berkeley, University of California Press, 1985). 我在第二章已特別提過這一段，但還是想再強調一次。凱曼描述他於戰後造訪美國，被愛默生拎著去見瓦爾堡。

G. M. Weisz, 'Dr Otto Heinrich Warburg – survivor of ethical storms', *Rambam Maimonides Medical Journal* 6 (2015) e0008. 挺有意思的短片。訪問有著猶太血統的瓦爾堡何以能在納粹德國僥倖活下來。

John N. Prebble, *Searching for a Mechanism: A History of Cell Bioenergetics* (Oxford, Oxford University Press, 2019). 作者再度寫出科學史巨著，提及瓦爾堡和凱林之間的長期不和，有人甚至認為兩人不合導致凱林與他應得的諾貝爾獎失之交臂。作者還在瓦爾堡的諾貝爾獲獎感言中發現他對凱林似乎有些輕蔑。

Michael S. Rosenwald, 'Hitler's mother was "the only person he genuinely loved." Cancer killed her decades before he became a monster', *Washington Post*, 20 April 2017. 一段有趣的故事，解釋希特勒為何如此懼怕癌症，卻也讓瓦爾堡得以在德國生存，並促成希特勒母親的猶太醫師布洛赫順利逃出德國。

Govindjee, 'On the requirement of minimum number of four versus eight quanta of light for the evolution of one molecule of oxygen in photosynthesis: a historical note', *Photosynthesis Research* 59 (1999) 249–254.作者又來講故事了，說的是愛默生和他的指導老師瓦爾堡之間的故事。這回是愛默生有理。

E. Höxtermann, 'A comment on Warburg's early understanding of biocatalysis', *Photosynthesis Research* 92 (2007) 121–127. 寶貴的歷史背景脈絡，讓我們一探瓦爾堡何以如此反對呼吸與光合作用更複雜的酵素催化形式，終而使得他愈來愈狹隘妄想。這使我想起哈洛德（Frank Harold）說過，科學家應該努力保持心胸開放，事事懷疑的態度。

瓦爾堡和他對癌症的批評

Otto Warburg, *Über den Stoffwechsel der Tumoren* (Berlin, Springer, 1926). Translated as *The*

Metabolism of Tumours (London, Arnold Constable, 1930). 瓦爾堡發表的第一篇癌症論文，顯示乳酸在癌細胞內大量堆積的現象；這篇也成為他後來數十年癌症研究的基礎。

O. Warburg, 'On the origin of cancer cells', *Science* 123 (1956) 309– 314. 這是我在書裡詳述引用的那篇發燒文。瓦爾堡的全文值得一讀。

Otto Heinrich Warburg, *The Prime Cause and Prevention of Cancer* (Würzburg, Konrad Triltsch, 1969). 一篇著名宣言，延續瓦爾堡在《自然》發表的內容。這本小冊子前身是他一九六六年林道諾貝爾獎得主大會上的演講內容，後來經瓦爾堡的長期合作夥伴柏克（Dean Burk）協助譯成英文（給酵素動力學的粉絲：他就是「雙倒數圖」和酶動力學「萊恩威弗－伯克圖示法」〔Lineweaver–Burk plot〕的那個「伯克」）。典型的瓦爾堡風格。

B. Chance, 'Profiles and legacies. Was Warburg right? Or was it that simple?', *Cancer Biology & Therapy* 4 125–(2005) 126. 強斯對瓦爾堡的嚴厲批評。強斯是生化學界首位少數在開發實驗技巧方面能與瓦爾堡平起平坐的大師之一（他還拿過奧運帆船金牌）。全文措詞精簡，目標明確。

S. Weinhouse, 'The Warburg hypothesis fifty years later', *Zeitschrift für Krebsforschung* 87 (1976) 115–126. 五十年後翻舊帳，寫於瓦爾堡過世之後。瓦爾堡關於癌症的見解之所以不再受青睞，韋恩豪斯和強斯要負最大責任；但諷刺的是，學界得以在三十年後重新檢視瓦爾堡的見解，再次發現它們在癌細胞代謝方面的重要意義，同樣也得歸功於這兩個人。

重新詮釋瓦爾堡效應

M. G. Vander Heiden, L. C. Cantley and C. B. Thompson, 'Understanding the Warburg effect: the metabolic requirements of cell proliferation', *Science* 324 (2009) 1029–1033. 大師之作。在我看來，作者完全抓到瓦爾堡效應的要義：生長（就連瓦爾堡自己都沒看透）。依我在本文討論過的幾點理由，老化會稍微抑制細胞呼吸，導致代謝重整，使之轉為「生長」的表現型——體重增加，癌變的機率也變高。

P. S. Ward and C. B. Thompson, 'Metabolic reprogramming: a cancer hallmark even Warburg did not anticipate', *Cancer Cell* 21 (2012) 297–308. 湯普森又一大作。這回他討論的是能證明克氏循環中間產物等物質的代謝方式可能經由「改變細胞訊號，阻斷細胞分化」導向癌變，賦予癌症「核心標誌」的一些證據。論理和證據俱足。

D. C. Wallace, 'Mitochondria and cancer', *Nature Reviews Cancer* 12 (2012) 685–698. 我在這一章並未刻意強調華萊士在癌症方面的研究，因為我會在第六章充分討論他對癌症的見解。但這真的不需要我說：華萊士無疑是呼籲「探討癌症不能不重視粒線體研究」最重要的倡導者之一。

古老開關

P. W. Hochachka and K. B. Storey, 'Metabolic consequences of diving in animals and man', *Science* 187

(1975) 613–621. 潛水動物如何在長時間缺氧的情況下存活？這篇論文提到反丁烯二酸和琥珀酸在無氧代謝的重要地位。這是比較生化學大師和他的得意門生合作發表的遠見之作。

D. G. Ryan, M. P. Murphy, C. Frezza, H. A. Prag, E. T. Chouchani, L. A. O'Neill and E. L. Mills, 'Coupling Krebs cycle metabolites to signalling in immunity and cancer', *Nature Metabolism* 1 (2019) 16–33. 我這本書幾乎完全沒提到免疫系統，太遺憾了。誠如這一篇和米爾斯（Mills）和歐尼爾（O'Neill）聯袂發表的幾篇論文所提，克氏循環中間產物及其衍生物（尤其是「衣康酸」〔itaconate〕）已逐漸占據免疫調節的中心地位。我忍不住要提一下跟粒線體有關的這篇：B. Kelly and L. A. J. O'Neill, 'Mitochondria are the powerhouses of immunity', *Nature Immunology* 18 (2017) 488 –498。

C. Frezza and E. Gottlieb, 'Mitochondria in cancer: not just innocent bystanders', *Seminars in Cancer Biology* 19 (2009) 4–11. 作者以史實為基礎，概述瓦爾堡效應並輔以客觀證據評論。弗列扎和湯普森的重點同樣放在癌細胞的生長需求，認為克氏循環中間產物的功能比較偏向生合成前驅物，而非供應能量。

C. Frezza, 'Metabolism and cancer: the future is now', *British Journal of Cancer* 122 (2020) 133–135. 弗列扎吹響戰鬥號角，癌細胞代謝研究從此成為主流。

癌細胞缺氧

E. T. Chouchani, V. R. Pell, E. Gaude *et al.*, 'Ischaemic accumulation of succinate controls reperfusion injury through mitochondrial ROS', *Nature* 515 (2014) 431–435. 一篇讓人心情激動，為心臟病發到器官移植等病例的「再灌流損傷」拍板定調的論文。雖然不見得每個人都同意這篇的論點，但這類論文確實能重燃新一代科學家對老問題的熱情。這篇跟我二十年前的博論毫不相違。

I. H. Jain, L. Zazzeron, R. Goli *et al.*, 'Hypoxia as a therapy for mitochondrial disease', *Science* 352 (2016) 54–61. 穆薩（Vamsi Mootha）等人頗具啟發意義的論文。證據強烈顯示活性氧確實會在受損的粒線體引發一些問題，然而，若是住在條件相當於喜瑪拉雅山基地營的「低氧帳」就能抵消這種效應。這個辦法在小鼠身上有效，人類可就沒這麼容易了。

癌細胞與麩醯胺酸

H. Eagle, 'Nutrition needs of mammalian cells in tissue culture', *Science* 122 (1955) 501–514. 首批指出癌細胞嗜用麩醯胺酸的論文之一。作者用的是海拉細胞（HeLa cells）。提到海拉細胞，我太想推薦各位去看斯克魯特（Rebecca Skloot）寫的重量級著作《海拉細胞的不死傳奇》（*The Immortal Life of Henrietta Lacks*, Pan, 2011），海拉細胞就是以故事主角命名的。這本書也讓大家開始關注歷史謬誤問題。

S. L. Colombo, M. Palacios-Callender, N. Frakich, S. Carcamo, I. Kovacs, S. Tudzarova and S. Moncada, 'Molecular basis for the differential use of glucose and glutamine in cell proliferation as revealed by synchronized HeLa cells', *Proceedings of the National Academy of Sciences USA* 108 (2011) 21069–21074. 這篇論文證明癌細胞就算沒有葡萄糖也能生長，但沒有麩醯胺酸的話就完蛋了。癌細胞也需要粒線體，於是海拉細胞又上場了。

S. Ochoa, 'Isocitrate dehydrogenase and carbon dioxide fixation', *Journal of Biological Chemistry* 159 (1945) 243–244. 偉大的西班牙生化學家奧喬亞在一篇劃時代論文中指出動物可以稍微反轉克氏循環，以此固定二氧化碳。

A. Mullen, W. Wheaton, E. Jin *et al.*, 'Reductive carboxylation supports growth in tumour cells with defective mitochondria', *Nature* 481 (2012) 385–388. 這篇重要論文首度指出癌細胞的部分克氏循環能反向運作，固定二氧化碳，從 α 酮戊二酸生成檸檬酸。動物固碳和反向克氏循環已非新聞，所以這也應該不是新鮮事了。嚴格說來，這種情況只發生在粒線體有缺陷，會阻撓一般正向循環流的腫瘤細胞。

S. M. Fendt, E. L. Bell, M. A. Keibler, B. A. Olenchock, J. R. Mayers, T. M. Wasylenko, N. I. Vokes, L. Guarente, M. G. Vander Heiden and G. Stephanopoulos, 'Reductive glutamine metabolism is a function of the α-ketoglutarate to citrate ratio in cells', *Nature Communications* 4 (2013) 2236. 「濃

度比」在生物化學是很重要的概念。克氏循環會以哪種方式運轉？各位不妨以 α 酮戊二酸和檸檬酸的濃度比為基礎，試算看看。

A. R. Mullen, Z. Hu, X. Shi, L. Jiang, L. K. Boroughs, Z. Kovacs, R. Boriack, D. Rakheja, L. B. Sullivan, W. M. Linehan, N. S. Chandel and R. J. DeBerardinis, 'Oxidation of alpha-ketoglutarate is required for reductive carboxylation in cancer cells with mitochondrial defects', *Cell Reports* 7 (2014) 1679–1690.

太複雜了！α 酮戊二酸必須氧化才能轉成檸檬酸？正好相反！也就是說，一定還有其他分流會通過克氏循環。差不多該把癌細胞（說得更普遍一點就是生物體）都有「正常」克氏循環的觀念給扔掉了。

NADPH與細胞動力

L. A. Sazanov and J. B. Jackson, 'Proton-translocating trans-hydrogenase and NAD-and NADP-linked isocitrate dehydrogenases operate in a substrate cycle which contributes to fine regulation of the tricarboxylic acid cycle activity in mitochondria', *FEBS Letters* 344 (1994) 109–116. 有意思的論文。顯示克雷布斯循環如何透過渦輪循環增壓。

M. Wagner, E. Bertero, A. Nickel, M. Kohlhaas, G. E. Gibson, W. Heggermont, S. Heymans and C. Maack, 'Selective NADH communication from α-ketoglutarate dehydrogenase to mitochondrial transhydrogenase prevents reactive oxygen species formation under reducing conditions in the heart', *Basic Research in Cardiology* 115 (2020) 53. ＮＡＤＨ累積過多會轉成ＮＡＤＰＨ，後者能降低膜電位，重新生成抗氧化劑穀胱甘肽。這是短時間利用ＮＡＤＨ的一個好辦法（但好過頭未必是福啊）。

去乙醯酶和表觀遺傳切換

S.-i. Imai and L. Guarente, 'It takes two to tango: NAD^+ and sirtuins in aging/longevity control', *Aging and Mechanisms of Disease* 2 (2016) 16017. 關於去乙醯酶控制ＮＡＤ$^+$濃度與基因表現的近期研究整理，挑戰ＮＡＤ$^+$／ＮＡＤＨ比例的觀念。但我對低卡飲食能活化去乙醯酶的結論依舊存疑。

M. S. Bonkowski and D. A. Sinclair, 'Slowing ageing by design: the rise of NAD^+ and sirtuin-activating compounds', *Nature Reviews Molecular Cell Biology* 17 (2016) 679–690. 作者對近年相當熱門的「使用ＮＡＤ$^+$前驅物活化去乙醯酶，延年益壽」提出詳盡的科學觀點。果蠅和小鼠絕對適用這套說法，不過牠們的生育力應該會受到輕微影響。我承認我還是有點懷疑啦（我懷疑應該是負調控而非正調控），但辛克萊（Sinclair）在近作《可不可以不變老？：喚醒長壽基因的科學革命》（*Lifespan: Why We Age – And Why We Don't Have To,* London, Thorsons, 2019）提到一份證據力很強的案例，為這個領域帶來革命性觀點。

D. V. Titov, V. Cracan, R. P. Goodman, J. Peng, Z. Grabarek and V. K. Mootha, 'Complementation of mitochondrial electron transport chain by manipulation of the NAD^+/NADH ratio', *Science* 352 (2016) 231–235. 去乙醯酶是否活化，取決於ＮＡＤ$^+$／ＮＡＤＨ濃度比（應該是這樣），而這個比例又依粒線體將ＮＡＤＨ氧化成ＮＡＤ$^+$能力而定。能力超強的穆薩等人竟然找到可以操控這個比例的聰明辦法。

甘油磷酸與細胞呼吸

A. E. McDonald, N. Pichaud and C. A. Darveau. '"Alternative" fuels contributing to mitochondrial electron transport: Importance of non-classical pathways in the diversity of animal metabolism', *Comparative Biochemistry and Physiology B: Biochemistry & Molecular Biology* 224 (2018) 185–194. 一篇糾正「葡萄糖分解成丙酮酸進入克氏循環」觀念的好論文。我在本書提過不少這類電子進入呼吸鏈的替代方案，若您喜歡看圖表，這篇有一大堆。

Erich Gnaiger, *Mitochondrial Pathways and Respiratory Control. An Introduction to OXPHOS Analysis* (Innsbruck, Bioenergetics Communications, 2020). Available here: https://doi:10.26124/bec:2020-0002. 螢光呼吸計量法聖經，格奈傑按米契爾「小灰冊子」的傳統方式自費出版，所以這本算是「小藍冊子」。格奈傑針對克氏循環的真實運作方式提出實用見解，另外還引入「Q連結」

（Q junction）的概念，讓電子可以從不同反應物（譬如來自粒線體外的甘油磷酸）匯集進入複合體III。

肌肉的麩醯胺酸循環

R. DeBerardinis and T. Cheng, 'Q's next: the diverse functions of glutamine in metabolism, cell biology and cancer', *Oncogene* 29 (2010) 313–324. 作者提出的論點令人不安：癌細胞會「故意」從麩醯胺酸釋出氨，引發遠端肌肉分解，促使身體輸送更多麩醯胺酸給癌細胞——這等於變相掏空身體。就像人類社會的石化燃料成癮症一樣。

生酮飲食與癌症

D. D. Weber, S. Aminzadeh-Gohari, J. Tulipan, L. Catalano, R. G. Feichtinger and B. Kofler, 'Ketogenic diet in the treatment of cancer – where do we stand?', *Molecular Metabolism* 33 (2020) 102–121. 分析立論平衡。我在本書並未對生酮飲食著墨太多，不過這種飲食方式會迫使我們使用粒線體，或許也能帶來一點好處（譬如輔助癌症治療）。要不是因為我太愛吃碳水化合物，我會試試看的。

第六章　動力轉換

老化的演化觀點

Peter Medawar, *An Unsolved Problem of Biology* (London, H. K. Lewis, 1952). 這本書是梅達沃就職演講的延伸。他提出一種新的老化理論，目前還是有人支持。

T. Niccoli and L. Partridge, 'Ageing as a risk factor for disease', *Current Biology* 22 (2012) R741–R752. 帕特里奇女士（Linda Partridge）是數十年來的老化領域權威人士，最近才從倫敦大學學院的健康高齡中心（IHA）退休。若能解決老化問題，我們就有機會治癒某些疾病；如果不考慮疾病與老化的潛在關係，我們可能必須面對高復發率的可怕重擔。

George C. Williams, *Adaptation and Natural Selection: A Critique of Some Current Evolutionary Thought* (Princeton, Princeton University Press, 1966). 作者提出和梅達沃相近的老化假說「拮抗多效性」（antagonistic pleiotropy），令人擔憂：基因在年輕時帶來的好處會隨著年老而逐漸偏向不利影響。雖然這本書的重點不在探討老化，卻是二十世紀最棒也最具影響力的革命性思維。頗值得一讀。

André Klarsfeld and Frédéric Revah, *The Biology of Death: Origins of Mortality* (Ithaca, NY, Cornell University Press, 2000). 走過自然界生老病死的愉快旅程。作者以理論為基礎，輕鬆愉快地討論自然史。

全基因體關聯分析

Carl Zimmer, *She Has Her Mother's Laugh: The Powers, Perversions and Potential of Heredity* (London, Penguin Random House, 2018). 一本主題與時俱進，探討遺傳學過去及未來的重量級巨著，甚至還包括最早根植於扭曲優生學觀點的晦暗歷史。作者概述全基因體關聯分析，相當出色，另提及基因體何以能同時存在數百萬種變異（但我還是覺得這套分析忽視粒線體的重要性）。

V. Tam, N. Patel, M. Turcotte, Y. Bossé, G. Paré and D. Meyre, 'Benefits and limitations of genome-wide association studies', *Nature Reviews Genetics* 20 (2019) 467–484. 近期對全基因體關聯分析的全面檢討，認真處理文獻中普遍提到的批評與問題。

遺失遺傳率

T. A. Manolio, F. S. Collins, N. J. Cox *et al.*, 'Finding the missing heritability of complex diseases', *Nature* 461 (2009) 747–753. 最早明白指出這個問題的論文之一，但至今也只解決了一部分而已。在我看來，絕大多數的全基因體關聯分析研究都沒有把粒線體ＤＮＡ放在眼裡——這可不是什麼微不足道的小疏漏喔。

Adam Rutherford, *A Brief History of Everyone Who Ever Lived: The Stories in Our Genes* (London, Weidenfeld & Nicolson, 2017).盧瑟福（Adam Rutherford）繼承瓊斯（Steve Jones）衣缽，在人類

遺傳學這個龐大、百家爭鳴又各具說服力的領域找到自己的一片天，頗值得一讀。他的最新著作《舌戰種族主義者》（*How to Argue with a Racist*, Weidenfeld & Nicolson, 2020）更讚，大家都該找來看看。

G. Pesole, J. F. Allen, N. Lane, W. Martin, D. M. Rand, G. Schatz and C. Saccone, 'The neglected genome', *EMBO Reports* 13 (2012) 473–474. 寫給全基因體關聯分析ＧＷＡＳ社群簡短而誠心的請求，請他們不要排除粒線體ＤＮＡ的影響。

華萊士與粒線體研究進展

D. C. Wallace, Y. Pollack, C. L. Bunn and J. M. Eisenstadt, 'Cytoplasmic inheritance in mammalian tissue culture cells', *In Vitro* 12 (1976) 758–776. 華萊士博士論文集的一篇。研究抗生素處理過的細胞質雜交體。

R. E. Giles, H. Blanc, H. M. Cann and D. C. Wallace, 'Maternal inheritance of human mitochondrial ＤＮＡ', *Proceedings of the National Academy of Sciences USA* 77 (1980) 6715–671. 證明人類粒線體ＤＮＡ為母系遺傳的首篇論文（其他多個物種比人類更早確立）。粒線體遺傳自母系現已成為生物學通則（生物學沒有嚴格的法則或定律）。

D. A. Merriwether, A. G. Clark, S. W. Ballinger, T. G. Schurr, H. Soodyall, T. Jenkins, S. T. Sherry and

D. C. Wallace, 'The structure of human mitochondrial ＤＮＡ variation', *Journal of Molecular Evolution* 33 (1991) 543–55. 利用粒線體ＤＮＡ追蹤人類祖先與遷移軌跡的早期論文之一。但華萊士的想法與其他人不同，他從不認為粒線體ＤＮＡ是「中性」的（即不怎麼受天擇影響），反而認為粒線體ＤＮＡ能促進生物體適應新環境，若突變也會引發疾病。

D. C. Wallace, M. D. Brown and M. T. Lott, 'Mitochondrial ＤＮＡ variation in human evolution and disease', *Gene* 238 (1999) 211–230. 華萊士等人透過這篇確立粒線體疾病的地位。

D. C. Wallace, 'Mitochondrial diseases in man and mouse', *Science* 283 (1999) 1482–1488. 華萊士巔峰時期，極具開創性的論文，比較小鼠和人類粒線體疾病。

W. Fan, K. G. Waymire, N. Narula, P. Li, C. Rocher, P. E. Coskun, M. A. Vannan, J. Narula, G. R. Macgregor and D. C. Wallace, 'A mouse model of mitochondrial disease reveals germline selection against severe mtDNA mutations', *Science* 319 (2008) 958–962. 一篇舉足輕重的論文，作者試圖重整華萊士提出的相悖觀點：粒線體快速突變如何適應新環境，同時又不會造成嚴重的粒線體疾病？答案是母系生殖細胞會挑選並排除最嚴重的粒線體突變，避免這種情形。同時期發表的其他論文也得到相近的結果。

N. Lane, 'Biodiversity: on the origin of bar codes', *Nature* 462 (2009) 272–274. 我試圖整合適應性、粒線體突變和物種之間驚人的粒線體差異（所謂粒線體的ＤＮＡ「條碼」），一方面討論華萊士

的研究工作。

M. Colnaghi, A. Pomiankowski and N. Lane, 'The need for high-quality oocyte mitochondria at extreme ploidy dictates mammalian germline development', *eLife* 10 (2021) e69344. 以數學模式呈現女性生殖細胞系在建構過程中會選擇避開有害的粒線體ＤＮＡ突變。

D. C. Wallace, 'Mitochondria as chi', *Genetics* 179 (2008) 727–735. 西方醫學推疆擴界的雙基柱：維薩留斯與孟德爾。集大成之作。每個醫學院學生都該讀一讀。

果蠅粒線體

D. E. Miller, K. R. Cook and R. S. Hawley, 'The joy of balancers', *PLoS Genet*ics 15 (2019) e1008421. 黑腹果蠅的平衡染色體研究史，附帶探討一些棘手問題。

P. Innocenti, E. H. Morrow and D. K. Dowling, 'Experimental evidence supports a sex-specific selective sieve in mitochondrial genome evolution', *Science* 332 (2011) 845–848.道林（Damian Dowling）團隊指出，母系遺傳粒線體確實會導致一些男性生理問題。

M. F. Camus, D. J. Clancy and D. K. Dowling, 'Mitochondria, maternal inheritance, and male aging', *Current Biology* 22 (2012) 1717–1721. 道林的另一篇論文，這篇是他和我，還有我的學院同事卡繆共同發表的。論文顯示遺傳自母系的粒線體說不定是導致男性壽命較短的原因（也是「母親

的詛咒」）。

A. L. Radzvilavicius, N. Lane and A. Pomiankowski, 'Sexual conflict explains the extraordinary diversity of mechanisms regulating mitochondrial inheritance', *BMC Biology* 15 (2017) 94. 本文探討強化粒線體母系遺傳的方式為什麼這麼多。結論是，這是一場演化角力賽：摧毀精子或卵子內雄性粒線體究竟是由誰主導？母親？父親？或共謀雙贏？

遠交衰退與物種距離

M. F. Camus, M. O'Leary, M. Reuter and N. Lane, 'Impact of mitonuclear interactions on life-history responses to diet', *Philosophical Transactions of the Royal Society B* 375 (2020) 20190416C. 這篇論文最震撼的結論是，物種之間的距離（粒線體ＤＮＡ單核苷酸多型性的變異數）與跨物種交配的表現型強度（生育力或壽命長短）無關。「種族」毫無意義。

L. Carnegie, M. Reuter, K. Fowler, N. Lane and M. F. Camus, 'Mother's curse is pervasive across a large mitonuclear *Drosophila* panel', *Evolution Letters* 5 (2021) 230–239. 這篇論文浩浩蕩蕩用了八十一種不同株系的果蠅，牠們的粒線體ＤＮＡ全都跟核基因不相容，顯示「母親的詛咒」確有其事。

抗氧化劑Ｎ乙醯半胱胺酸造成的氧化還原壓力

E. Rodríguez, F. Grover Thomas, M. F. Camus and N. Lane, 'Mitonuclear interactions produce diverging responses to mild stress in *Drosophila* larvae', *Frontiers in Genetics* 12 (2021) 734255. 幼蟲只需要進食和生長，與成蠅粒線體承受的壓力不同。餵食Ｎ乙醯半胱胺酸會對某些品系造成影響，程度依粒線體ＤＮＡ而定。

M. F. Camus, W. Kotiadis, H. Carter, E. Rodriguez and N. Lane, 'Mitonuclear interactions produce extreme differences in response to redox stress', available as a preprint on *BioRxiv* (http://doi.org/10.1101/2022.02.10.479862). 我在本文以相當的篇幅討論這篇論文。我太震驚了，果蠅竟然會透過複合體Ｉ抑制呼吸，利用嚴格的生理恆定調控機制（產生過氧化氫的速度）維持活性氧流，至死方休。不同果蠅株系的雄雌果蠅也有極大的差異，但這些果蠅的核基因全都一樣，所以可知是粒線體ＤＮＡ控制了這些差異。

穀胱甘肽、還原壓力和Ｓ－穀胱甘肽化

P. Korge, G. Calmettes and J. N. Weiss, 'Increased reactive oxygen species production during reductive stress: the roles of mitochondrial glutathione and thioredoxin reductase', *Biochimica Biophysica Acta* 1847 (2015) 514–525. 穀胱甘肽被認為是細胞最主要的抗氧化劑，但好東西也可能造成反效果。

這篇提到「還原壓力」（reductive stress），也就是電子太多導致無法平衡的問題。這些電子最後只好跑去投靠氧原子，變成活性氧。

R. J. Mailloux and W. G. Willmore, '*S*-Glutathionlylation reactions in mitochondrial function and disease', *Frontiers in Cell and Developmental Biology* 2 (2014) 68. 氧化還原調節系統的論文回顧。氧化的穀胱甘肽與蛋白質結合後（S－穀胱甘肽化）會抑制細胞呼吸。

R. J. Mailloux, 'Protein *S*-glutathionylation reactions as a global inhibitor of cell metabolism for the desensitization of hydrogen peroxide signals', *Redox Biology* 32 (2020) 101472. 作者指出，S－穀胱甘肽化會抑制所有代謝作用，藉此抑制過氧化氫傳送訊號。太神了。

心跳密碼

Raymond Pearl, *The Rate of Living. Being an Account of some Experimental Studies on the Biology of Life Duration* (London, University of London Press, 1928). 珀爾（Raymond Pearl）的生存率理論（rate of living theory）似乎因為不少例外而顯得有些過時（譬如鳥類壽命就比代謝率預測的數字更長），但這些例外都能找到解答，所以他的想法依舊是正確的。

Geoffrey West, *Scale: The Universal Laws of Life and Death in Organisms, Cities and Companies* (London, Weidenfeld & Nicolson, 2017). 偉斯特是物理學家，和恩奎斯特（Brian Enquist）、布朗（James

Brown）共同發表過許多關於碎形尺度的開創性論文，不過我在這裡並未一一列舉出來，理由是反對意見很多。但他們的想法真的很能激發科學發想。偉斯特用了一整本書的篇幅，拿公司、城市做比喻來解釋他的想法。繼大博學家霍爾丹之後，我還沒見過誰做過此等大事。

抗氧化劑沒效

J. M. Gutteridge and B. Halliwell, 'Free radicals and antioxidants in the year 2000. A historical look to the future', *Annals of the New York Academy of Sciences* 899 (2000) 136–147. The gurus of free radical biology, and authors of a famous textbook (*Free Radicals in Biology and Medicine* (Oxford University Press, 2015)). 我引用這篇是因為它簡單明瞭，說法更絕：「我們在一九九〇年代就已經清楚證明抗氧化劑並非抗老和治病的萬靈丹，只有那些搞偏方的人還信這一套。」流行文化還要多久才願意跟上這個觀念？

M. W. Moyer, 'The myth of antioxidants', *Scientific American* 308 (2013) 62–67. 這篇論文清楚表明抗氧化劑在動物模式或人類模式皆無效用。大規模人體試驗顯示，如果硬要說抗氧化劑有作用的話，那就是抗氧化劑補充品可能導致更糟糕的後果，也會稍微提高死亡風險。

M. P. Murphy, A. Holmgren, N. G. Larsson, B. Halliwell, C. J. Chang, B. Kalyanaraman, S. G. Rhee, P. J. Thornalley, L. Partridge, D. Gems, T. Nyström, V. Belousov, P. T. Schumacker and C. C. Winterbourn,

'Unraveling the biological roles of reactive oxygen species', *Cell Metabolism* 13 (2011) 361–366. 眾人群聚斯德哥爾摩（這陣仗有點好萊塢眾星雲集的味道），想為「自由基的角色」討論出個明確結果。任務艱鉅但仍值得一試，可惜最後幾乎是在委員會的聲聲警告中結束這場會議（我說的都是事實喔）。

N. Lane, 'A unifying view of ageing and disease: the double-agent theory', *Journal of Theoretical Biology* 225 (2003) 531–540. 我在《氧氣》（*Oxygen,* Oxford University Press, 2002）為一般讀者描述過一套假說，這篇論文可視為其延伸，也是更正式的成果。我試著整合「自由基會引發老化」和「抗氧化劑沒效」這兩項相悖卻證實為真的陳述。當時我把重點放在免疫系統，現在轉移到呼吸抑制這一塊，但前提是活性氧流受到身體恆定極限的嚴格控制，身體也會竭盡所能防止抗氧化劑干擾這些既有設定。

功能過盛

M. V. Blagosklonny, 'Aging is not programmed', *Cell Cycle* 12 (2013) 3736–3742. 作者的想法影響了很多人，這篇是他的自我澄清。他認為老化由某種跑得太久的「準作業時程」所推動（這套理論有時被稱為「體細胞膨脹論」〔bloated soma theory〕）。該理論認為，細胞沒有專為「老化」設計的時間排程，老化只是其他發育程序操過頭，並且動物因為天擇的關係而在上了年紀之後衰弱得無法關閉發育所導致的結果。我則是用「呼吸抑制會改變代謝流與表觀遺傳狀態」來解釋相同的觀察結果。

D. Gems, 'The aging–disease false dichotomy: understanding senescence as pathology', *Frontiers in Genetics* 6 (2015) 12. 賈姆斯（David Gems）反對「老化既健康又正常，疾病是病態」的觀點。治療所有老化相關疾病的最佳辦法就是明確治療潛在問題——就是老化本身。將老化定義為「健康的變化」不只解決問題，也提供了解決方案。作者是「準作業時程推動老化」的忠實擁護者。

醣化帶來傷害

M. Fournet, F. Bonté and A. Desmoulière, 'Glycation damage: a possible hub for major pathophysiological disorders and aging', *Aging and Disease* 9 (2018) 880–900. 出色的論文回顧，呈現醣化作用——就是給蛋白質、脂質和ＤＮＡ添上黏呼呼的甜尾巴——的標的物質如何隨年齡改變。

不同組織與多樣的粒線體蛋白質組合

S. E. Calvo and V. K. Mootha, 'The mitochondrial proteome and human disease', *Annual Review of Genomics and Human Genetics* 11 (2010) 25–44. 各組織之間的粒線體蛋白組合到底有多麼不同？答案可能超出你的想像：將近一半。

膜電位與胰島素分泌

E. Heart, R. F. Corkey, J. D. Wikstrom, O. S. Shirihai and B. E. Corkey, 'Glucose-dependent increase in mitochondrial membrane potential, but not cytoplasmic calcium, correlates with insulin secretion in single islet cells', *American Journal of Physiology: Endocrinology and Metabolism* 290 (2006) E143–E148. 頗具啟發的論文。作者假設葡萄糖愈多，粒線體的膜電位就愈高，然後會誘發胰臟分泌更多胰島素。真有那麼簡單？我喜歡簡單之美，所以我希望這是真的。

A. A. Gerencser, S. A. Mookerjee, M. Jastroch and M. D. Brand, 'Positive feedback amplified the response of mitochondrial membrane potential to glucose concentration in clonal pancreatic beta cells', *Biochimica Biophysica Acta: Molecular Basis of Disease* 1863 (2017) 1054–1065. 更多關於葡萄糖如何調節粒線體膜電位與胰島素分泌的資訊。這票作者全是這方面的專家。

糖尿病與阿茲海默症的關係

S. M. de la Monte and J. R. Wands, 'Alzheimer's disease is type 3 diabetes – evidence reviewed', *Journal of Diabetes Science and Technology* 2 (2008) 1101–1113. 愈來愈多證據顯示阿茲海默症是糖尿病的一種形式。我得多多注意我的飲食了。

P. I. Moreira, 'Sweet mitochondria: a shortcut to Alzheimer's disease', *Journal of Alzheimer's Disease* 62

(2018) 1391–1401.「甜味粒線體」是我聽過最邪惡的說法（糖尿病的原文全名diabetes mellitus意思就是「有甜味的尿」）。莫雷拉（Paula Moreira）這篇論文旨在探討粒線體缺陷與糖尿病的關係，以及這類缺陷可能提高罹患阿茲海默症的風險。

D. A. Butterfield and B. Halliwell, 'Oxidative stress, dysfunctional glucose metabolism and Alzheimer disease', *Nature Reviews Neuroscience* 20 (2019) 148–160. 如果連令人敬畏的哈利維爾（Barry Halliwell）都表示同意，那麼應該就沒什麼好懷疑的了。順帶一提，科學的基礎是信任：首次接觸到不熟悉的領域時，第一個要找的就是我們信任的對象，以及此人對此事有何看法。我發現，社會大眾對新冠肺炎就有嚴重的信任危機：大家找不到可以相信、能做出平衡判斷的對象。科學家必須努力修正這個問題。

粒線體相關膜系與阿茲海默症

E. Area-Gomez and E. A. Schon, 'On the pathogenesis of Alzheimer's disease: the MAM hypothesis', *FASEB Journal* 31 (2017) 864–867. 作者呈現幾種與阿茲海默症有關的解釋，以及這些解釋緊密的連帶關係，包括糖尿病的鈣離子超載導致粒線體損傷、粒線體相關膜系的脂質與蛋白質加工異常。全都湊在一起了。

E. Area-Gomez, C. Guardia-Laguarta, E. A. Schon and S. Przedborski, 'Mitochondria, OxPhos, and neurodegeneration: cells are not just running out of gas', *Journal of Clinical Investigation* 129 (2019) 34–45. 我最喜歡的一篇講述粒線體相關膜系的論文。作者不只闡釋粒線體相關膜系和阿茲海默症的關係，也說明傳統上以粒線體為中心的說法何以碰壁。我不懂這幾位的見解為何沒有得到主流領域的明確支持。難道是競爭假說太多？這根本是最好的見解之一。

鈣離子活化丙酮酸脫氫酶，助粒線體一臂之力

A. P. Wescott, J. P. Y. Kao, W. J. Lederer and L. Boyman, 'Voltage-energized calcium-sensitive ＡＴＰ production by mitochondria', *Nature Metabolism* 1 (2019) 975–984. 另一篇絕妙好文。鈣離子大量湧入粒線體（作者未建立明確關聯，但來源是粒線體相關膜系）並提高丙酮酸脫氫酶的活性，進一步啟動克氏循環，改變粒線體膜電位與合成ＡＴＰ。膜電位改變的速度極快，只能以這種方式衝高電位。

用數字呈現生物學

Ron Milo and Rob Phillips, *Cell Biology by the Numbers* (New York, Garland Science, 2016). 讓人欲罷不能的好書。作者針對所有跟細胞有關，但多數讀者從未想過的問題提出「定量」解答。我是因為薩維耶計算細胞每秒代謝反應次數才引用這本書的。雖然作者並未計算這個問題的答案，但他們確實算出非常非常多你該知道的細胞密碼。

結語　自我

麻醉與粒線體

L. Turin, E. M. C. Skoulakis and A. P. Horsfield, 'Electron spin changes during general anesthesia in *Drosophila*', *Proceedings of the National Academy of Sciences USA* 111 (2014) E3524–E3533. 都林等人探討全身麻醉如何影響粒線體呼吸、氧和電子傳遞。這本期刊相當有名，論文亦十分優秀，但當時他們還未完全解開這個謎。

L. Turin and E. M. C. Skoulakis 'Electron spin resonance (EPR) in *Drosophila* and general anesthesia', *Methods in Enzymology* 603 (2018) 115–128. 後來他們在這篇論文辦到了，順利解謎，雖然成果不太明顯。都林等人找到一些聰明方法，以之呈現全身麻醉導致呼吸鏈電子傳遞短路的現象。雖然兩者沒有強烈的因果關係，不過在我看來，作者另闢蹊徑，利用清楚的生化機制闡述意識。

A. Gaitanidis, A. Sotgui and L. Turin, 'Spontaneous radiofrequency emission from electron spins within *Drosophila*: a novel biological signal', *arXiv*:1907.04764 (2019). 對於非生物物理學領域的人來說，這篇論文很難，不過卻是真正打開二十一世紀科學大門的激進敲門磚。

腦波（腦電圖）與粒線體

M. X. Cohen, 'Where does EEG come from and what does it mean?', *Trends in Neurosciences* 40 (2017) 208–218. 值得一讀的好文。我們認識腦電圖已經一個世紀了，也能精準測量深沉睡眠和多種疾病狀態下的腦波變化；儘管如此，各位想必還是會對「人類依然不知道腦波從何來」這項事實感到尷尬吧。不過這有啥好尷尬的，反倒該開心高歌才是！科學就是探索未知，我們不了解腦電圖就代表眼前還有一堆令人興奮的研究等待完成。別傻了，人類不知道的可多了。

T. Yardeni, A. G. Cristancho, A. J. McCoy, P. M. Schaefer, M. J. McManus, E. D. Marsh and D. C. Wallace, 'An mtDNA mutant mouse demonstrates that mitochondrial deficiency can result in autism endophenotypes', *Proceedings of the National Academy of Sciences USA* 118 (2021) e2021429118. 小鼠的特定粒線體突變會引起行為改變，這讓我想到人類自閉症；驚人的是，小鼠的腦電圖也顯現與自閉症患者相似的模式。這篇論文與另一更大膽的假設「腦波由粒線體膜產生」見解一致。

電場與發育

M. Levin and C. J. Martyniuk, 'The bioelectric code: an ancient computational medium for dynamic control of growth and form', *Biosystems* 164 (2018) 76–93. 勒文目前正在進行生物學界最刺激的一

些研究：電場決定生命發展方向，基因只排第二。目前這套說法僅適用於扁蟲，但它是否有擴大解釋範圍的可能？我認為是有的。

M. Levin and D. C. Dennett, 'Cognition all the way down', *Aeon*, 13 October 2020. 勒文和丹尼特（Daniel Dennett）合作，後者對於「什麼才是生物學重要議題」直覺敏銳，尤其在意識這一塊。我們即將在生物學最令人興奮和重要的未解難題上獲得重要進展。

D. Ren, Z. Nemati, C. H. Lee, J. Li, K. Haddadi, D. C. Wallace and P. J. Burke, 'An ultra-high bandwidth nano-electronic interface to the interior of living cells with integrated fluorescence readout of metabolic activity', *Scientific Reports* 10 (2020) 10756. 華萊士可沒閒著，目前他活力充沛地在費城校園和一群奈米科技學家合作，量測單一細胞的粒線體電場。學界著手解決這個生化難題的第一步。

意識與自我

Derek Denton, *The Primordial Emotions. The Dawning of Consciousness* (Oxford, Oxford University Press, 2006). 登頓（Denton）研究口渴和鹽分平衡已有好些年了，他也因此著手探討整個動物王國都有的「急迫喚醒與強制行動意圖」，把焦點放在人腦和大多數動物都有的古老區域「腦幹」。高齡九十的登頓依然活躍，他和索姆斯（Solms）、戈佛雷史密斯（Godfrey-Smith）等多位學者對這類問題仍不時激烈交鋒。順帶一提：戈佛雷史密斯寫了一本探討意識的好書《他者與後生動物》（*Other Minds and Metazoa*）。

Mark Solms, *The Hidden Spring: A Journey to the Source of Consciousness* (London, Profile Books, and New York, W. W. Norton, 2021). 我原本想在結語討論索姆近年的見解，但似乎不太合適。他提及中樞神經系統的段落使我想到細胞。索姆認為，生物體會竭盡所能降低自由能（粗淺來說，自由能代表生物體在環境中的生理不舒適度），以維持恆定，故生物體的種種行為都是為了讓生理生化反應更舒適。細胞膜會把外界訊號轉成生化語言，生化語言則在細胞膜上轉為電場，整合胞內所有分子成為「自我」。意識的語言就等於是細胞膜電場的語言。

M. Solms and K. Friston, 'How and why consciousness arises: some considerations from physics and physiology', *Journal of Consciousness Studies* 25 (2018) 202–238. 索姆和佛理斯頓（Friston）合力探討意識，他的自由能量概念有時被稱為「自由能原理」（Friston free energy），以此區別其他較傳統的用法。這篇正式論文總結兩人對意識的見解。

J. McFadden, 'Integrating information in the brain's EM field: the cemi field theory of consciousness', *Neuroscience of Consciousness* 2020 (2020) niaa016. 數十年來，麥法登（McFadden）一直在思考電場與意識的關係，這篇是他在「意識電磁場論」（CEMI field theory）方面的最新進展。我得找他聊聊粒線體……

細菌膜電位與細胞死亡

E. S. Lander, 'The heroes of CRISPR', *Cell* 164 (2016) 18–28. 我在本文提到細菌免疫系統和「常間回文重複序列叢集」ＣＲＩＳＰＲ的關係。ＣＲＩＳＰＲ目前已廣泛應用於基因剪輯。除了ＣＲＩＳＰＲ的發展背景，這篇論文也追蹤數十年來因好奇而起的細菌生態系研究。科學上有許多蛻變與突破都來自意想不到的領域，或是完全不考慮實用性而進行的研究。我們應該多多挹注這類研究才是。

D. Refardt, T. Bergmiller and R. Kümmerli, 'Altruism can evolve when relatedness is low: evidence from bacteria committing suicide upon phage infection', *Proceedings of the Royal Society B* 280 (2013) 20123035. 這篇其實是在探討細菌的「近親選擇」（kin selection），證明「已感染病毒且無論如何都會被殺死的細菌」以自殺方式拯救幾乎與己身無關的其他細菌，是有意義的。細菌的自殺方式令我吃驚：它們會癱瘓自己的膜電位系統，不出幾秒就掛了，同時能及時阻止病毒接管它們的生理系統。死亡就是永久喪失膜電位，此舉顯然也會扼殺有意識的心靈。

H. Strahl and L. W. Hamoen, 'Membrane potential is important for bacterial cell division', *Proceedings of the National Academy of Sciences USA* 107 (2010) 12281–12286. 細菌如何從中一分為二，變成兩個子細胞？原來是「震盪蛋白」（oscillator proteins）會快速在胞內兩端移動，最後落腳中點，成為細胞分裂的可收縮支架「Z環」（Z ring）。令人嘖嘖稱奇的是，這種結構唯有在細

胞膜有電位時才會形成，若膜電位癱瘓，細菌就不知道該怎麼分裂了。我懷疑這種「喪失方向性」只是電場賦予細胞完整性的表徵之一。

致謝

本書開場是一座空蕩蕩的城市，沒有人流喧囂，也沒有能量流動。寫下這段描述時，我壓根沒意識到這些字句幾乎毋須想像：因為我是在新冠肺炎從世界各地城市奪走生氣之前動筆的。新冠大流行並未促使我重寫這段開場白，相反的，我決定原封不動保留它，因為這本書的論點與新冠無關，而我也希望這本書能禁得起大流行考驗。《生命之核》主要是在新冠流行的這幾年完成的。在這段日子裡，我與內人安娜·西蒙斯博士（Ana Hidalgo-Simón）及兩個兒子（Eneko、Hugo）多次在空蕩蕩的倫敦街頭漫步晃遊，天南地北聊著許多書裡提及的觀念與想法，這一切無不深深影響我的思緒。我通常都是在致謝最後一段才提起安娜，但本書絕大部分的內容都出自我和她在空蕩街頭的散步時光，所以我首先應該要感謝她。安娜鼓勵我寫下這本特別的書，敦促我為謎樣的克氏循環賦予生氣，可以說沒有她就沒有這本書。不僅如此，如果沒有那些漫漫散步與閒聊，沒有安娜一針見血的真知灼見，這本書也不可能有現在一半的好。這書我一邊寫，一邊看著它自我進化，從最初以為的輕盈小書變成超出我預期的分量之作；希望我沒有偏離主軸，前後一致，也當真寫出一些值得寫就的重要觀點。克氏循環比我動筆當時所以為的還要切中生命核心，而我的觀點之所以有所改變，完全要歸功於安娜犀利、清晰的洞見與思路。她一如往常，不只一次讀我寫下的每一個字，毫不避諱、毫不隱瞞地有話直說；不管真相再怎麼難以承受，我都必須承擔。她給我太多，我無法用言語表達對她的感謝。

我也要感謝我在倫敦大學學院出色的研究團隊，他們辛苦挺過新冠流行。實驗室關閉好幾個月，實驗中斷的時間更長；有人害怕畢不了業、拿不到博士學位，有人擔心沒辦法完成博士後研究計畫。好在最後大家全部順利過關。不知怎麼著，這段艱難時光讓他們獲得意外進展，他們的研究也解開我心中不少謎團。我有兩間實驗室，一間研究生命起源，另一間研究果蠅粒線體功能。翻開本書以前，各位或許會以為這兩個主題除了都以能量流為主軸，沒有其他共同點；然而這兩個團隊卻以各自不同的方式投入克氏循環中間產物研究——這些中間產物要麼是生命起源的固碳產物，要麼是衰老果蠅因粒線體不相容而嚴重干擾下游代謝的後果。我一邊寫書，一邊跟這些新研究成果角力搏鬥，有時還得眼睜睜看著我珍視的想法不攻自破，這實在是做研究最折磨也最無價的寶貴經驗。我們不能盲目相信自己的觀點，我們承擔不起這樣的後果；但真金不怕火煉，任何禁得起考驗的想法只會讓我們更站穩自己的腳步。偉大的物理學家拉塞福就說過：「我們沒錢，所以不得不動腦思考。」新冠大流行也有這種況味，迫使我們思考。這本書是我們盡全力思索實驗結果，熔鑄淬鍊的成果。所以我要感謝我在倫敦大學學院所有親愛的同事，不只是我的實驗團隊，還有每一位讓我時刻警惕自己的戰友：感謝波米安寇斯基（Andrew Pomiankowski）、瑋納（Finn Werner）、席爾德（Graham Shields）、亞倫等幾位教授，馬雷查（Amandine Maréchal）、卡繆、喬丹（Seán Jordan）、瓦希雷度（Rafaela Vasiliadou）、寇提蒂斯（Will Kotiadis）、羅德里奎茲（Enrique Rodriguez）、伊溫旺（Gla Inwongwan）、貝提納奇（Stefano Bettinazzi）、薩維耶（Joana Xavier）和劉（Feixue Liu）等諸位博士，以及哈里森（Stuart Harrison）、皮納（Silvana Pinna）、柯納吉（Marco Colnaghi）、帕梅莉亞（Raquel Nunes-Palmeria）、拉姆（Hanadi Rammu）、哈本（Aaron Halpern）、伊安努（Ion Ioannou）、湯姆斯（Finley Grover Thomas）、克努茲（Caecilia Kunz）、哈里斯（Toby Harries）、蘇曼（Kaan Suman）等夥伴。他們有些已先讀過部分章節，也給我不少寶貴意見，感激不盡。謝謝我以前的學生艾洛伊（Eloi Camprubi）和維克多（Victor Sojo）這兩位博士；當然，我要感謝的人還有很多，請恕我無法逐一列名致謝，現在他們每一位都在自己的研究領域發光發熱。

多位好友及同事也都先讀過整本書或部分章節。既然說到新冠肺炎，我要特別感謝迪耶哥（Diego Maria Bertini）從他在義大利的病榻上寫信給我，那時他才剛熬過二〇二〇年新冠襲擊義大利的那個恐怖春天。在這段漫長的養病時光裡，他為了打發時間而仔細閱讀我放上網路的資料，逮住機會閱讀我剛寫完的幾個章節。我無法想像他的意見對我來說有多重要。感謝他的堅定與熱忱，還有他對科學、文學、文字與詩的喜愛，不只一次幫我找到最合適的辭藻，而且這全都是他在緩慢且痛苦的復原期間為我做的（他說「我的腦子好像包在塑膠袋裡」，讓我現在仍有陰影）。希望有一天能與他見上一面。

謝謝幾位讀了部分或整本書之後，針對文氣語意和內容形式回饋意見給我的朋友。Mike Carter 一章一章讀完整本書，總是興致勃勃地給我意見，陪我度過最晦暗的日子，更不用說那些音樂、暢聊、海邊散步和輕鬆小酌了。以前我們結伴登山，現在相伴回憶往事。Allyson Jones 也讀了整本書，她指出我犯的文體錯誤多到我不願承認，卻仍和我一起興奮討論本書的宏大願景，偶爾從她不知塞在何處的生化學位挖出些許細節。她絞盡腦汁幫我想標題，下標最難，但 Allyson 是我認識數一數二有創意的人。當她拍板定案，不再拚命改標題，我這才鬆了一口氣。感謝傳奇電影剪接師 Walter Murch，他是我認識唯一能用科學隱喻闡明藝術精華的人：誰知道真核細胞的剪接體（spliceosome）能為電影剪輯的深奧實踐帶來如此大的啟發？Walter 對科學涉獵甚廣，不僅是出色的作家，在掌控敘事節奏和調性方面更是一流。每當生物化學的深奧詞彙又一次層層堆疊，使我的文字敘述突然冷掉，我總是不由自主想起他的諄諄教誨，並希望自己有好好地為冰冷的文字海域增添些許溫度。另外我也要好好感謝 Emily MacKay，她咬緊牙關熬過一頁又一頁深奧的章節，苦讀有成，同時也恭喜她重返校園取得營養與科學學位。謝謝 Wai Mun Yoon 天馬行空的創意和想法，並總是早一步看見合乎邏輯的暗示與未來方向。

我得謝謝幾位專家同事及友人，感謝他們先幫我讀過特定幾章。我很珍惜他們的意見，一方面感謝他們確認我沒犯下任何嚴重錯誤（但他們全都找到不少小錯），一方面指引我新方向，但最重要的是他們全都熱心支持我的寫作計畫。我得說，如果這些獻身科學的人都無法被我的熱情打動，我寫的東西還有什麼希望呢？話說回來，這些鐵石心腸的老科學家早就對老生常談失去胃口了，希望我這本書的內容夠新鮮，足以在他們心中喚起些許年輕悸動。所以首先我得謝謝布拉本教授，感謝他在忙於自己的寫作之餘仍撥冗讀完本書的每一章。唐總是不斷挑戰科學極限，竭盡所能尋找通往未知的可能路徑；他的熱情每每鼓舞身旁夥伴，比新冠病毒傳染力更強。謝謝羅素教授，儘管他不見得贊同我的所有見解，卻仍慷慨讀完我的書，鉅細靡遺地回饋意見。他的科學遠見深深啟發了我，而他充滿活力又溫暖的為人更令我欽佩。接下來是史維勒教授，深深感謝他讀完整本書並提出一針見血的意見，也支持我的寫作方向。當今學界沒有人比李更懂克氏循環，一講到中間產物代謝，他那股熱情藏都藏不住。我永遠不會忘記那六個小時的午餐時光：那天我們盡情暢談循環何以循環，還有其他幾個奧妙的科學問題。這種討論科學的單純快樂實在難得。謝謝弗列扎教授在數年前讓我深切明白粒線體之於癌症的重要性：意義不在ATP合成，而是它們形塑克氏循環流和表觀遺傳訊號的方式。克里斯汀非常細心、熱心又面面俱到，他離開劍橋遠赴科隆完全是英國科學界的損失。我猛然意識到我似乎太過頻繁使用熱情一詞，但我想所有熱愛克氏循環的人都有這個共同點吧。

關於癌症這個主題，我得好好感謝蘇立文（Frank Sullivan）教授。法蘭克之前在美國國家癌症中心服務，現在回到蓋勒威從事臨床工作。對於前列腺癌症的困難病例，他從第一手的角度扎實給我上了一課，而且從很久以前就認為代謝和能量流是有效治療的關鍵要素。法蘭克廣泛涉獵科學、醫學等主題，還說我寫的東西對他幫助不少，實在榮幸萬分。再來要感謝成就卓著的生物能量學家哈洛德細心閱讀我的書並給我不少意見。哈洛德高齡九十好幾，但他筆耕不輟，他的著作每每閃爍詩意與洞見的光輝。我們倆透過電子郵件（偶爾見面）討論生物能量學與演化已經有二十年。我會永遠記得和他一同拜訪達爾文故居的那趟朝聖之旅。哈洛德教我，從事科學研究要懷抱開放的懷疑主義，他也用同樣的態度看待我的作品；我想他某種程度也算支持書裡的某些想法吧。然後我要謝謝馬登（Mårten Wikström）這位「氧化磷酸化」的抗戰老兵，他花了八年時間終於說服米契爾，細胞色素氧化酶確實會泵送質子。米契爾後來承認他「看過」實驗假影，再次把問題推給詮釋及理解差異。我要謝謝他刺激大家討論這個問題，進而做出極有意義的修正。另外還要謝謝同樣沉浸於粒線體研究的努恩（Alistair Nunn）教授，這本書他差不多都讀完了，也從量子生物學的角度提出不少令我振奮的評論。

本書簡短帶到意識這個主題。二〇〇九年《生命的躍升》有一章也寫意識，當時我雖然沒能回答這個問題（我也不是唯一答不出來的人），那一章卻開啟我和登頓教授長達十多年且相當愉快的書信交遊。教授九十多歲了，他仍精力充沛，總是有一大堆計畫。他因為研究動物口渴與鹽類平衡而一頭鑽進意識領域。我承認我一開始並未把這個問題放在心上，後來教授邀我參加他二〇一九年在墨爾本的德雷克・丹頓藝術與科學講座（條件是我得簡要地聊聊意識）：我一邊與「意識」搏鬥，一邊沉浸在都林極具啟發的研究成果之中（我把都林的研究、華萊士的觀點和我對細胞電學統一論的想法整合在一起）。在澳洲的一場晚宴上，我被登頓、哲學作家戈佛雷史密斯教授等各方大老等人嚴厲拷問整整兩個鐘頭，後來也試著把當時的想法寫進本書結語。令我高興的是，那場講座和晚宴重新串起我和丹尼特、華萊士、都林和勒文幾位教授的書信往來。我覺得我們就快要摸索出某種實實在在的進展了！這感覺就像丹所寫的：這段時間真是太有意思了！

謝謝比爾・蓋茲先生和他的團隊，特別是蒙德（Trevor Mundel）與柏斯（Niranjan Bose）兩位博士。感謝他們對我的研究工作始終懷抱著興趣與支持。我鮮少遇到如此學識淵博，見多識廣又全心投入的工作團隊，他們真的懷抱熾熱的決心和使命，想讓世界變得更好。雖然只有一點點，但我仍自豪能為他們在醫療健康方面的進化基礎方面做出些許貢獻。希望這本書能提供大家更多思考與切入的觀點。

接下來我要感謝我的家人，尤其是我父親——歷史學家安東尼・連恩先生（Anthony Lane）。儘管他並不偏愛這些化學分子，他一如往常細讀每一章節，直指文風體裁、歷史脈絡及事件的不當之處。「愛」是連恩家的傳世箴言。有人覺得科學太冰冷、太理性，轉而在宗教或靈性方面尋找意義；雖然我可以在科學世界覓得無窮盡的意義，然若沒有家人給我的愛，即使是科學也無法帶給我一絲慰藉。謝謝我的父母、約克郡的兄嫂以及西班牙、義大利的家人。我已經提過安娜了，但我要再一次感謝她和兩個兒子，謝謝他們給我的愛，賦予我人生意義。我實在非常幸運。雖然我和安娜盡了最大努力對兒子灌輸我們倆對科學的愛，但兩個孩子已非常明確地會走上不同的道路。我期待看到他們實現人生。

提到家庭與人生意義，那我不得不感謝瑪麗珍（Mary Jane Ackland-Snow）讓我分享伊恩說過的幾句話。我把這本書獻給他，謹此懷念。也許我們倆最好、最有可能留下的遺贈就是影響世人生活，讓大家活得愈來愈好。伊恩對我的人生影響太大了。他擁有最充沛的精力、最溫暖的靈魂，總是熱情地認為凡事皆有可能，因而讓所有曾經接觸或認識他的每一個人，無不竭盡所能地想讓自己變得更好。在他的葬禮上，我驚覺原來有這麼多人和我有同樣的想法。我們會懷著滿心的愛與敬佩，永遠懷念他。在此衷心向瑪麗珍表達哀悼。

最後但也非常重要的是要感謝我在聯合經紀（United Agents）的經紀人卡洛琳（Caroline Dawnay），以及倫敦的 Profile Books 和紐約的 W. W. Norton 兩間出版社。謝謝卡洛琳堅定的鼓勵和信任，每次都認真讀我寫下的每一個字，認真評論。感謝兩家出版社編輯艾德（Ed Lake）和布蘭登（Brendan Curry）對鼓勵與現實的巧妙平衡：艾德告訴我，如果頭兩章讓一般讀者覺得障礙太高，難以進入，書會很難賣，這也促使我全面改寫這兩章。後來他來信表示「重寫後的章節有種『能量爆發』的感覺……我激動到渾身起雞皮疙瘩」，我不僅頓時鬆了口氣，也感謝他最初誠實以告。所以我要感謝艾德和布蘭登如此執著於好文字，以及他們真誠培育好文本的敬業態度。謝謝尼克（Nick Allen）細心又有技巧地校對，謝謝保羅（Paul Forty）盡善盡美的編輯作業，謝謝瓦倫提娜（Valentina Zanca）用她的無限熱情讓世界知道這本書，謝謝安德魯（Andrew Franklin）打造空中知識殿堂，謝謝安德雷（Andrey Kurochkin）把潦草手繪化為迷人的分子肖像，並且十分有耐心地回應我吹毛求疵的更正。最後要謝謝克里夫（Cliff Hanks）帶我認識霍華德〈啟示〉（Like Most Revelations）這首詩，更感激詩人慷慨允許我引用他的詩作。詩裡的文字雖然來自另一個不同維度，卻彷彿抓住了我嘗試透過這本書傳達的精神。

索引

人物

一畫

六至十畫

十一至十五畫

十六至二十畫

文獻與作品

組織機構

生化名詞

一至五畫

六至十畫

十一至十五畫

十六至二十畫

科學名詞

一至五畫

六至十畫

十一至十五畫

十六至二十畫

Transformer:The Deep Chemistry of Life and Death

生命之核：主宰萬物生死的克氏循環

作　　者　尼克・連恩（Nick Lane）
譯　　者　黎湛平
選 書 人　王正緯
責任編輯　王正緯
校　　對　童霈文
版面構成　張靜怡
封面設計　蔡佳豪
行 銷 部　張瑞芳、段人涵
版 權 部　李季鴻、梁嘉真
總 編 輯　謝宜英
出 版 者　貓頭鷹出版

發 行 人　凃玉雲
發　　行　英屬蓋曼群島商家庭傳媒股份有限公司城邦分公司
　　　　　104 台北市中山區民生東路二段 141 號 11 樓
　　　　　劃撥帳號：19863813；戶名：書虫股份有限公司
城邦讀書花園：www.cite.com.tw　購書服務信箱：service@readingclub.com.tw
購書服務專線：02-2500-7718~9（週一至週五 09:30-12:30；13:30-18:00）
24 小時傳真專線：02-2500-1990~1
香港發行所　城邦（香港）出版集團／電話：852-2508-6231 ／傳真：852-2578-9337
馬新發行所　城邦（馬新）出版集團／電話：603-9056-3833 ／傳真：603-9057-6622
印 製 廠　中原造像股份有限公司
初　　版　2023 年 11 月
定　　價　新台幣 630 元／港幣 210 元（紙本書）
　　　　　新台幣 441 元（電子書）
I S B N　978-986-262-662-7（紙本平裝）／ 978-986-262-664-1（電子書 EPUB）

讀者意見信箱　owl@cph.com.tw
投稿信箱　owl.book@gmail.com
貓頭鷹臉書　facebook.com/owlpublishing

【大量採購，請洽專線】(02) 2500-1919

國家圖書館出版品預行編目資料

生命之核：主宰萬物生死的克氏循環／尼克・連恩（Nick Lane）著；黎湛平譯. -- 初版. -- 臺北市：貓頭鷹出版：英屬蓋曼群島商家庭傳媒股份有限公司城邦分公司發行, 2023.11
面；　公分.
譯自：Transformer: the deep chemistry of life and death.
ISBN 978-986-262-662-7（平裝）

1. CST：生命科學　2. CST：生物化學

360　　112014427

城邦讀書花園
www.cite.com.tw